V. M. Brennecke · S. Krug · C. M. Winkler

Effektives Umweltmanagement

Arbeitsprogramm für den betrieblichen Entwicklungsprozeß

Hrsg. v. Ulrich Steger

Springer

Herausgeber:

PROF. DR. ULRICH STEGER

Alcan Chair for Environmental Management am Institute for Management Development, Lausanne (Schweiz). Leiter des Forschungsinstitutes für Ökologie und Unternehmensführung an der European Business School, Oestrich-Winkel

für den **VDI-Ausschuß „Umweltmanagement für technische Führungskräfte“**

Erarbeitet im Projekt VDI-OIKOS durch:
DR. V. M. BRENNCKE, S. KRUG, C. M. WINKLER
unter Mitarbeit von F. EBINGER

VDI Verein Deutscher Ingenieure,
Graf-Recke-Straße 84
D-40239 Düsseldorf
Tel.: (0211) 62 14-0

ISBN 978-3-642-47771-3 ISBN 978-3-642-58743-6 (eBook)
DOI 10.1007/978-3-642-58743-6

Die Deutsche Bibliothek - CIP-Einheitsaufnahme

Brennecke, Volker M.:
Effektives Umweltmanagement: Arbeitsprogramm für den betrieblichen Entwicklungsprozeß / Volker M. Brennecke; Sebastian Krug; Claudia M. Winkler. Hrsg.: Ulrich Steger. - Berlin; Heidelberg; New York; Barcelona; Budapest; Hong Kong; London; Mailand; Paris; Santa Clara; Singapur; Tokio: Springer 1998
ISBN 978-3-642-47771-3

Ursprünglich erschienen bei Springer-Verlag Berlin Heidelberg New York 1998
Softcover reprint of the hardcover 1st edition 1998

Einbandentwurf: de' blik, Berlin
Grafik: Ursel Maxisch, Düsseldorf

SPIN: 10574506 VA 30/3136 - 5 4 3 2 1 0 - Gedruckt auf säurefreiem Papier

V. M. Brennecke · S. Krug · C. M. Winkler

Effektives Umweltmanagement

Springer-Verlag Berlin Heidelberg GmbH

Vorwort

Seit dem Erlaß der europäischen Öko-Audit-Verordnung gab es gerade in Deutschland einen Boom von Leitfäden, Handbüchern und Praxisanleitungen zum Umweltmanagement. Brauchen wir wirklich noch eine weitere Publikation zu diesem Thema?

Der VDI hat mit diesem Ordner einen neuen Weg beschritten, gerade kleinen und mittelständischen Unternehmen - und hier insbesondere den technischen Führungskräften - den Zugang zum Umweltmanagement zu erleichtern. In einem innovativen, von der Deutschen Bundesstiftung Umwelt geförderten, Projekt wurde versucht, auf der Basis moderner Managementansätze neue Vermittlungsformen für die betriebliche Praxis zu finden. Ausgerichtet am Leitbild der "lernenden Organisation" sollten praxisgerechte Umsetzungshilfen für normale mittelständischer Betriebe - also keineswegs für "Öko-Pioniere" - erarbeitet werden. Dabei sind ein Arbeitsprogramm und ein kleiner Roman über das fiktive Unternehmen "Ganz & Aehnlich" entstanden, die mittelständische Betriebe dabei unterstützen sollen, einen eigenständigen Lern- und Entwicklungsprozeß einzuleiten. Der Sachkundige wird hierin die zugrundeliegenden Managementkonzeptionen und -praktiken wiedererkennen. Es wird auch deutlich, daß der Ordner nicht am „grünen Tisch" entstanden ist, sondern aus der Begleitung und Beratung mehrerer mittelständischer Unternehmen. Dieser konzeptionell fundierte, praxisgerecht formulierte und betrieblich getestete Ordner rechtfertigt deshalb nach meiner Auffassung durchaus ein neues Produkt auf dem Büchermarkt.

Das Autorenteam wurde während seiner zweijährigen Arbeit vom VDI-Ausschuß "Umweltmanagement für technische Führungskräfte" begleitet und beraten. Der Ausschuß, der als Projektbeirat fungierte, setzte sich aus führenden Sachverständigen der Wirtschaft, der Wissenschaft, aus Behörden, Gewerkschaften, Umweltverbänden und Bildungsinstitutionen zusammen:

Dr. Renate Alijah	Lloyd's Register Technical Services Deutschland GmbH, Köln Geschäftsführerin und Umweltgutachterin
Prof. Dr. Siegmar Bornemann	Institut für ganzheitliches Unternehmensmanagement, Leverkusen, FH Fresenius, Idstein
Min.-Dir. a.D. Dr. Gerhard Feldhaus	Vorsitzender des Normenausschusses "Grundlagen des Umweltschutzes" (NAGUS) beim Deutschen Institut für Normung (DIN)
Werner Franke	Landesanstalt für Umweltschutz Baden-Württemberg, Karlsruhe
Dr. Dietmar Gebhard	Mannesmann AG, Hauptabteilung Umweltschutz, Düsseldorf, Vorsitzender der VDI-Koordinierungsstelle Umwelttechnik (VDI-KUT)

Prof. Dr. Anja Grothe-Senf	FH für Wirtschaft, Umweltmanagement, Berlin
Prof. Dr. Herwig Hulpke	Leiter des Ressorts Umweltschutz, Bayer AG, Leverkusen
Heinz Kottmann	Institut für ökologische Wirtschaftsforschung (IÖW), Wissenschaftlicher Geschäftsführer, Berlin
Günter Larisch	Dr. August Oetker Nahrungsmittel KG, Umweltbeauftragter, Bielefeld
Dr. Werner Schneider	DGB Bundesvorstand, Abt. Umwelt und Gesundheit, Düsseldorf
Reinhard Peglau	Umweltbundesamt (UBA), Berlin
Prof. Dr. Reinhard Pfriem	Universität Oldenburg, Institut für Betriebswirtschaftlehre
Werner Reif	Industrie- und Handelskammer Südlicher Oberrhein, Freiburg i. Br.
Dr.-Ing. Adolf von Röpenack	Datteln, Nationaler Koordinator für das "Euromanagement Umwelt" der EU
Dr. Achim Spiller	Universität/GH Duisburg / Bund für Umwelt und Naturschutz (BUND)
Dr. Peter M. Wiedemann	Forschungszentrum Jülich, Leiter der Programmgruppe Mensch, Umwelt, Technik
Eva Wildförster	Leiterin des Zentrums für Umwelt und Energie, Handwerkskammer Düsseldorf

Den Mitgliedern des Ausschusses möchte ich für ihre ehrenamtliche Tätigkeit an dieser Stelle meinen ausdrücklichen Dank aussprechen. Ihre kritische Begutachtung hat wichtige Impulse für die Projektarbeit und die vorliegende Publikation gegeben. Der bisweilen nicht einfache, aber letztlich sehr erfolgreiche Prozeß der Konsensbildung spiegelt sich im Ergebnis deutlich wider.

Der Deutschen Bundesstiftung Umwelt, die dieses Projekt in großzügiger Weise gefördert hat, sei ebenfalls ausdrücklich gedankt. Mein Dank gilt auch den beteiligten Unternehmen, ohne deren Mitwirkung dieser Ordner so nicht hätte entstehen können. Herr Frank Ebinger hat für das Institut für Ökologie und Unternehmensführung konzeptionelle Unterstützung geleistet und damit zum

Gelingen des Projektes beigetragen. Der Geschäftsführer der VDI-Koordinierungsstelle Umwelttechnik, Herr Rüdiger Wolfertz, hat durch seine Kooperation und Mitwirkung ebenfalls Anteil am Projekterfolg.

Und schließlich möchte ich - auch im Namen des Beirates - dem Autorenteam für dessen engagierte Arbeit danken. Die wissenschaftlichen Mitarbeiter Frau Claudia M. Winkler und Herr Sebastian Krug sowie der Projektleiter Herr Dr. Volker M. Brennecke haben als Team die Fähigkeit zur Interdisziplinarität bewiesen und die wissenschaftlichen Konzepte mit der Realität mittelständischer Betriebe auf bemerkenswerte Weise zu integrieren gewußt.

Über den Erfolg dieses Ordners wird die Zukunft entscheiden. Erst die Bewährung in der betrieblichen Praxis zeichnet eine Publikation wie diese wirklich aus.

Prof. Dr. Ulrich Steger
Vorsitzender des VDI-Ausschusses
"Umweltmanagement für technische Führungskräfte"

Oestrich-Winkel und Lausanne,
im August 1997

Inhalt

Abschnitt 4: Umweltschutzpraxis (Umweltprüfung)

Abschnitt 5: Umweltauswirkungen (Umweltprüfung)

Abschnitt 6: Umweltpolitik

Abschnitt 7: Umweltprogramm

Abschnitt 8: Regelung der Abläufe

Abschnitt 9: Anpassung der Aufbauorganisation

Abschnitt 10: Umwelterklärung

Einleitung

Managementsysteme müssen für mittelständische Unternehmen nicht zu einer bürokratischen Last werden. Sie können im betrieblichen Alltag durchaus effektiv und lebendig wirken, wenn sie das Ergebnis eines individuellen Entwicklungsprozesses sind. Mittelständische Unternehmen können trotz begrenzter finanzieller und personeller Ressourcen erfolgreich Umweltmanagement praktizieren, wenn sie es verstehen, eigenständige, auf den Betrieb angepaßte Lösungen zu entwickeln, anstatt sich standardisierter Systemkonzepte zu bedienen.

Bei einer ersten Annäherung an das Thema Umweltmanagement werden oftmals derartige formalisierte Systeme zunächst für praktikabler gehalten, besonders dann, wenn es den Unternehmen an konkreten Vorstellungen von der Funktionsweise eines Umweltmanagementsystems einerseits und Vorstellungen von den eigenen Möglichkeiten andererseits noch mangelt. Der große Einfluß, den die Rechtsvorschriften gegenwärtig auf den betrieblichen Umweltschutz ausüben, verstärkt diese Tendenz noch. Dadurch wird es vielen Unternehmen zusätzlich erschwert, die nach wie vor vorhandenen Freiräume effektiv zu nutzen. Sie laufen dann Gefahr, stark „verbürokratisierte" Umweltmanagementsysteme zu produzieren, die im betrieblichen Alltag zumeist als starr und wenig wirksam empfunden werden, obwohl sie den Unternehmen erheblichen Aufwand abverlangen. Umweltmanagement, das über die Einhaltung der rechtlichen Vorschriften hinauszielt und sich bewußt an den unternehmensspezifischen Bedingungen und der Unternehmenskultur orientiert, scheint unter Umständen zunächst schwieriger realisierbar zu sein. Es stellt sich aber im Laufe des Prozesses zumeist als die besser umzusetzende und im Endeffekt wirksamere Alternative heraus. Der vorliegende Ordner möchte insbesondere mittelständischen Unternehmen den Einstieg in einen solchen Entwicklungsprozeß erleichtern, und sie bei den ersten Schritten auf ihrem Weg begleiten. Darüber hinaus soll er bei der Verankerung des Umweltmanagementsystems in den betrieblichen Alltag Hilfestellungen geben.

Bei der Entwicklung des Konzeptes, das diesem Ordner zugrundeliegt, sind Methoden, Erkenntnisse und Erfahrungen eingeflossen, die weit über die reine Organisation des betrieblichen Umweltschutzes hinausreichen. So hat beispielsweise die Diskussion um die „lernende Organisation" bei der Konzeptentwicklung sowie bei der Gestaltung verschiedener Teile des Ordners starken Einfluß ausgeübt. Sichtbarer Ausdruck dieses Einflusses sind beispielsweise verschiedene Übungen zur Steigerung der Kooperationsfähigkeit oder zur Kreativitätsentwicklung, die in einem Werk zum Umweltmanagement auf den ersten Blick vielleicht ungewohnt wirken mögen, deren Sinn sich im Gesamtkontext jedoch erschließen wird.

Ein Werk wie dieses läßt sich nur in Kenntnis und in enger Verbindung mit der betrieblichen Praxis entwickeln. Daher wurden im Rahmen des von der Deutschen Bundesstiftung Umwelt geförderten Projektes VDI-OIKOS fünf mittelständische Unternehmen unterschiedlicher Branchen bei ihrem Einstieg in das Umweltmanagement begleitet. Das in diesem Ordner vorgeschlagene Vorgehen und die zugehörigen Arbeitsmaterialien wurden gemeinsam mit den Unternehmen erarbeitet und immer wieder erprobt und weiterentwickelt. Schließlich wurde eine Arbeitsversion des Ordners in der Endphase des Projektes von weiteren Unternehmen einer Begutachtung und Erprobung unterzogen.

In diesem Ordner wurde bewußt darauf verzichtet, beispielhaft - im Sinne von Fallstudien - die individuellen Lösungswege und „Erfolgsrezepte" einzelner Unternehmen aufzuzeigen. Statt dessen wurden die unterschiedlichen Erfahrungen und Vorgehensweisen hinsichtlich ihrer Übertragbarkeit auf andere Unternehmen untersucht und zu der Geschichte des fiktiven Unternehmens Ganz & Aehnlich GmbH & Co. KG einerseits und zu einem Arbeitsprogramm für den Benutzer des Ordners andererseits verdichtet. Die Geschichte, die den Entwicklungsprozeß bei Ganz & Aehnlich schildert, zieht sich wie ein roter Faden durch den gesamten Ordner. Sowohl das Unternehmen als auch die auftretenden Personen sind frei erfunden. Die Handlung ist konstruiert, aber nicht aus der Luft gegriffen - wie der Name des Unternehmens vielleicht schon vermuten läßt. Trotz anfänglicher Verwirrungen und gelegentlicher Fehlschläge gelingt es dem Umweltbeauftragten Kurt Wagner, der Geschäftsführung und den Mitarbeitern von Ganz & Aehnlich schließlich, ein effektives Umweltmanagementsystem aufzubauen. Im Arbeitsprogramm, dem zentralen Bestandteil des Ordners, wird der Nutzer schrittweise, mittels konkreter Aufgabenstellungen angeleitet und an die Entwicklung eigener Lösungen herangeführt. Die unmittelbarste Verbindung zwischen Geschichte und Arbeitsprogramm stellen die Arbeitsmaterialien dar, die zu den einzelnen Aufgaben des Arbeitsprogramms angeboten werden. Diese enthalten vielfach Auszüge aus Arbeitsergebnissen und Dokumenten, wie sie bei Ganz & Aehnlich entstanden sein könnten.

Insgesamt soll der Nutzer des Ordners durch diese Kombination aus Geschichte, Arbeitsprogramm und Arbeitsmaterialien in die Lage versetzt werden, zunächst die Vorgehensweise, die möglichen Schwierigkeiten und die individuellen Lösungswege bei Ganz & Aehnlich nachzuvollziehen, um dann auf dieser Grundlage den Prozeß und die notwendigen Schritte auf das eigene Unternehmen zu übertragen.

Der Ordner ist in zehn Abschnitte eingeteilt, welche den einzelnen Arbeitsschritten beim Aufbau eines Umweltmanagementsystems entsprechen. Ein Abschnitt besteht jeweils aus einem Teil „Arbeitsprogramm" und einem Teil „Arbeitsmaterialien". Jedem der zehn Abschnitte ist ein Deckblatt vorangestellt, das den gesamten Ablauf des Aufbauprozesses in der Übersicht darstellt. Der jeweilige Abschnitt und die zu erreichenden Zwischenziele (Meilensteine) sind entsprechend hervorgehoben.

Den ersten Teil eines jeden Abschnittes bildet das Arbeitsprogramm. Es ist zum einen eine Einführung in den jeweiligen Arbeitsschritt, in dem Erläuterungen zum Verständnis und Hintergrundinformationen gegeben werden. Zu anderen beinhaltet es, in Form von konkreten Aufgaben, Handlungsanleitungen für den Benutzer. Diese Aufgaben sind stets in blauer Farbe gedruckt und graphisch gekennzeichnet.

Die zum jeweiligen Arbeitsprogramm gehörigen Arbeitsmaterialien bilden den zweiten Teil eines jeden Abschnittes. Auf die Arbeitsmaterialien wird an der entsprechenden Textstelle des Arbeitsprogramms verwiesen. Diese Verweise sind ebenfalls graphisch gekennzeichnet. Die einzelnen Arbeitsmaterialien sind zur Unterscheidung und zur besseren Orientierung mit der Nummer des jeweiligen Abschnittes und einem Kleinbuchstaben versehen. Die Verweise auf Arbeitsmaterialien in den einzelnen Abschnitten sind nicht notwendigerweise chronologisch und fortlaufend. Wenn also in Abschnitt 8 auf ein Arbeitsmaterial mit der Nummer 5 - g verwiesen wird, so bedeutet dies, daß auf ein Arbeitsmaterial aus dem Abschnitt 5 zurückgegriffen werden soll. Die ersten beiden Arbeitsmaterialien sind stets „Angestrebte Ergebnisse dieses Abschnittes" und „Aktionsplan". Beide Materialien sind in erster Linie als Folienvorlagen gedacht. Weitere Materialien sind unter anderem Übungen (die z.B. in der Projektgruppe durchgeführt werden können), Listen, Vordrucke, Folienvorlagen und beispielhafte Arbeitsergebnisse und Dokumente von Ganz & Aehnlich.

Damit die verschiedenen Elemente des Ordners - Arbeitsprogramm, Arbeitsmaterialien und Geschichte - optimal genutzt werden können, wurde die Form eines Ringordners gewählt. Auf diese Weise ist es möglich, beispielsweise die Arbeitsmaterialien herauszunehmen und bei der Lektüre des Arbeitsprogramms direkt neben den Text zu legen. Alle Teile des Ordners können leicht vervielfältigt werden, und schließlich hat der Leser die Möglichkeit, eigene Unterlagen dem Ordner hinzuzufügen.

Die Autoren hoffen, mit diesem Ordner einen Weg aufzuzeigen, wie vorausschauender und systematischer betrieblicher Umweltschutz insgesamt zur Entlastung und Entwicklung der Unternehmen beitragen kann. Von der Fähigkeit eines Unternehmens, sich aktiv und beständig weiterzuentwickeln, hängt in erheblichem Maße ab, wie es zukünftige Herausforderungen meistern wird. Allen Unternehmen, die sich auf diesen Weg begeben, wünschen die Autoren viel Erfolg.

Die Geschichte

Kapitel - 1

Die Entscheidung

Das Tätigkeitsfeld von Kurt Wagner hatte sich in den letzten Jahren zunehmend verändert. Der Maschinenbauingenieur war damals für Aufgaben in der Anlagenplanung und -instandhaltung von der Firma Ganz & Aehnlich GmbH & Co KG - kurz: G&A - eingestellt worden. Als die Bestellung eines Betriebsbeauftragten für Immissionsschutz erforderlich wurde, hatte er eingewilligt, diese Aufgabe zusätzlich zu übernehmen. Später kam dann noch die Funktion des Abfallbeauftragten hinzu. Zu diesem Zeitpunkt wurde er im Betrieb bereits allgemein als der „Umweltschutzbeauftragte" betrachtet, da alle Aufgaben, die in diesem Bereich anfielen, von ihm abgewickelt wurden. Die Geschäftsleitung war mit dieser Regelung sehr zufrieden, hatte sie doch die Zuständigkeit für den Umweltschutz an einen kompetenten und zuverlässigen Mitarbeiter „delegiert" und brauchte sich selbst mit der Thematik nur am Rande zu befassen.

Etwas anders stellte sich diese Entwicklung aus der Sicht von Kurt Wagner dar. Zwar hatte er sich längst an seine neuen Aufgaben gewöhnt, und er hatte grundsätzlich Freude daran, doch war das von ihm zu bewältigende Arbeitsvolumen ständig gewachsen. Trotz der erfolgten Entlastung auf seinem ursprünglichen Arbeitsfeld blieb noch mehr als genug für ihn zu tun. Im Bereich des Umweltschutzes hingegen kamen immer weitere gesetzliche als auch betriebliche Anforderungen hinzu. Obwohl er im Laufe der Zeit verschiedene Fortbildungs- und Qualifizierungsmaßnahmen durchlaufen hatte und regelmäßig an überbetrieblichen Arbeitskreisen und Veranstaltungen zum Thema Umweltschutz teilnahm, fühlte er sich nie ganz sicher, wirklich alles berücksichtigt zu haben. Genau genommen hätte er auf Anhieb mindestens eine Hand voll Dinge nennen können, die nicht so waren, wie sie hätten sein sollen. Obgleich ihn dieser Zustand nicht zufriedenstellte, hatte er gelernt, damit zu leben.

Er hatte einen guten Stand im Unternehmen. Man vertraute ihm, seinen Anregungen und Hinweisen wurden stets Gehör geschenkt, und etliche Verbesserungen wurden auf seine Initiative hin realisiert. So hatte man ihm beispielsweise vor zwei Jahren eine junge Diplomchemikerin als Gewässerschutzbeauftragte zur Seite gestellt. Diese war ihm zwar faktisch unterstellt, aber eine klare Regelung hierzu existierte nicht. Und eben hier sah er einen grundsätzlichen Mißstand, den er gerne beseitigt hätte, da dieser ihm seine Aufgabe gelegentlich erschwerte. Die Geschäftsleitung hatte nämlich damals seine Bestellung zum Immissionsschutzbeauftragten als „reine Formsache" betrachtet und es deshalb versäumt, ihm neben der Verantwortung auch die notwendigen Befugnisse zu übertragen.

Daran hatte sich bis heute im wesentlichen nichts geändert. So hatte Wagner auf sein gutes Verhältnis zur Geschäftsleitung vertraut und in Hinsicht auf seine Umweltschutzaufgaben eine gewisse „Bastlermentalität" entwickelt. Gelegentlich fühlte er sich denn auch als Einzelkämpfer im Unternehmen, und er war unzufrieden, wenn seine intensiven Bemühungen des öfteren nur zu ständigen Provisorien oder gar Flickwerk führten. Auf der anderen Seite war er sich aber auch der Bedeutung seiner Tätigkeit für das Unternehmen bewußt und darüber, daß er für das Unternehmen unverzichtbar war. Doch auch diese Tatsache befriedigte ihn nur teilweise, denn sie erhöhte gleichzeitig den Druck, der auf ihm lastete.

In dieser Situation nun passierten mehrere Dinge innerhalb kurzer Zeit: Zunächst hatte ein Mitarbeiter ein Faß mit Altöl auf einer Freifläche abgesetzt, da der Eingangsbereich des Lagergebäudes kurzzeitig durch ein Lieferantenfahrzeug blockiert war. Dieses Faß war undicht gewesen oder beim Absetzen beschädigt worden und Öl war ins Erdreich eingesickert. Dieser Umstand wurde zwar bald bemerkt, aber eine kostspielige Reinigung des betroffenen Erdreiches war unvermeidbar.

Zur gleichen Zeit wurden an einem Teil der Produktionsanlagen umfangreiche Umbau- und Wartungsarbeiten durchgeführt. Diese und ähnliche Arbeiten erfolgten turnusmäßig und verursachten zum Teil Stoff- und Lärmemissionen und gingen mit gelegentlichen Geruchsbelästigungen einher. Wagner wurde von der Zentrale telefonisch mit einer erbosten Anwohnerin verbunden, die wegen dieser Belästigung bereits mehrfach beim Pförtner und in der Zentrale angerufen hatte. Keiner dieser Anrufe war bisher an Wagner durchgestellt oder per Notiz zur Kenntnis gebracht worden. Zwar gelang es Wagner, die Anruferin in einem längeren Gespräch zu beruhigen und sie durch entsprechende Informationen von der zeitlichen Begrenztheit und der Ungefährlichkeit der Belästigung zu überzeugen, doch hatte diese sich in der Zwischenzeit bereits mit einer Beschwerde an die Stadtverwaltung gewandt.

Des weiteren hatte ein beauftragtes Entsorgungsunternehmen die bisher reibungslos verlaufene Abholung eines Abfallcontainers abgelehnt, da der Inhalt mit anderweitig zu entsorgenden Abfällen vermischt worden war. Es stellte sich heraus, daß die Monteure eines beauftragten Fremdunternehmens die bei den Arbeiten entstandenen Abfälle in diesen Container geworfen hatten. Ebenfalls war nicht auszuschließen, daß Mitarbeiter von Ganz & Aehnlich weitere Abfälle hinzugefügt hatten.

Und schließlich erhielt Wagner von Johannes Ganz, dem technischen Geschäftsführer und Mitinhaber des Unternehmens, einen Zeitungsausschnitt auf seinen Schreibtisch, verbunden mit der Aufforderung zur baldigen Rücksprache. In diesem wurde von dem Aufbau eines Umweltmanagementsystems bei einem Mitbewerber berichtet. Ein Foto zeigte den Geschäftsführer dieses Unternehmens mit einigen Mitarbeitern oder Beratern, während er von einem Umweltgutachter die Validierungsurkunde entgegennimmt. Das anschließende Gespräch zwischen Wagner und Ganz war kurz und endete mit der Aufforderung an Wagner: „Machen Sie sich doch mal schlau und erarbeiten Sie mir eine kurze Vorlage."

Wagner war mit dem Thema Umweltmanagement und Öko-Audit schon mehrfach in Berührung gekommen, sowohl durch Zeitschriftenartikel als auch durch Gespräche in Arbeitskreisen und mit Kollegen. Doch nun meldete er sich für eine Veranstaltung an, die sich speziell mit diesem Thema beschäftigte. Die Referenten waren vorwiegend Unternehmensberater sowie Vertreter anderer Unternehmen, die von ihren Erfahrungen mit dem Umweltmanagement berichteten. Der Nutzen eines solchen Systems leuchtete Wagner durchaus ein, ja, er fand sogar Gefallen daran. Er vermutete, daß auf diese Weise manche seiner ständigen Schwierigkeiten beseitigt werden könnten. Doch die konkrete Ausgestaltung und der Weg dorthin waren ihm - trotz der vielen Informationen - für das eigene Unternehmen noch nicht ganz klar. Zu viele Dinge blieben zu theoretisch und zu allgemein, als daß er sich ein eindeutiges Bild hätte machen können. So sammelte er Informationen, holte Angebote verschiedener Beratungsunternehmen ein und berichtete in zusammengefaßter Form an Johannes Ganz.

Dieser Bericht und das anschließende Gespräch erbrachten soviel, wie sie neue Fragen aufwarfen. Die Sache schien Ganz doch recht sinnvoll und nützlich - insbesondere auch unter Marktaspekten - doch der Nutzen, der letztlich entstehen würde, und erst recht der Aufwand waren auf dieser Grundlage schwer abzuschätzen, zumal die Angebote der Berater sich zum Teil erheblich voneinander unterschieden und einige, wie Ganz es formulierte, „doch wohl recht happig" waren. So zog er es vor, sich zunächst mit dem kaufmännischen Geschäftsführer, Dr. Müller, und den anderen Teilhabern abzustimmen. Die „Entscheidung", die aus dieser Abstimmung resultierte, wurde Wagner - nach einigen weiteren Absprachen - ein paar Wochen später mitgeteilt: „Machen Sie mal, aber sehen Sie zu, daß es nicht zu teuer wird."

In der Zwischenzeit hatte Wagner weitere Informationen eingeholt und war zu der Überzeugung gelangt, daß ein Umweltmanagementsystem nicht nur für das Unternehmen, sondern auch für ihn persönlich und die Erfüllung seiner Aufgaben erhebliche Vorteile bieten könne. Insofern war er froh, von der Geschäftsleitung grünes Licht erhalten zu haben. In der Frage allerdings, wie dieses Unterfangen anzugehen sei, war er noch nicht wesentlich weitergekommen. So wählte er zunächst aus den vorliegenden Angeboten ein Beratungsunternehmen aus und vereinbarte mit diesem eine Präsentationen bei Ganz & Aehnlich. Obwohl das Beratungsunternehmen ausdrücklich um die Teilnahme der Geschäftsleitung und weiterer Mitarbeiter aus dem mittleren Management an der Präsentation gebeten hatte, winkten Ganz und Dr. Müller ab, so daß Wagner und die Gewässerschutzbeauftragte Erika Fritsche die einzigen Teilnehmer blieben.

Dies bewirkte zwei Dinge bei Wagner: Zum einen erinnerte er sich wieder an die Einführung und Zertifizierung des Qualitätsmanagementsystems bei Ganz & Aehnlich vor drei Jahren, die damals intern für eine Menge Wirbel gesorgt und für einige Mitarbeiter zu einer erheblichen Mehrbelastung neben dem Tagesgeschäft geführt hatte. Sie war mit einem nicht unbeträchtlichen Dokumentationsaufwand verbunden gewesen, und obwohl die Zertifizierung und das erste Folgeaudit relativ reibungslos verlaufen waren, wirkte das System auch heute noch etwas aufgesetzt, war mit beträchtlichem Pflegeaufwand verbunden und in Teilen noch nicht richtig in das Tagesgeschäft integriert, kurz, es wurde nicht richtig gelebt.

Zum anderen dämmerte es Wagner allmählich, daß der Aufbau eines Umweltmanagementsystems unmöglich von ein oder zwei Personen im Unternehmen - gewissermaßen nebenbei - durchgeführt werden konnte, sondern eine Aufgabe war, welche die Unterstützung und Mitwirkung verschiedener Mitarbeiter aller Ebenen und Bereiche erforderte. In seiner Befriedigung über den positiven Bescheid des Führungsgremiums hatte er offenkundig Verschiedenes übersehen. Zwar hatte er grünes Licht erhalten, aber weder einen klaren Auftrag mit Vorgaben zu den Zielen, noch entsprechende Mittel oder ein Budget. Und auch sonst blieb eigentlich alles beim alten: Er verfügte über keine klar geregelten Befugnisse, keine Unterstützung und war im wesentlichen wieder auf sich allein gestellt. Die vermeintliche Entscheidung war gar keine Entscheidung gewesen!

Das Projekt

Obwohl Wagner wußte, daß es eine erhebliche Mehrbelastung für ihn bedeuten würde, hatte er den Aufbau des Umweltmanagementsystems zu „seiner Sache" gemacht. Nun wußte er, er würde Unterstützung brauchen. Unterstützung von der Geschäftsleitung einerseits und die Unterstützung und Mitwirkung der Mitarbeiter andererseits. Das naheliegende, um diese Unterstützung zu erhalten, schien ihm, den Aufwand und die zur Verfügung stehenden bzw. benötigten Ressourcen näher zu bestimmen. Doch dazu mußte er zunächst die anstehenden Aufgaben und den Ablauf konkretisieren. Mit Hilfe der ihm vorliegenden Informationen und Unterlagen entwickelte er daher einen groben Ablaufplan und entschied, daß eine sehr ungenaue Schätzung für seine Zwecke besser sei als gar keine. Zumindest würde er damit deutlich machen können, daß die Aufgabe durch ihn allein nicht zu bewältigen sei. Denn mittlerweile dämmerte ihm, daß es sich bei seiner „Aufgabe" um ein regelrechtes Projekt handelte.

Daher hatte sich Wagner in den folgenden Tagen, sobald es seine Zeit erlaubte, immer wieder in die Lektüre eines Buches über Projektmanagement vertieft, das ihm ein Bekannter empfohlen hatte. Hier wurde bestätigt, was er bereits gewußt oder zumindest geahnt hatte, aber er erhielt auch viele Hinweise und Anregungen, die ihm die Planung der weiteren Arbeit erleichtern und Fehler zu vermeiden helfen würden. Er kannte die Firma Ganz & Aehnlich, ihre Strukturen und ihre Arbeitsweisen gut genug, um zu wissen, daß er hier kein mustergültiges Projekt würde durchziehen können. Aber dennoch: Der Aufbau eines Umweltmanagementsystems - das hatte er erkannt - hatte unzweifelhaft Projektcharakter. Was er zunächst brauchte, war eine klare und verbindliche Entscheidung der Geschäftsleitung. Projektziele, Ressourcen und ein Mindestmaß an Projektorganisation mußten festgelegt und schriftlich fixiert werden. Denn er wußte aus eigener Erfahrung, daß mündliche Zusagen ohne böse Absicht oftmals in Vergessenheit gerieten oder unter dem Druck des Tagesgeschäfts über den Haufen geworfen wurden.

Überhaupt stellten die Anforderungen des Tagesgeschäfts ein gewisses Problem dar. Obgleich er ohnehin nur wenig Zeit auf die Lektüre und die Projektvorbereitungen verwenden konnte, wurde er auch in diesen seltenen Momenten unterbrochen und für dringende Aufgaben in Anspruch genommen. Er wußte, dies würde sich auch in der Zukunft nicht entscheidend ändern. Der ständige Konflikt zwischen den Aufgaben des Tagesgeschäfts und solchen „brandeiligen" Zusatzaufgaben, in dem er sich oftmals befand, hatte seine Ursachen nicht selten in mangelnder Abstimmung mit anderen. Durch diese dringenden Dinge, die häufig von außen an ihn herangetragen wurden, wurde seine Planung des öfteren durcheinandergebracht. Das war eine Frage der Prioritäten, doch stimmten die Prioritäten seines Aufgabenbereiches nicht immer mit denen anderer überein. Wenn das Tagesgeschäft also Vorrang hatte, so mußte man dies berücksichtigen und durch entsprechende Planung und Absprache die notwendigen Freiräume für die Erledigung der Aufgaben neben dem Tagesgeschäft schaffen.

Ein weiteres Gespräch mit der Geschäftsleitung war notwendig. Wagner wußte jetzt, worauf es ankam und bereitete sich sorgfältig darauf vor. Er wußte, damit die Geschäftsleitung die notwendigen Entscheidungen treffen konnte, mußte er die entsprechende Vorarbeit leisten. So stellte er, zusätzlich zu seiner Schätzung des Aufwandes und der Ressourcen, Fragen zu den Projektzielen und der Projektorganisation zusammen, die er der Geschäftsleitung vorlegen wollte und deren Beantwortung zu notwendigen Entscheidungen führen konnte. Seine besondere Aufmerksamkeit hatte ein Abschnitt des Buches auf sich gezogen, in dem dargestellt wurde, wie und warum Projekte scheitern können. Um seiner Forderung nach klaren Entscheidungen Nachdruck zu verleihen, faßte er die wichtigsten Punkte kurz zusammen und fügte sie den anderen Unterlagen bei. Darüber hinaus stellte er eine Liste der Mitarbeiter im Betrieb zusammen, auf deren Unterstützung und Mitwirkung er angewiesen sein würde. Dabei ging es ihm darum, diese Leute von Anfang an „ins Boot zu holen" und sie als Arbeitsgruppe in das Projekt einzubinden.

Das folgende Gespräch mit dem technischen Geschäftsführer verlief unerwartet. Es wurde Kurt Wagner deutlich, unter welchen Bedingungen vor einigen Wochen der „Auftrag" an ihn ergangen war. Die Informationen, die er damals zusammengestellt hatte, waren lediglich überflogen worden. Das Führungsgremium hatte zu diesem Zeitpunkt weder ein konkretes Ziel, noch eine klare Vorstellung vom Umweltmanagement oder dem einzuschlagenden Weg gehabt. Ausschlaggebend war vielmehr die Befürchtung gewesen, in einer sich abzeichnenden Entwicklung den Anschluß zu verlieren und eine Schwächung der eigenen Marktposition zu erfahren.

Die geschilderten Ereignisse der letzten Wochen hatten Anlaß zu Diskussionen innnerhalb der Geschäftsleitung gegeben, in deren Zuge auch das Thema Umweltmanagement erneut aufgegriffen wurde. Johannes Ganz hatte inzwischen das Versäumte nachgeholt, die ihm von Wagner zusammengestellten Informationen gründlich durchgearbeitet und hierzu eigene Überlegungen angestellt. Er sah jetzt durchaus einen Zusammenhang zwischen den Vorkommnissen der letzten Zeit sowie dem Verhalten der Mitarbeiter und der Möglichkeit, hier durch ein Umweltmanagementsystem Abhilfe zu schaffen. Einige Male mußte Wagner sogar bei den Fragen seines Geschäftsführers passen, doch er wußte, daß er diese neue und umfangreiche Materie durchaus noch nicht vollständig überblickte. Nichts desto trotz war er sehr zufrieden. Ganz tat nicht - wie er halb und halb befürchtet hatte - seine Vorschläge ab, sondern stimmte zumeist zu und versprach, die Anregungen zu überdenken. Eine zentrale Frage war wiederum die der externen Unterstützung, doch zu der Kostenbetrachtung traten jetzt weitere Aspekte hinzu, insbesondere inwieweit ungünstige Effekte, die man beim Aufbau des Qualitätsmanagementsystems erfahren hatte, in diesem Fall vermieden werden könnten, und wie die externe Unterstützung, die sicherlich erforderlich werden würde, gezielt und effizient eingesetzt werden könnte.

Schließlich einigte man sich auf folgendes: Wagner würde offiziell als Projektleiter eingesetzt werden und einen schriftlichen Auftrag mit entsprechenden Vorgaben und Befugnissen erhalten. Es würde ihm nach seinen Vorschlägen eine Projektgruppe zur Seite gestellt werden, und er sollte zunächst alleine beginnen, das Projekt würde jedoch vorbehaltlich der Zustimmung von Dr. Müller mit einem eigenen Budget für externe Beratungsleistungen und andere erforderliche Aufwendungen ausgestattet werden. Die Projektgruppe, namentlich Wagner, sollte regelmäßig über den Fortgang des Projektes an die Geschäftsleitung berichten. Wagner sollte von Ganz die Unterstützung erhalten, die er benötigte. Die

Geschäftsleitung würde ein Ziel formulieren und einen entsprechenden Zeitrahmen abstecken. Und schließlich sollten das Projekt und seine Rahmenbedingungen im Unternehmen öffentlich gemacht werden, zum einen durch einen Aushang am schwarzen Brett, zum anderen mittels einer Informationsveranstaltung für die zukünftige Projektgruppe und andere relevante Funktionsträger des Unternehmens.

Noch während der Vorbereitung der Informationsveranstaltung wurde ein Gespräch zwischen der Geschäftsleitung und dem Betriebsrat angesetzt, an dem auch Kurt Wagner teilnahm. Der Betriebsrat wurde über das geplante Projekt in Kenntnis gesetzt und um seine Stellungnahme gebeten. Bei der Frage, ob ein Betriebsratsmitglied der Projektgruppe angehören sollte, hielten sich die Arbeitnehmervertreter zunächst bedeckt. Zwar hatte die Gewerkschaft sie bereits mit Informationen zum Umweltmanagement und zum Öko-Audit versorgt, allerdings waren sie mit der Thematik noch nicht so vertraut wie ihre Gesprächspartner, und vor einer Stellungnahme wollten sie sich zunächst größere Klarheit über anstehende Veränderungen und mögliche Folgen für die Mitarbeiter verschaffen. So vereinbarte man zunächst, daß der Betriebsrat kontinuierlich über das Projekt auf dem laufenden gehalten werden würde und jederzeit einen Vertreter in die Projektgruppe entsenden könnte, der dann bei Bedarf mitwirken sollte.

Für etliche Teilnehmer der Informationsveranstaltung war das Thema Umweltmanagement gänzlich neu. Die Mitglieder der Projektgruppe waren zwar im Vorwege informiert worden und hatten - teilweise zögernd - ihre Mitwirkung zugesagt, verfügten aber zum überwiegenden Teil noch über keine klare Vorstellung davon, was man von Ihnen konkret erwartete. Johannes Ganz erklärte für die Geschäftsleitung die Ziele, die diese mit dem Projekt verfolgte. Er rekapitulierte dabei nicht nur die Vorkommnisse und Probleme der letzten Zeit, sondern wies auch auf die Anforderungen des Marktes und der Umweltgesetzgebung hin. Er machte deutlich, daß die aktive Beschäftigung mit dem Umweltschutz aus Sicht der Geschäftsleitung nicht nur aus ihrer unternehmerischen Verantwortung heraus notwendig sei, sondern auch die Chance zur Stärkung und zur Zukunftssicherung des Unternehmens berge. Schließlich stellte er Wagner als Projektleiter vor und erteilte ihm das Wort. Dieser gab den Anwesenden zunächst einige grundsätzliche Erläuterungen zum Umweltmanagement und stellte dann seinen Projektplan vor. Zunächst sollte danach eine umfassende

Bestandsaufnahme, die sogenannte Umweltprüfung, durchgeführt werden. Da er selbst noch keine rechte Vorstellung davon hatte, wie dies zu bewerkstelligen sei, hatte Wagner allzu detaillierten Nachfragen mit einer gewissen Besorgnis entgegen geblickt. Doch es kamen keine Nachfragen, weder zu diesem Punkt, noch zu einem anderen. Die Anwesenden nahmen die Informationen aufmerksam, aber ohne erkennbare Reaktionen entgegen. Einerseits war Wagner erleichtert, daß die erwarteten Diskussionen und Widerstände ausblieben, andererseits hatte er sich eine etwas stärkere Anteilnahme erhofft. So wurde abschließend der Termin für die erste Sitzung der Projektgruppe festgelegt und Johannes Ganz sicherte zu, daß bis zu diesem Zeitpunkt auch die schriftliche Benennung der Projektgruppenmitglieder und die Fixierung des Projektzieles erfolgt sein würden.

Damit war schließlich - drei Monate nach dem ersten mündlichen Auftrag an Kurt Wagner - der eigentliche Startschuß für das Projekt gefallen.

- Projektplanung
- Projektauftrag
- Projektmanagement

Projektstart 1

- Umweltschutzrelevante Unterlagen
- Zentrale Umweltschutzdokumentation

Umweltschutzdokumente 2
(Umweltprüfung)

- Rechtlicher Rahmen
- Einhaltung einschlägiger Umweltvorschriften
- Register der Rechtsvorschriften

Umweltschutzvorschriften 3
(Umweltprüfung)

- Stand des betrieblichen Umweltschutzes
- Stärken und Schwächen
- Mängelbeseitigung

Umweltschutzpraxis 4
(Umweltprüfung)

- Erfassung und Beurteilung
- Verzeichnis der Umweltauswirkungen

Umweltauswirkungen 5
(Umweltprüfung)

- Strategische Ausrichtung
- Gesamtziele im Umweltschutz
- Umweltleitlinien

Umweltpolitik 6

- Konkrete Umweltziele
- Maßnahmenplanung

Umweltprogramm 7

- Verfahren
- Tätigkeiten
- Handlungsweisen

Regelung der Abläufe 8

- Organisationsstrukturen
- Verantwortlichkeiten und Zuständigkeiten
- Umweltmanagement-Dokumentation

Anpassung der Aufbauorganisation 9

- Erstellung
- Verbreitung

Umwelterklärung 10

Projektstart

Arbeitsprogramm

Arbeitsmaterialien

1.1 Projekte

Der Geschäftsführer eines mittelständischen Produktionsbetriebes gab einmal auf eine diesbezügliche Anfrage an, daß im Unternehmen derzeit an nicht weniger als 13 verschiedenen „Projekten" gearbeitet würde. Die Art, in der er dies sagte, verriet einen gewissen Stolz. Das Unternehmen hatte zu diesem Zeitpunkt insgesamt rund 120 Mitarbeiter. Nachfragen und eine nähere Betrachtung ergaben, daß im Unternehmen nicht ein einziges wirkliches Projekt existierte! Man hatte sich angewöhnt, jede Sonderaufgabe und jede Tätigkeit außerhalb des Tagesgeschäfts als „Projekt" zu bezeichnen: den Kauf eines Fotokopierers, die Erstellung einer kleinen Messebroschüre, die Renovierung des Besprechungsraumes wie auch die Aufstellung eines Altholzcontainers; sogar der Austausch der Türschilder im Verwaltungstrakt galt als eigenes „Projekt". Wahrscheinlich hätte jener Geschäftsführer ohne mit der Wimper zu zucken für sich und seine Mitarbeiter in Anspruch genommen, über umfangreiche Erfahrungen in der Projektarbeit zu verfügen.

In großen, aber auch in einer erheblichen Anzahl mittlerer Unternehmen hat Projektarbeit heute seinen festen Platz neben dem Tagesgeschäft. Forschungs- und Entwicklungsarbeit, Bau- und Planungsvorhaben sowie umfangreiche Reorganisations- oder Rationalisierungsmaßnahmen sind ohne Projektarbeit und Projektmanagement kaum durchführbar.

An den aufgeführten Beispielen läßt sich erkennen, daß es verschiedene Arten von Projekten gibt. Eines ist ihnen gemein: Sie stellen einmalige komplexe Vorhaben dar. „Einmalig" schließt dabei nicht aus, daß mehrere Forschungsprojekte parallel oder nacheinander durchgeführt oder weitere Bauvorhaben in Angriff genommen werden; aber jedes Projekt ist in bezug auf seine Zielsetzung sowie die erforderlichen Aufgaben und Tätigkeiten so eigenständig, daß die Abläufe nicht routinisiert werden können.

Projekte sind einmalige komplexe Vorhaben

Ein Paradebeispiel für ein Projekt ist der Hausbau. An ihm kann man recht gut erkennen, was ein Projekt auszeichnet, worauf es bei der Projektarbeit ankommt und wie sich Projekte vom Tagesgeschäft einerseits und von (Sonder-)Aufgaben andererseits abgrenzen lassen. Daher wird dieses Beispiel im folgenden mehrmals zur Veranschaulichung herangezogen werden. Denn begreift und behandelt man folgerichtig den Aufbau eines Umweltmanagementsystems als Projekt, gibt es einige Parallelen.

1.2 Das ist es, was wir wollen!

1. Projektmerkmal: Klare, realistische und abgestimmte Ziele

Jedes Projekt erfordert klare Ziele. Ohne einen Plan oder zumindest eine klare Vorstellung vom anzustrebenden Ergebnis kann ein Projekt nicht zustande kommen. Was soll mit dem Aufbau eines Umweltmanagementsystems erreicht werden? Die Erhöhung der Transparenz bezüglich der Umweltauswirkungen und der Umweltkosten? Weitestgehende Rechtssicherheit durch die Kenntnis der relevanten Umweltvorschriften und der daraus resultierenden Erfordernisse? Oder geht es vorrangig einfach darum, Markt- oder Kundenforderungen gerecht zu werden, z. B. durch ein zertifiziertes Umweltmanagementsystem oder eine validierte Umwelterklärung? Doch auch die Schaffung klarer, effektiver und rechtskonformer Regelungen für den betrieblichen Umweltschutz und die Stärkung des umweltgerechten Verhaltens der Mitarbeiter können unmittelbare Ziele sein, die mittels eines Umweltmanagementsystems angestrebt werden.

Frühzeitige Einbindung der Projektbeteiligten

Beim Hausbau kann das Ziel durch den Architektenentwurf beschrieben sein. Grundlage für diesen Entwurf ist die Abstimmung mit dem Auftraggeber (im Beispiel der Bauherr), dessen Vorstellungen letztlich umgesetzt werden sollen. Ein erfahrener Architekt wird allerdings schon frühzeitig die Abstimmung mit anderen Projektbeteiligten suchen, um das Ziel realistisch zu gestalten und Problemen oder Widerständen vorzubeugen. Ist beispielsweise der Bauherr nicht der (einzige) spätere Nutzer, so kann es sinnvoll sein, die künftigen Mieter oder Käufer an der Planung und Zielfestlegung zu beteiligen. Für den Aufbau eines „lebendigen" Umweltmanagementsystems gilt dies entsprechend. Die rechtzeitige Einbindung der Projektmitarbeiter und derer, auf deren Mitwirkung man angewiesen ist, ist von großer Bedeutung. Stehen die Projektbeteiligten nicht hinter den Zielen oder leisten gar - offen oder heimlich - Widerstand, dann ist der Projekterfolg ernsthaft gefährdet. Für ein erfolgreiches Projekt braucht man Verbündete!

1.3 Irgendwann, irgendwie ...

2. Projektmerkmal: Zeitliche Begrenztheit

Jedes Projekt ist zeitlich begrenzt. Der Starttermin und der Zeitpunkt, zu dem das Projekt abgeschlossen sein soll, sind feste Bestandteile der Zielformulierung bzw. des Projektauftrages. Ginge es im Beispiel „Hausbau" um die Errichtung eines Hotels für die EXPO 2000 in Hannover, so ist das Projekt gescheitert, wenn erst im Januar 2001 die ersten Gäste einziehen können - unabhängig davon, wie gelungen das Gebäude als solches auch ausgefallen sein mag. Der Fertigstellungstermin war wesentlicher Bestandteil der Zielformulierung, das Ziel wurde nicht erreicht. Ein Umweltmanagementsystem wird nicht zu einem bestimmten Zeitpunkt im eigentlichen Sinne „fertig" sein. Es soll den kontinuierlichen Entwicklungsprozeß des Unternehmens fördern und unterliegt daher selbst der ständigen Veränderung. Für den Aufbauprozeß - also den Gegenstand des Projektes - muß dennoch ein Endpunkt festgelegt werden. Dieser kann durch einen Zustand gekennzeichnet sein, in dem bestimmte Grundstrukturen angelegt sind. Die wesentlichen Grundstrukturen des Systems spiegeln sich in den Meilensteinen und den dokumentierten Ergebnissen wider. Die Validierung der Umwelterklärung kann schließlich als überprüfbares und zeitlich fixiertes Kriterium für den Projektabschluß dienen.

Auch wenn der Zeitpunkt der Fertigstellung für das Ziel von geringerer Bedeutung ist, ist die zeitliche Begrenztheit wichtig für die Projektplanung und -kontrolle. Zudem hängen die Kosten des Projektes häufig in erheblichem Maße von der Projektdauer ab. Ein unbefristetes Projekt wäre nicht kalkulierbar. Irgendwann überstiegen die auflaufenden Kosten ein vertretbares Maß und stellten den Nutzen des Vorhabens in Frage. Diese Überlegungen führen zu einem weiteren wesentlichen Merkmal von Projekten:

3. Projektmerkmal: Eigene Ressourcen

Jedes Projekt braucht eigene Ressourcen. Damit sind zum einen materielle Ressourcen gemeint, also Finanzbudget und Arbeitsmittel. Zum zweiten müssen personelle Ressourcen - also Arbeitskraft und Arbeitszeit - in ausreichendem Maße zur Verfügung stehen. Und schließlich bedarf es hinreichender *fachlicher Ressourcen*, d. h. die zur Bearbeitung des Projektes erforderlichen Kompetenzen, Fach- und Sachkenntnise müssen vorhanden sein oder beschafft werden (können). Viele Projekte kranken daran, daß diese unverzichtbaren Mittel zu knapp bemessen sind. In angespannter Lage wäre es konsequent zu folgern: „Keine Ressourcen, kein Projekt!" oder Projektziele und -umfang den vor-

handenen Mitteln anzupassen. Statt dessen wird oftmals nach der Devise „irgendwie wird es schon gehen" das Projekt dennoch gestartet - mit den besten Aussichten darauf, es innerhalb kürzester Zeit in massive Schwierigkeiten zu bringen oder zumindest das Ziel zu verfehlen.
Das Arbeitsmaterial 1 - g gibt einige Hinweise zu Aspekten, die bei der Ressourcenplanung für den Aufbau eines Umweltmanagementsystems zu berücksichtigen sind.

1.4 Scheuklappen und Abteilungswettkämpfe

4. Projektmerkmal: Kooperation

Jedes Projekt erfordert die Zusammenarbeit von Menschen aus unterschiedlichen Fachgebieten und Abteilungen. In mittleren und kleineren Unternehmen wird in der Regel eine „gemeinsame Sprache" gesprochen (in größeren Organisationen ist dies keineswegs immer so!). Trotzdem kommt es gelegentlich zwischen verschiedenen Abteilungen zu Verständigungsschwierigkeiten. Ursächlich hierfür sind vorrangig unterschiedliche Blickwinkel, Sichtweisen und Prioritäten. Mangelndes Verständnis und fehlende Kenntnisse anderer Fachgebiete sowie fachsprachliche Unterschiede können ebenfalls eine Rolle spielen. Ein ausgeprägtes Abteilungsdenken und internes Konkurrenzverhalten können die daraus erwachsenden Probleme noch verstärken. Für den reibungslosen Ablauf von Projekten, ebenso wie für die alltäglichen Abläufe im Unternehmen, ist es daher wichtig, daß alle Beteiligten an einem Strang ziehen.

An einem Strang ziehen

Gerade die Integration vom Umweltmanagement ins Unternehmen ist von abteilungsübergreifender Verständigung und Kooperation bei Querschnittsaufgaben abhängig. In einem härter werdenden äußeren Wettbewerb können sich Unternehmen interne Reibungsverluste und Ressourcenvergeudung weniger denn je leisten. Die Stärkung des Wir-Gefühls zwischen den Kooperationspartnern im Unternehmen hingegen setzt Kräfte frei, erhöht die Motivation und kann zu nachhaltig verbesserten Leistungen führen.

Der Kooperations- und Kommunikationsfähigkeit der Unternehmensangehörigen kommt beim Aufbau eines Umweltmanagementsystems, das in den betrieblichen Alltag integriert ist, eine große Bedeutung zu. In diesem Ordner liegt ein Schwergewicht auf der Entwicklung dieser Fähigkeiten. Der Aufbauprozeß und eine Vielzahl der Aufgaben sind darauf ausgerichtet, Kooperation im Unternehmen zu fördern.

Kooperation kann erlernt werden.

Eine Möglichkeit hierzu stellt das Prinzip des internen Kunden dar, das vorrangig in Unternehmen mit einer starken Kundenorientierung praktiziert wird. Dieses Prinzip geht von einem Lieferanten-Kunden-Verhältnis beim Austausch von Leistungen auch innerhalb des Unternehmens, also zwischen Abteilungen oder Mitarbeitern, aus. Ziel ist es, dieselben hohen Ansprüche, die in bezug auf die Befriedigung von externen Kundenwünschen existieren, auf die interne Arbeit zu übertragen. Das bedeutet, hinsichtlich Qualität und Zuverlässigkeit so zu arbeiten, daß der Kollege, dem man zuarbeitet, eine rundum gute Dienstleistung erhält.

Prinzip des internen Kunden

Wenn die Mitarbeiter Kooperation auf diese Weise verstehen und praktizieren, wird ein Klima geschaffen, das von Kommunikationsbereitschaft und Wertschätzung für den Kollegen geprägt ist und beste Voraussetzungen für effektives Arbeiten und gute Leistungen bietet. Durch Appelle, Vorschriften und Kontrollen allein ist eine kooperative Arbeitsweise allerdings nicht zu erreichen:

Kooperation muß erlernt werden.

1.5 Die Rolle des Projektleiters

Projektleiter wird man nicht dadurch, daß der Chef einem auf die Schulter klopft und sagt: „Gratuliere, Sie sind ab sofort Projektleiter. Legen Sie mal los, und wenn Sie Hilfe brauchen, geben Sie mir Bescheid." Zunächst bedarf es einer Projektskizze, welche die genannten Projektmerkmale berücksichtigt (Ziele, Termine, Ressourcen einschl. Projektteam und Budget sowie die Rahmenbedingungen für eine abteilungsübergreifende Kooperation). Wer ausersehen ist, das Projekt zu leiten, wird zumeist maßgeblich an dieser Vorarbeit mitwirken. Das Projekt selbst existiert jedoch zu diesem Zeitpunkt noch nicht. Die Projektskizze mündet dann in einen schriftlichen Projektauftrag. Dieser erst ist der Startschuß für das Projekt.

Projektvorbereitung

Der Auftraggeber sollte nach Möglichkeit vermeiden, jemandem eine Projektleitung „aufzudrücken". Der Projektleiter sollte das Projekt für sinnvoll halten, es durchführen wollen sowie sich selbst als geeignet und in der Lage betrachten, es - unter den gegebenen Umständen - zum Erfolg zu führen. Delegieren bedeutet darüber hinaus immer, daß mit der Aufgabe auch die erforderlichen Mittel und Ressourcen und mit der Verantwortung auch die notwendigen Befugnisse übertragen werden. Jeder Projektleiter sollte darauf hinwirken, daß er über alles das, was er zur Erfüllung seiner Aufgabe benötigt, in hinreichendem Maße verfügt. Stimmen sich Auftraggeber und Projektleiter schon zu

Delegieren

diesem Zeitpunkt und auch im weiteren Verlauf des Projektes in dieser Weise ab, steht es von Anfang an auf einer soliden Basis.

Wer Projektleiter wird, ist spätestens in diesem Moment selbst Führungskraft und muß seinerseits delegieren. Er muß planen, entscheiden, koordinieren und anleiten. Er muß motivieren, vermitteln, schlichten und es verstehen, sich im richtigen Augenblick durchzusetzen. Er sollte immer den Überblick behalten, und wenn etwas schief läuft, muß er den Kopf hinhalten und die Fehler ausbügeln. Das ist sicherlich nicht jedermanns Sache und sollte vor einer Entscheidung bedacht werden. Fachlich-inhaltliche Kompetenz ist die Voraussetzung für die Leitung eines Projektes, aber der Erfolg hängt ganz wesentlich von solchen Führungsqualitäten und der sozialen Kompetenz ab.

Wenn Sie bisher noch keine Erfahrungen mit der Projektleitung haben, sollten Sie sich auf diese Aufgabe vorbereiten. In entsprechenden Trainingsseminaren, wie sie z. B. das VDI-Bildungswerk und andere Bildungseinrichtungen anbieten, können Sie sich für Ihre neue Rolle „fit" machen lassen.
Dasselbe gilt für „Ihr" Projektteam: Gruppenbildungsseminare oder individuell ausgerichtete In-house-Schulungen können helfen, das Team zu formen, zu motivieren und auf die Projektarbeit vorzubereiten. Das gilt besonders dann, wenn im Unternehmen bisher noch keine Projekt- oder Teamarbeit praktiziert wurde.
Je nach Informationsstand über das Umweltmanagement empfehlen sich Informations- oder Qualifikationsveranstaltungen, um das Team auch inhaltlich auf seine Aufgaben vorzubereiten.

Arbeitsmaterial
1 - c
1 - d
1 - e

1.6 Projektvorbereitung und -planung

Die ersten Aufgaben des (zukünftigen) Projektleiters bestehen in der Projektvorbereitung und -planung. Der Auftraggeber - in der Regel die Geschäftsleitung - benötigt Informationen, um Aufwand und Nutzen abwägen sowie Entscheidungen und Festlegungen treffen zu können, welche wiederum dem Projektleiter dessen Arbeit erst ermöglichen.

Ein Hilfsmittel zur Beschreibung, Abstimmung und Präzisierung der Projektziele kann das Lasten- oder Pflichtenheft sein. Hierin werden die Anforderungen und Erwartungen der Projektbeteiligten an das Ergebnis des Projektes - also das „Produkt" im weitesten Sinne - gesammelt. Diese „Pflichten" können von unterschiedlicher Art und Wichtigkeit sein. Daher bietet es sich an, sie nach den vier Aspekten *„muß"*, *„sollte"*, *„kann"* und *„darf nicht"* zu unterteilen:

Pflichtenheft

- Was ist unverzichtbar? Welche Eigenschaften, Anforderungen oder Funktionen *muß* das Produkt unbedingt erfüllen?
- Was ist wünschenswert? Welche Eigenschaften, Anforderungen oder Funktionen *sollte* das Produkt erfüllen?
- Was ist möglich? Durch welche Eigenschaften, die nicht ausschlaggebend für den Projekterfolg sind, *kann* das Produkt gegebenenfalls zusätzlich aufgewertet werden?
- Was ist auszuschließen? Was *darf nicht* sein und ist unbedingt zu vermeiden, wenn das Produkt seine Funktion erfüllen soll?

Erst durch eine klare Zielformulierung und die präzise Festlegung von Merkmalen („Pflichten") läßt sich weitgehend sicherstellen, daß wirklich alle auf dasselbe Ziel hinarbeiten. Zudem ist dies eine Voraussetzung für die Aufwandschätzung und dafür, überprüfen zu können, wie weit das Projekt jeweils fortgeschritten ist, was noch fehlt, ob man „auf dem richtigen Weg" ist und schließlich, ob und wann das Ziel erreicht ist. Solch eine Projektkontrolle ist eine wesentliche Säule des Projektmanagements.

Projektkontrolle

Zielsetzung

Sorgen Sie dafür, daß das Ziel des Projektes klar formuliert ist sowie von Ihnen und allen Beteiligten verstanden und akzeptiert wird - möglichst bevor Sie die Projektleitung übernehmen. Die Zielsetzung sollte in jedem Fall schriftlich niedergelegt werden. Ihre Aufgabe besteht dabei in erster Linie darin, den Auftraggeber (die Geschäftsleitung) mit Informationen zu versorgen, Vorschläge für die Zielformulierung zu unterbreiten und auf die Abstimmung des Zieles hinzuwirken. Hinweise, die Ihnen die Aufgabe erleichtern, finden Sie in den Arbeitsmaterialien.
Gemeinsam mit der Geschäftsleitung sollten Sie auch weiterführende Fragen klären, wie z.B.:

- Welche Vorteile bringt uns ein Umweltmanagementsystem?
- Welcher Nutzen läßt sich durch eine Validierung oder Zertifizierung erzielen?
- Gibt es auch Nachteile und Risiken? Welche?

Arbeitsmaterial
1 - f

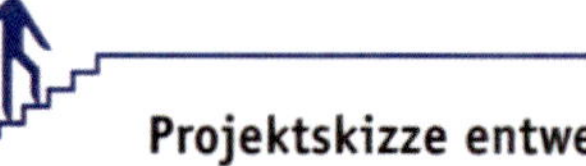

Projektskizze entwerfen

Entwerfen Sie in enger Zusammenarbeit mit der Geschäftsleitung eine Projektskizze. Sie können sich dabei an dem Ablaufschema dieses Ordners orientieren und es nach Bedarf ergänzen oder präzisieren. Der vorgeschlagene Ablauf gliedert sich in zehn Schritte, denen jeweils ein Abschnitt des Ordners gewidmet ist; mit dem ersten Schritt, dem Projektstart, haben Sie bereits begonnen. In dem Ablaufschema sind jedem dieser zehn Schritte die Arbeitsergebnisse zugeordnet, die am Ende dieses Schrittes vorliegen sollen. Es erleichtert Ihre Zeitplanung und die Projektkontrolle, wenn Sie für die einzelnen Schritte Starttermine und Endtermine (zu denen dann die jeweiligen „Meilensteine" erreicht sein sollen) festlegen.

Projektordner anlegen

Legen Sie einen Projektordner an, in welchem Sie die Dokumente, die Sie im Laufe des Projektes erarbeiten werden, ablegen können. Dies sind einerseits die Arbeits- und Zwischenergebnisse aus der Projektarbeit sowie andererseits Dokumente und Aufzeichnungen für das Umweltmanagementsystem, welche die spätere Umweltmanagement-Dokumentation bilden.

Aufwandsschätzung

Mit hoher Wahrscheinlichkeit wird der Auftraggeber von Ihnen - vielleicht noch vor der Konkretisierung der Ziele - eine grobe Schätzung des Aufwandes erwarten:

- Welcher Aufwand ist damit verbunden?
- Was kostet es uns?
- Wie lange wird es dauern?
- Wer könnte es machen?
- Was wird dafür (zusätzlich) benötigt?

Selbst wenn dies nicht ausdrücklich von Ihnen gefordert wird, sollten Sie diese Fragen so präzise, umfassend und ehrlich wie möglich beantworten, da Ihre Zeit- und Ressourcenplanung auf der Grundlage dieser Einschätzung erfolgt. Leider ist es kaum möglich, hierzu konkrete Hilfestellungen zu geben, da die spezifischen Rahmenbedingungen, Erfordernisse und Möglichkeiten des einzelnen Unternehmens so individuell und unterschiedlich sind, daß Faustwerte nicht guten Gewissens gegeben werden können. Die Abschätzung des Aufwandes bereitet in der Praxis immer wieder große Probleme - und wird deshalb vielfach einfach übergangen. Sie sollten sich dieser schwierigen Aufgabe dennoch stellen, um möglichst gute Voraussetzungen für Ihre weitere Arbeit zu schaffen.

Arbeitsmaterial
1 - g

Ressourcenplanung

Planen Sie die Ressourcen, die Sie für die Durchführung des Projektes benötigen. Die Grundlagen hierzu bilden die Zielsetzung, die Projektskizze und Ihre Aufwandsschätzung.

- Wer soll / muß in welchem Umfang mitarbeiten?
- Auf wessen Mitwirkung oder Unterstützung ist das Projekt außerdem angewiesen?
- Wofür und in welchem Umfang wird externe Unterstützung erforderlich werden?
- Welche Hilfs- bzw. Arbeitsmittel und Räumlichkeiten müssen zur Verfügung gestellt werden?
- Welche Geldmittel (Budget) werden benötigt und wofür?

Arbeitsmaterial
1 - g

Projektgruppe bilden

Erarbeiten Sie einen Vorschlag für die Zusammensetzung der Projektgruppe. Sie erleichtern dem Auftraggeber die Entscheidung, wenn Sie ihm erläutern, weshalb und wofür diese Personalressourcen (die ja in dem Moment an anderer Stelle fehlen) zur Verfügung gestellt werden sollten. Stimmen Sie gemeinsam mit der Geschäftsleitung die Zusammensetzung des Projektteams ab und legen Sie diese verbindlich fest.

- Wessen Mitarbeit ist unbedingt erforderlich und warum?
- Wer sollte regelmäßig und in nennenswertem Umfang im Projekt mitarbeiten?
- Wer ist sonst noch dazu geeignet, Aufgaben im Projekt zu übernehmen?

Führen oder Ausführen?

Normalerweise ist es die Rolle eines Projektleiters, das Projekt zu koordinieren, zu steuern und die Aufgaben zu verteilen. Die „eigentliche Arbeit" sollten andere machen. Die Erfahrung zeigt, daß dies beim Aufbau eines Umweltmanagementsystems in mittleren oder kleineren Unternehmen zumeist nicht realistisch ist. Oft genug wird er mit seiner fachlichen Kompetenz auch für inhaltliche Aufgaben gefordert sein. Er wird mit anpacken müssen, wenn die Personaldecke dünn ist oder wenn die Projektmitarbeiter fachlich überfordert sind.

Achten Sie aber unbedingt von Anfang an darauf, daß Sie nicht zum „Einzelkämpfer" werden. Delegieren Sie soviel wie möglich (aber „richtig"!) und entlasten Sie sich von dem „Kleinkram", sonst verlieren Sie schnell den Überblick und Ihr Zeitplan gerät aus den Fugen.

Projektauftrag erteilen

Sie haben die notwendige Vorarbeit geleistet. Spätestens jetzt muß die Geschäftsleitung - Ihr Auftraggeber - mit Hilfe Ihrer Informationen entscheiden. Will die Geschäftsleitung das Projekt durchführen, sollte sie einen schriftlichen Projektauftrag erteilen, der in kurzer, aber vollständiger Form Projektziel, Termine und Ressourcen festlegt und den „Arbeitsauftrag" an den Projektleiter sowie die Mitglieder der Projektgruppe beinhaltet. Verantwortlichkeiten und notwendige Befugnisse (z. B. des Projektleiters) sollte er ebenfalls regeln.

Arbeitsmaterial
1 - h
1 - i

1.7 Bekanntmachung

Projektumfeld

Ein solches Projekt wird im Unternehmen kaum in aller Stille vonstatten gehen (was auch gar nicht wünschenswert wäre) und kann gelegentlich eine gewisse Unruhe mit sich bringen. Die Projektarbeit ist auf Kooperation - und in Teilen sogar die unmittelbare Mitwirkung - weiterer Unternehmensangehöriger außerhalb der Projektgruppe angewiesen. Und schließlich muß das spätere Umweltmanagementsystem mit Leben erfüllt werden. Dies kann nur durch Bemühungen und Mitwirkung aller geschehen. Die Belegschaft sollte deshalb frühzeitig und in angemessener Weise über das Projekt informiert werden.

Informationswege

Betriebsvereinbarung

Aushänge am „Schwarzen" oder „Grünen Brett" haben sich in der Praxis als unzureichend erwiesen. Es bietet sich an, interessant oder zumindest auffällig gestaltete Rundschreiben oder Aushänge der Geschäftsleitung (z. B. in Verbindung mit einem Preisausschreiben) mit anderen Mitteln zu kombinieren. Über Abteilungsleiter, Meister und Vorarbeiter können zusätzlich Informationen direkt in die Bereiche weitergeleitet werden. Ebenso kann eine Betriebsvereinbarung zum Umweltschutz mit dem Betriebsrat geschlossen und in einer Betriebsversammlung vorgestellt werden. Die Veranstaltung kann dann gleichzeitig zur Bekanntgabe des Projektes genutzt werden. Auf diese Weise kann die Geschäftsleitung die Bedeutung des Umweltschutzes und insbesondere des Projektes für das Unternehmen unterstreichen und für eine Unterstützung des Projektes auf breiter Ebene werben.

Umweltschutz erfahrbar machen

Besonders wirkungsvoll und eindringlich sind auch Maßnahmen oder Aktionen, die Umweltbelastung bzw. Umweltschutz für die Mitarbeiter direkt erfahrbar machen: das Auskippen eines Abfallcontainers auf dem Hof und Untersuchung des Inhalts, das Besehen oder Beriechen von Abwasserproben, die plastische Veranschaulichung von Verbrauchs-, Ausschuß- oder Abfallmengen durch das „Auftürmen" von (stellvertretenden) Material- oder Abfallbergen, Begrünungsaktionen oder Abfallsammlung auf dem Betriebsgelände oder in der Umgebung. Aber auch Fotoausstellungen und Filmvorführungen zum Thema Umweltschutz zeigen in der Regel eine stärkere und nachhaltigere Wirkung als das geschriebene oder gesprochene Wort.

Belegschaft informieren

Eine erste Aufgabe des Projektteams könnte eine Ideensammlung dazu sein, wie die Belegschaft in geeigneter Weise über das Projekt und seine Ziele informiert werden kann. Planen Sie auf Grundlage dieser Ideensammlung gemeinsam mit der Geschäftsleitung Maßnahmen zur Information der Belegschaft. Die Information der Belegschaft liegt in der Verantwortung der Geschäftsleitung. Ihre Aufgabe ist es, bei der Vorbereitung und Durchführung Unterstützung zu leisten.

Arbeitsmaterial 1 - j

1.8 Verdunsten und verwesen

In der Praxis läßt sich leider feststellen, daß bei weitem nicht jedes begonnene Projekt auch (erfolgreich) abgeschlossen wird. Damit das Projekt gute Ergebnisse liefern und als Erfolg verbucht werden kann, ist es sinnvoll, sich mögliche „Fallstricke" und Schwierigkeiten rechtzeitig vor Augen zu führen, um diese von Anfang an zu vermeiden.

Manche Projekte „verdunsten" einfach. Die Aktivitäten werden spärlicher, Projektkontrolle findet nicht mehr statt, das Ziel verblaßt und das Projekt löst sich allmählich in Luft auf. Das „Verdunsten" ist wahrscheinlich die eleganteste Art, ein Projekt zum Scheitern zu bringen. Weniger unauffällig geht es vonstatten, wenn ein Projekt „verwest": mangelnde Planung, fehlende Ressourcen oder unvorhergesehene Widerstände erzeugen Unzufriedenheit und beeinträchtigen die Arbeitsatmosphäre. Es kommt zu „Stunk" und Streit, zu Verschleppung und schließlich zum Stillstand. Im Beispiel Hausbau ist die Bauruine das klassische Produkt eines verwesenden Projektes. Je länger der halbfertige Zustand andauert, um so mehr nimmt die Substanz Schaden und der Wert der bisher geleisteten Arbeit verringert sich. Die beginnende Verwesung eines Projektes erkennt man unter anderem daran, daß grundsätzlich realistische Termine immer wieder verlängert werden und die Prioritäten der Projektaufgaben seit Projektbeginn spürbar gesunken sind. Man tritt auf der Stelle und in schöner Regelmäßigkeit beschließen die Projektbeteiligten „wieder verstärkt am Projekt zu arbeiten" und „die Sache demnächst mit Nachdruck voranzubringen", ohne daß sich tatsächlich etwas ändert.

Warnsignale

Die Ursachen für die meisten Probleme liegen erfahrungsgemäß in unzureichender Projektvorbereitung und -planung sowie in unpräzisen oder unrealistischen Zielsetzungen. Wird dieser Startphase hingegen ausreichend Beachtung geschenkt und werden die beschriebenen ersten Schritte sorgfältig durchgeführt, sind damit gute Voraussetzungen für einen effektiven Projektverlauf und einen erfolgreichen Abschluß geschaffen.

Projektplanung überprüfen

Wenn Sie überprüfen wollen, ob das Projekt auf dem richtigen Weg ist und ob die notwendigen Voraussetzungen geschaffen sind, können Sie die nächste Aufgabe bearbeiten (ggf. - zur Einstimmung und Stärkung des Teamgeistes - auch in der Projektgruppe). Stellen Sie sich die Frage, wodurch Sie das Projekt mit hoher Wahrscheinlichkeit zum Scheitern bringen könnten.

- Was müßten Sie tun oder unterlassen, um den Erfolg des Projektes zu gefährden bzw. zu vereiteln?
- Was könnte sonst noch passieren oder was könnten andere tun, das Projekt zu gefährden?

Halten Sie das Ergebnis schriftlich fest. Wenn es Ihnen gelingt, diese Dinge zu vermeiden oder rechtzeitig zu erkennen und gegenzusteuern, haben Sie gute Aussichten, daß das Projekt ein Erfolg wird. Die Arbeitsmaterialien dieses Abschnitts (z.B. Kopiervorlagen für Over-head-Folien) können Sie zur Information sowohl der Geschäftsleitung als auch der Projektgruppe einsetzen.

Arbeitsmaterial

1 - k

1 - l

1 - m

Unter anderem beinhalten die Arbeitsmaterialien „Das Spiel der Stummen". Dies ist eine einfache, in kurzer Zeit durchführbare Übung, anhand derer sich die Vorteile kooperativen Verhaltens recht gut deutlich machen lassen.
Diese Übung können Sie jetzt oder zu einem späteren Zeitpunkt in der Projektgruppe durchführen, um den Teamgeist zu stärken oder (mangelndes) kooperatives Verhalten zu thematisieren.

Arbeitsmaterial

1 - n

1 - o

1 - p

Arbeitsmaterial

Angestrebte Ergebnisse dieses Abschnittes:

- ❑ Der Projektauftrag ist von der Geschäftsleitung erteilt.
- ❑ Die Projektplanung steht.
- ❑ Die Projektgruppe ist eingerichtet und arbeitsfähig.
- ❑ Die Belegschaft ist über das Projekt informiert.

Aktionsplan

1. Zielsetzung

2. Projektskizze entwerfen

3. Projektordner anlegen

4. Aufwandsschätzung

5. Ressourcenplanung

6. Projektgruppe bilden

7. Geschäftsleitung erteilt Projektauftrag

8. Belegschaft informieren

9. ggf. Projektplanung überprüfen

Was bedeutet Umweltmanagement?

- Organisation
- Planung
- Steuerung
- Überwachung
- kontinuierliche Verbesserung

→ **des betrieblichen Umweltschutzes**

→ **aller umweltrelevanten Tätigkeiten am Standort**

Projekte

! Projekte sind einmalige komplexe Vorhaben außerhalb des Tagesgeschäftes

→ Ein Projekt

- ist zeitlich begrenzt!
- hat klare Ziele!
- erfordert Interdisziplinarität und Kooperation!
- hat ein eigenes Budget!
- bedeutet Neuland zu betreten!
- ist mit Risiken behaftet!
- stellt eine Herausforderung dar!

Beteiligte im Projekt

- Auftraggeber / Management
- Projektleiter / -verantwortlicher
- Projektteam / Projektmitarbeiter
- Projektbetroffene
- externe Partner

Projektziele

Projektziele festlegen

- schriftlich niederlegen
- verbindlich machen
- begründen

Projektziele überprüfen

- Zielstruktur überprüfen:

  - „muß": Sind die Mindestanforderungen an das „Produkt" klar ?
  - „soll": Was ist nicht Bedingung, aber wünschenswert ?
  - „kann": Was sind mögliche (positive) Nebeneffekte ?
  - „darf nicht": Was ist in jedem Fall zu verhindern ?

- Form und Inhalt der Ziele überprüfen:

  - Sind die Ziele ...

    ... schriftlich formuliert ?
    ... begründet ?
    ... realistisch und erreichbar ?
    ... meßbar bzw. überprüfbar ?
    ... zeitlich bestimmt ?
    ... widerspruchsfrei ?
    ... motivierend ?

  - Werden die Ziele von den Projektbeteiligten getragen ?

Aufwandschätzung und Ressourcenplanung

Aufgaben:

- **Welche Aufgaben sind auszuführen?**

  Zur Grobplanung siehe Ablaufschema; Hilfestellung für die Detailplanung liefern die Aktionspläne in den Arbeitsmaterialien zu den einzelnen Abschnitten.

- **Wer kann/soll sie ausführen?**

  Aufgabenverteilung im Projektteam einerseits und Einbindung weiterer Mitarbeiter und Abteilungen andererseits.

- **Was ist zur Erfüllung der jeweiligen Aufgaben notwendig?**

  Arbeitsmittel?
  Finanzmittel?
  spezielle Befugnisse oder Informationen?
  zusätzliche Qualifizierung?
  zeitliche Entlastung / vorübergehende Befreiung von Aufgaben?

- **Welche Aufgaben können intern nicht ausgeführt werden bzw. für welche soll externe Unterstützung in Anspruch genommen werden?**

  Unternehmensberatung (Umweltmanagement, Projektmanagement)
  Ingenieurbüro (z.B. Messungen, technische Lösungen)
  Rechtsanwalt (ggf.Umweltvorschriften, rechtliche Beratung)
  Grafiker / PR-Agentur (z.B. Gestaltung der Umwelterklärung)
  studentische Hilfskraft

- **Wieviel Zeit muß für die Durchführung der einzelnen Aufgaben veranschlagt werden?**

  Pufferzeiten für unvorhergesehene Ereignisse einkalkulieren;
  Abhängigkeiten zwischen verschiedenen Aufgaben berücksichtigen.

Kosten / Budget:

• Personalkosten?

Arbeitsstunden / Manntage intern

• Aufwendungen für externe Unterstützung und Beratung?

Schulungen und Seminare, ggf. Reisekosten
Beratungsleistungen
ggf. Durchführung von Messungen
Unterstützung bei der Dokumentationserstellung
Gestaltung und Herstellung der Umwelterklärung
Gutachtergebühren
Gebühren für die Standortregistrierung

• Absehbare, erforderliche Investitionen?

• Aufwendungen für Arbeits- und Hilfsmittel?

Literatur
ggf. zusätzlicher Computer-Arbeitsplatz
ggf. Software

• Material- und Nebenkosten

Beschaffung von Umweltvorschriften usw.
Büromaterial
Kopier- und Druckkosten
Verbreitung der Umwelterklärung

Projektauftrag

Ganz & *Aehnlich*

zum Projekt Aufbau eines Umweltmanagementsystems bei G&A

Die Ganz & Aehnlich GmbH betrachtet effektiven Umweltschutz als wichtige Voraussetzung zur Zukunftssicherung des Unternehmens und des Standortes. Es ist daher geplant, sich an dem freiwilligen Gemeinschaftssystem für das Umweltmanagement und die Umweltbetriebsprüfung laut der Verordnung (EWG) Nr. 1836/93 zu beteiligen. Nach dem Aufbau der entsprechenden Strukturen in Anlehnung an die o.g. Verordnung wird die Geschäftsführung prüfen, ob die Voraussetzungen für eine Validierung durch einen zugelassenen Umweltgutachter gegeben sind.
Hiermit wird das Projektteam "Umweltmanagement" mit dem Aufbau eines Umweltmanagementsystems beauftragt. Das Projektteam unter Leitung von Hr. Wagner (Projektleiter) besteht aus den Damen und Herren:

-Fritsche	-Schnitzler	-Kuhn
-Blomer	-Plotz	-Maut

Zu den Aufgaben des Projektteams gehört:

- die Durchführung einer Umweltprüfung am Standort,
- die Zusammenfassung der Ergebnisse dieser Umweltprüfung in einem Bericht,
- die Ermittlung aller auf den Standort anwendbaren Umweltvorschriften und ihrer Zusammenfassung in einem Register,
- die Ermittlung und die Bewertung der Auswirkungen auf die Umwelt,
- die Planung kurz- und mittelfristiger Umweltziele,
- die Regelung aller umweltrelevanten Abläufe gemäß den Anforderungen aus der Öko-Audit-Verordnung und den Umweltschutzzielsetzungen von G&A,
- die Erstellung der Umwelterklärung.

Die Geschäftsführung wird über den Vorgang des Projektes auf dem Laufenden gehalten und verpflichtet sich, anstehende Entscheidungen unter Berücksichtigung der Vorschläge des Projektteams zügig zu treffen. Das Projekt soll bis Mitte des kommenden Jahres abgeschlossen sein (Vorbereitung der Validierung).

Ganz (Geschäftsführer)	Dr. Müller (Geschäftsführer)

Beauftragungsschreiben
Projektleiter

im Januar

Sehr geehrter Hr. Wagner,

die Ganz & Aehnlich GmbH beabsichtigt, sich freiwillig am Gemeinschaftssystem für das Umweltmanagement und die Umweltbetriebsprüfung gemäß Verordnung Nr.1836/93) zu beteiligen. Nach dem schrittweisen Aufbau des Umweltmanagementsystems wird die Geschäftsführung prüfen, ob die Voraussetzungen für eine Validierung durch einen zugelassenen Umweltgutachter gegeben sind.

Für die Bearbeitung des Projektes „Aufbau des Umweltmanagementsystems bei Ganz & Aehnlich" wird ein Projektteam gebildet. Das Projektteam hat die Aufgabe, bis zum Ende des laufenden Jahres ein geeignetes Umweltmanagementsystem zu entwickeln und einzuführen. Näheres regelt der Projektauftrag.

Hiermit berufe ich Sie in Übereinstimmung mit dem Betriebsrat zum Projektleiter für dieses Projekt. Die Unternehmensleitung stellt sicher, daß Sie den für Ihre Mitarbeit erforderlichen Aufwand im Rahmen der tariflich vereinbarten Arbeitszeit erbringen können. Der Aufwand für die Projektarbeit soll ca. 20% der tariflich vereinbarten Arbeitszeit betragen.

Die Geschäftsführung erwartet, daß Sie die übertragene Aufgabe mit hohem persönlichen Engagement termin- und qualitätsgerecht erfüllen.

Mit freundlichen Grüßen

Ganz

Ganz
(Geschäftsführer)

Beauftragungsschreiben
Projektmitarbeiter

im Januar

Sehr geehrte Frau Fritsche,

die Ganz & Aehnlich GmbH beabsichtigt, sich freiwillig am Gemeinschaftssystem für das Umweltmanagement und die Umweltbetriebsprüfung gemäß Verordnung (EWG) Nr. 1836/93 zu beteiligen. Nach dem schrittweisen Aufbau des Umweltmanagementsystems wird die Geschäftsführung prüfen, ob die Voraussetzungen für eine Validierung durch einen zugelassenen Umweltgutachter gegeben sind.

Für die Bearbeitung des Projektes „Aufbau des Umweltmanagementsystems bei Ganz & Aehnlich" wird ein Projektteam gebildet. Das Projektteam hat die Aufgabe, bis zum Ende des laufenden Jahres ein geeignetes Umweltmanagementsystem zu entwickeln und einzuführen. Näheres regelt der Projektauftrag.

Hiermit berufe ich Sie in Übereinstimmung mit dem Betriebsrat in das Projektteam. Der Leiter des Projektes ist Herr Wagner. Die Unternehmensleitung stellt sicher, daß Sie den für Ihre Mitarbeit erforderlichen Aufwand im Rahmen der tariflich vereinbarten Arbeitszeit erbringen können. Der Aufwand für die Projektarbeit soll ca. 10% der tariflich vereinbarten Arbeitszeit betragen.

Die Geschäftsführung erwartet, daß Sie die übertragene Aufgabe mit hohem persönlichen Engagement termin- und qualitätsgerecht erfüllen.

Mit freundlichen Grüßen

Ganz
(Geschäftsführer)

Eine ungewöhnliche Informationskampagne

Umfangreichere Informationen nimmt man nicht im Vorübergehen auf. Ein „Schwarzes Brett", daß zwar jeder täglich passiert, an dem aber niemand verharrt, reicht dazu oftmals nicht aus.
Gute Orte für die Plazierung von Information sind z.B. vor der Essen-Ausgabe, auf den Kantinentischen oder den Tabletts, neben der Materialausgabe usw., also Orte, an denen die Informationsempfänger etwas Ruhe haben, nicht zu stark von anderen Dingen abgelenkt werden und vielleicht ganz froh sind, etwas lesen zu können, um sich die Wartezeit zu verkürzen.

Versuchen Sie doch einmal in einer 4-wöchigen Kampagne eine wichtige Information (z.B. die, daß ein Umweltmanagementsystem eingerichtet werden soll) an die Mitarbeiter weiterzugeben. Dazu gehen Sie folgendermaßen vor:

1. Woche: An die oben genannten Orte ein **Symbol** heften. Hierfür ein Symbol verwenden, das auch in Zukunft mit den Umweltschutz in Verbindung gebracht werden soll (Sonnenblume, Frosch, grüner Haken o.ä.).

2. Woche: Symbol um einen **Schriftzug** ergänzen, z.B. „Jetzt geht es los!".
Der Schriftzug muß nicht notwendigerweise auf das Thema Umweltschutz schließen lassen, sondern soll lediglich Aufmerksamkeit und Neugier erzeugen.

3. Woche: Die **Information**, die transportiert werden soll, an den oben genannten Orten aushängen oder auslegen und gegebenen falls Raum für Kommentare der Mitarbeiter lassen.
Je interessanter die Information inhaltlich und grafisch gestaltet ist, um so höher ist der Aufmerksamkeitswert.

4. Woche: Am Ende der letzten Woche die Informationsblätter **wieder entfernen** (und die Kommentare auswerten).

Projektplan Aufbau Umweltmanagementsystem

Ganz & *Aehnlich*

Schritt	1. Monat	2. Monat	3. Monat	4. Monat	5. Monat	6. Monat	7. Monat	8. Monat	9. Monat	10. Monat	11. Monat	12. Monat
Projektstart												
Umweltschutz-Dokumente (Umweltprüfung)												
Umweltschutz-Vorschriften (Umweltprüfung)												
Umweltschutzpraxis (Umweltprüfung)												
Umweltauswirkungen (Umweltprüfung)												
Umweltpolitik												
Umweltprogramm												
Regelung der Abläufe												
Anpassung der Aufbauorganisation												
Umwelterklärung												

Projektorganisation

Projektkontrolle und Projektsteuerung:

- Ist ein Projektleiter / Projektverantwortlicher verbindlich bestimmt ?
- Ist ein Projektteam / eine Arbeitsgruppe eingerichtet ?
- Wer nimmt die Lenkungsfunktion wahr (z.B. Auftraggeber / Management) ?
- Sind der Projektauftrag einschließlich der Zielbeschreibung schriftlich fixiert ?
- Sind alle Beteiligten in angemessener Weise einbezogen ?
- Sind Entscheidungs- und Kommunikationswege festgelegt ?
- Kennt jeder seine Rolle, seine Aufgaben und seine Pflichten ?
- Ist der Zeitrahmen festgelegt ?
  - Meilensteine ?
  - Endtermin ?
- Existiert ein Projektplan ?
  - Ist der Gesamtablauf festgelegt ?
  - Sind Einzelschritte bzw. -aufgaben festgelegt ?
  - Sind Abhängigkeiten zwischen einzelnen Aufgaben berücksichtigt ?
  - Sind Unsicherheiten oder kritische Schritte bekannt ?
  - Ist der Zeitbedarf für Einzelaufgaben grob kalkuliert ?
  - Werden Aufgaben mit Verantwortlichkeit und Termin festgelegt ?
- Funktioniert die Projektablauf- und -fortschrittskontrolle ?
  - Ist bekannt, welche Aufgaben erledigt sind ?
  - Sind die nächsten Aufgaben bekannt ?
  - Sind die nachfolgenden Schritte klar ?
  - Ist der Zeitplan eingehalten ?
  - Ist das Budget eingehalten ?
- Erfolgt eine nachvollziehbare Projektdokumentation ?
- Sind die wichtigsten Schritte und Ergebnisse dokumentiert ?

Projektleiter / Projektverantwortlicher:

- Ist seine Aufgabe klar beschrieben und schriftlich vereinbart ?
- Verfügt er über die notwendigen Mittel zur Erfüllung der Aufgabe ?
  - Verfügt er über die notwendigen Kenntnisse und Fähigkeiten ?
  - Verfügt er über ausreichend Zeit ?
  - Verfügt er über ausreichende personelle und fachliche Unterstützung ?
  - Welche Weisungsbefugnisse hat er ?
  - Welche Entscheidungsbefugnisse hat er ?
  - Sind diese Befugnisse allen Beteiligten bekannt ... ?
  - ... und von diesen akzeptiert ?
  - Stehen ihm die erforderlichen Arbeitsmittel zur Verfügung ?
  - Steht ihm ggf. ein ausreichendes Budget zur Verfügung ?

Projektteam / Arbeitsgruppe:

- Sind alle für die Erfüllung der Aufgaben relevanten Bereiche vertreten ?
- Sind die Aufgaben klar beschrieben und schriftlich vereinbart ?
- Sind Ziele und Aufgaben von allen verstanden ?
- Sind Ziele und Aufgaben von allen befürwortet ?
- Welchen Entscheidungsspielraum hat die Projektgruppe ?
- Ist die Priorität der Mitwirkung verbindlich geregelt ?
- Ist geklärt, welches Know-how / welche Unterstützung zusätzlich benötigt wird ... ?
- ... und wie kann diese(s) beschafft werden ?

Projektmanagement und -dokumentation:

Muss:

- Projektauftrag einschließlich Zielbeschreibung
- Projektablaufplan mit Terminen und Meilensteinen
- Aktivitätenplan
- Aufgabenblatt / Arbeitsaufträge
- Ergebnisprotokolle

Soll:

- Darstellung der Projektstruktur / -organisation
- Pflichtenheft
- Personal- und Ressourcenplan
- Projektstatusberichte

Kann:

- PC-gestütztes PM-Tool
- Netzplantechnik
- u.a.m.

Projektbeteiligte:

- Management (Auftraggeber)
- Projektleiter / Projektverantwortlicher
- Projektteam / Arbeitsgruppe
- Mitarbeiter als Mitwirkende und (zukünftige) Benutzer / Anwender
- externe Partner

Woran scheitern Projekte?

- „Human factor"

  Projekte scheitern an Menschen!
- Unklare Ziele
- Unrealistische Planung
- Zuviel oder Mangel an Kontrolle
- Widerstand durch Beteiligte oder Betroffene

Das Spiel der Stummen
(Übung)

Obwohl Arbeitsgruppen zu dem Zweck eingerichtet werden, gemeinsame Aufgaben und Probleme zu lösen, ist in der Praxis häufig zu beobachten, daß einzelne Gruppenmitglieder hauptsächlich versuchen, ihre eigenen Interessen (oder Abteilungsinteressen) so gut es geht durchzusetzen. Auf die Motivation der Gruppenmitglieder, die versuchen sich kooperativ zu verhalten, wirkt sich dies auf die Dauer negativ aus. Nicht selten leidet hierunter das eigentliche Ziel der Gruppenarbeit.

Die Vorteile von kooperativem Verhalten lassen sich kaum erklären. Die folgende einfache Übung bietet die Möglichkeit, Kooperation zu erfahren und die Erfahrungen mit kooperativem und nichtkooperativen Verhalten zu thematisieren.

Das Spiel der Stummen kann ab einer Gruppengröße von fünf Personen (ohne Spielleiter) gespielt werden. Ist die Gruppen größer als zehn Personen, können auch zwei Gruppen gebildet werden. Falls sich die Zahl der Spieler nicht durch fünf teilen läßt, werden die übrigen Gruppenmitglieder als stille Beobachter eingesetzt. Das Spiel dauert in der Regel nicht länger als 5 - 10 Minuten.

Vorbereitung durch den Spielleiter:

Die unten dargestellten fünf Quadrate werden auf weißen Karton gezeichnet und ausgeschnitten. Die Quadrate sind alle gleich groß (20 x 20 cm). Die Buchstaben dienen lediglich der Orientierung und erscheinen **nicht** auf den Quadratteilen.

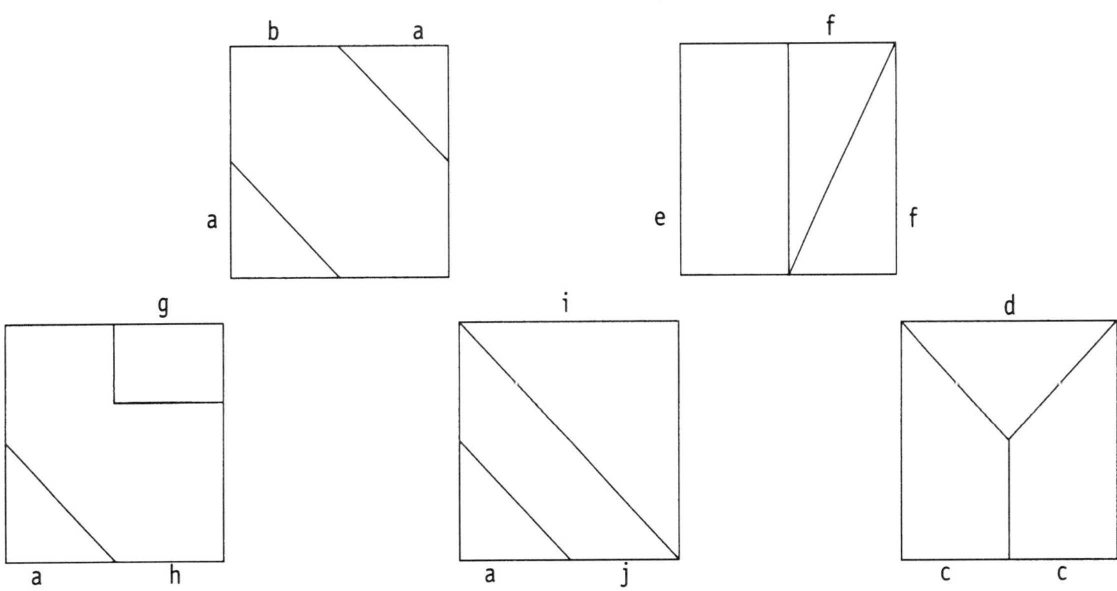

Es werden fünf Briefumschläge mit A, B, C, D und E gekennzeichnet.
Sie werden wie folgt befüllt:

Umschlag A enthält die Teilstücke: e, h, i
Umschlag B enthält die Teilstücke: a, a, a, c
Umschlag C enthält die Teilstücke: a, j
Umschlag D enthält die Teilstücke: d, f
Umschlag E enthält die Teilstücke: b, c, f, g

Wie man sieht, sind die Teilstücke so verteilt, daß kein Umschlag alle Teile für ein vollständiges Quadrat enthält.

Bei der nächsten Gruppensitzung bittet der Spielleiter die Gruppenmitglieder um die Teilnahme beim „Spiel der Stummen".

Der Spielleiter gibt die folgenden Anweisungen an die Spieler:

- Die fünf ausgewählten Spieler setzen sich bitte an einen Tisch.
- Ich werde Ihnen nun die Aufgabe und die Spielregel erklären.
- Ich werde an jeden von Ihnen nun einen Briefumschlag verteilen.
- Bitte öffnen Sie die Umschläge erst auf mein Zeichen.
- Sie haben als Gruppe die Aufgabe, aus den vorhandenen Teilstücken fünf gleich große Quadrate zu legen.
- Die Aufgabe ist erfüllt, wenn alle Spieler ein vollständiges Quadrat vor sich liegen haben.
- Beachten Sie folgende Spielregeln:

1. Sie dürfen auf keinen Fall miteinander sprechen.
2. Sie dürfen auch nicht versuchen, sich durch andere Zeichen etwas mitzuteilen.
3. Sie dürfen weder Teilstücke aus den Figuren Ihrer Mitspieler herausholen, noch durch Zeichen andeuten, daß Sie Teilstücke benötigen.
4. Wenn Sie in Ihrer Figur ein Teilstück nicht verwenden können, müssen Sie es in die Mitte des Tisches legen.
5. Sie dürfen nur Teilstücke Ihrer Mitspieler nehmen, wenn sie von diesen in die Mitte des Tisches gelegt wurden.

Aufgaben des Spielleiters und der Beobachter:

- Der Spielleiter muß darauf achten, daß unter keinen Umständen gesprochen oder durch Zeichen signalisiert wird.
- Der/ die Beobachter sollen den Spielverlauf verfolgen und auch versuchen, die Gefühlsregungen der Spieler zu erfassen.

Auswertung zum Spiel der Stummen

In diesem Spiel können sich die Gruppenmitglieder nicht gegenseitig beherrschen. Die Regeln haben ihnen alle sprachlichen und nicht-sprachlichen Waffen genommen. Jeder ist auf den anderen angewiesen, es ist keine Cliquenbildung möglich, und keiner kann übergangen werden.
Im Anschluß an die Übung werden unter Einbeziehung der Beobachter die folgenden Fragen diskutiert:

- Welche Gefühle und Verhaltensweisen entwickelt eine Gruppe, wenn alle in dieser Weise zusammenhalten müssen ?
- Was behindert die Lösung einer Aufgabe, was fördert sie ?
- Wie fühlt man sich, wenn ein Spieler ein Teilstück für die Lösung der Aufgabe festhält, ohne selber die Lösung zu sehen ?
- Welche Gefühle tauchen auf, wenn ein Spieler sein Quadrat - allerdings in einer falschen Form - fertiggestellt hat und sich dann mit einem selbstzufriedenen Lächeln zurücklehnt ?
- Wie hat er sich selber gefühlt ?
- Welche Gefühle empfand man für Mitspieler, die die Lösungsmöglichkeiten nicht so schnell erfaßten ?
- Wollte man sie lieber hinauswerfen oder ihnen helfen?
- Wieweit stimmen die während des Spiels erlebten Gefühle und Erlebnisse mit ähnlichen Erfahrungen und Beobachtungen in der täglichen Arbeit überein ?

Quelle: Kirsten, R. E., Müller-Schwarz, J., 1996, Gruppen Training, Sachbuch rororo

Erfolgreiche Gruppenarbeit

In Arbeitsgruppen sind häufig sowohl beim Leiter als auch bei Teilnehmern dominante Verhaltensweisen zu beobachten, die andere Meinungen unterdrücken. Man kann diesen Verhaltensweisen vorbeugen, wenn die Gruppe vor Beginn der gemeinsamen Arbeit einige Regeln festlegt.
Für die erfolgreiche Gruppenarbeit hat es sich als hilfreich erwiesen, wenn:

- ➜ der Gruppenleiter nicht dominant oder autoritär ist und auch keine Dominanz eines anderen Gruppenmitgliedes zuläßt,
- ➜ der Gruppenleiter die Aufgaben in den Vordergrund stellt und als Vermittler fungiert,
- ➜ das Arbeitsziel klar definiert ist und von allen Gruppenmitgliedern verstanden und akzeptiert wird,
- ➜ eine klare Rollen- und Aufgabenverteilung existiert, die von allen akzeptiert wird,
- ➜ alle Teilnehmer ihre Meinung frei äußern können,
- ➜ alle Ansichten diskutiert und nicht übergangen oder unterdrückt werden,
- ➜ die Diskussion sach- und nicht personenbezogen ist,
- ➜ Entscheidungen gemeinsam gefällt werden,
- ➜ Killerphrasen unterbunden werden.

Gerade bei der kreativen Gruppenarbeit tauchen viele Ideen auf, die auf den ersten Blick „verrückt" erscheinen. Es hat sich aber gezeigt, das gerade „verrückte" Ideen zu erfolgreichen Lösungsmöglichkeiten reifen können. Hinter einer spontanen Ablehnung solcher Ideen steckt häufig die Angst vor Neuem. Um aber den Erfolg der kreativen Gruppenarbeit und die Realisierung von Ideen nicht nachhaltig zu beeinträchtigen, sollten sogenannte „Killerphrasen", von denen in 1-p einige Beispiele aufgeführt sind, vermieden werden.

Killerphrasen

- **... so haben wir das aber noch nie gemacht !**
- **... das haben wir schon immer so gemacht !**
- ... viel zu teuer !
- ... die Kunden wollen das nicht !
- ... dafür haben wir nicht genug Personal !
- *... für dieses Vorhaben haben wir keine Zeit !*
- **... haben wir alles schon versucht !**
- ... das geht uns nichts an ! / ... dafür sind wir nicht zuständig !
- **... zu theoretisch/ akademisch/ praxisfern !**
- **... wir warten erst mal ab ...**
- ... Sie immer mit Ihren Ideen !
- ... aus Erfahrung kann ich Ihnen sagen, es geht nicht !
- **... so ein neumodischer Kram !**
- **... das läßt sich nicht durchsetzen !**

Die Geschichte

Umweltrelevante Dokumente

„Mensch, Hubert, nun habe ich es endlich ins Rollen gebracht und dann so etwas!"

Hubert Thoms goß dampfend heißen Kaffee aus seiner Thermoskanne in einen Emaillebecher und reichte ihn Wagner, der sich auf den alten Holztisch in der Pförtnerloge schwer aufstützte. Kurt Wagner hatte einen aufreibenden Tag gehabt. Es war der Tag der ersten Projektgruppensitzung gewesen oder besser: Er hätte es sein sollen. Die Sitzung hatte nicht stattgefunden, und am schlimmsten war gewesen, daß er selbst diese kurzfristig hatte platzen lassen müssen - abgesehen davon, daß zwei Mitglieder in den letzten Tagen wegen anderer dringender Angelegenheiten ihre Teilnahme bereits abgesagt hatten.

Am frühen Vormittag waren unangemeldet zwei Vertreter des Umweltamtes auf dem Werksgelände erschienen und hatten um Einsicht in bestimmte Aufzeichnungen und Unterlagen gebeten. Einige der nachgefragten Unterlagen konnte Wagner sofort beibringen, manche mußten regelrecht aufgespürt werden, und eine blieb trotz umfangreicher Nachforschungen unauffindbar. Hierüber und um den Zustand und die Aktualität einiger der beigebrachten Aufzeichnungen entsponnen sich längere Diskussionen. Der Nachmittag war bereits weit fortgeschritten, als die Behördenvertreter sich verabschiedeten und Wagner postwendend zu einem Gespräch mit dem beunruhigten Herrn Ganz gebeten wurde, um Bericht zu erstatten. Nicht nur die Projektgruppensitzung hatte vertagt werden müssen, auch sämtliche andere Arbeiten und Erledigungen, die Wagner sich für diesen Tag vorgenommen hatte, waren liegengeblieben.

Obwohl Hubert Thoms selbst gewöhnlich nicht viel redete, war er stets bestens über alle Geschehnisse im Unternehmen informiert. Thoms konnte gut zuhören, und des öfteren kamen Mitarbeiter mit ihren Sorgen zu ihm oder fragten ihn sogar um Rat. Der agile Pensionär arbeitete täglich einige Stunden als Pförtner bei G&A. Einige meinten, der Grund dafür wäre, daß ihn sein Pensionärsdasein nicht ausfülle, andere vermuteten, er täte es, um seine karge Rente etwas aufzubessern. Und auch über seine Vergangenheit wurde spekuliert. So behaupteten manche, er hätte früher einmal ein eigenes Unternehmen besessen, das in Konkurs gegangen sei, doch zumindest hätte er damals in führender Position gearbeitet. Aber wie dem auch sei: in jedem Fall war Hubert

Thoms ein ungewöhnlicher Mann. An diesem Tag hatte er seinen Dienst um sechzehn Uhr angetreten, und nachdem er Wagner aufmerksam zugehört hatte, nahm er bedächtig einen Schluck aus der Verschlußkappe der Thermoskanne und nickte mitfühlend.

„Und? Kommt da noch Ärger nach - von Deinen Besuchern, meine ich?"

„Ach, ich glaube nicht. Ein paar kleinere Beanstandungen, aber nichts Ernstes. Im Grunde genommen läuft alles korrekt. Nur mit dem ganzen Papierkram und den vielen Formalitäten komme ich manchmal einfach nicht hinterher. Neulich wollte der Müller kurzfristig eine bestimmte Aufstellung haben. Das hat mich einen halben Tag gekostet, bis ich alles zusammen hatte, und dann hat er sich auch noch beschwert, wieso das denn so lange dauern würde, die paar Informationen zu besorgen. Da müßte man wirklich einmal wieder Ordnung hineinbringen und sich Übersicht verschaffen."

„Das klingt beinahe so, als würde so etwas ganz gut in Dein Projekt hineinpassen."

„Daran hatte ich auch schon gedacht. Und vielleicht sollte man tatsächlich genau damit beginnen: zunächst einmal eine Bestandsaufnahme und Überprüfung der umweltrelevanten Dokumente und Aufzeichnungen durchführen und diese dann systematisch ablegen. Ich werde gleich morgen einmal eine grobe Übersicht darüber anlegen, welche Arten von Unterlagen überhaupt zu berücksichtigen sind. Vorausgesetzt, ich komme dazu ...; da sind noch etliche dringende Sachen zu erledigen."

„Dringende oder wichtige?"

„Wie bitte?"

„Ich meine, sind diese Sachen nur dringend oder auch wichtig?"

„Wie meinst Du das? Das ist doch wohl so ziemlich das gleiche."

„Sage das nicht! Meine Frau drängt mich zum Beispiel schon seit Tagen, zum Friseur zu gehen. Sie meint, es wäre dringend nötig. Ich hingegen mag es gerne etwas länger - wenn mir schon nur so wenig geblieben ist." Thoms lachte und strich sich mit der Hand durch das schüttere Haar. „Ich empfinde es nicht als dringend. Aber sie macht mir ständig Druck, so daß ich wohl nachgeben werde. Doch morgen werde ich erst einmal zum Arzt gehen, denn das ist wichtig. Mein Herzmedikament ist nämlich fast aufgebraucht. Das hat sie eingesehen, aber übermorgen muß ich dann wohl wirklich Haare lassen."

„Du willst damit sagen, der Hauptunterschied zwischen Dringlichem und Wichtigem liege in der Schwere und der Tragweite der Konsequenzen? Im Zweifelsfall solle Wichtiges Vorrang vor Dringlichem haben, zumal Dringlichkeit offenbar durchaus relativ - beziehungsweise subjektiv empfunden - sein kann?"

„So könnte man es vielleicht ausdrücken. Übrigens: Was waren das eigentlich für dringende Angelegenheiten, aufgrund derer die beiden Mitglieder Deiner Projektgruppe an der Teilnahme verhindert waren?"

Neun Tage nach dem geplatzten Termin hatte die erste Gruppensitzung dann schließlich stattgefunden. Diesmal hatte Wagner sich entschlossen, Herrn Ganz ebenfalls um seine Teilnahme zu bitten, und dieser hatte zugesagt. Die Terminfindung gestaltete sich zwar schwierig, aber letztlich sagten diesmal alle zu. Man hatte die Sitzungsdauer von vornherein auf zwei Stunden begrenzt, und Wagner hatte zusammen mit der Einladung eine kurze Tagesordnung verschickt.

Anhand der Übersicht, die Wagner vorbereitet hatte, war eine - für viele der Anwesenden überraschend umfangreiche - Aufstellung der umweltrelevanten Dokumente entstanden. Während der Sitzung tauchten immer wieder neue Aspekte und Vorschläge auf, darunter auch solche, die Wagner noch nicht bedacht hatte. Die Aufgaben zur Sammlung bzw. Registrierung und Überprüfung der einzelnen Unterlagen und Aufzeichnungen wurden nach Kapazitäts- und Zweckmäßigkeitserwägungen auf die Projektmitarbeiter verteilt, wenngleich der Löwenanteil Wagner zukam. Dies galt insbesondere für jene Aufgaben, bei denen es darum ging, neue Auf- oder Zusammenstellungen anzufertigen.

Zum vereinbarten Termin, an dem der „Dokumentencheck" - wie sie diese Arbeitsphase bezeichnet hatten - abgeschlossen sein sollte, lag Wagner erst knapp die Hälfte der Ergebnisse vor, obwohl jeder dem Termin zugestimmt hatte. Einige, darunter Herr Ganz, der ebenfalls eine kleinere Aufgabe übernommen hatte, hatten Wagner wissen lassen, daß sie bisher noch nicht dazu gekommen seien, es aber „in den nächsten Tagen in Angriff nehmen würden", andere hatten einfach nichts von sich hören lassen. Und auch Wagner war nicht so weit gekommen, wie er es sich vorgenommen hatte.

Eigentlich läuft es genauso wie alles andere im Betrieb auch, dachte Wagner leicht resigniert. Es war doch immer das gleiche Prinzip: Die Zeit reicht nie, Pläne werden gemacht, um dann über den Haufen geworfen zu werden, Termine werden vereinbart oder einfach verordnet, aber nur wenige, bei denen der Druck besonders groß ist, werden gehalten - und dann oft nur mittels gewaltiger Kraftanstrengung. Das geht dann zu Lasten anderer Dinge, die dadurch liegenbleiben und der nächste Engpaß ist vorprogrammiert. Wenn es überhaupt anders geht, dann nur, indem man sich insgesamt besser abstimmt, gemeinsam plant und klare, einheitliche Prioritäten und Ziele vereinbart. Mehr Kommunikation und Kooperation statt immer mehr Druck - klingt prima. Wenn das so einfach wäre ...

Rechtsvorschriften

Als problematisch hatte sich besonders die Erfassung der Rechtsvorschriften erwiesen.

Den eigentlichen „Dokumentencheck" hatte man schließlich abgeschlossen, und das Ergebnis war durchaus befriedigend: Die vorhandenen Unterlagen und Aufzeichnungen einschließlich Aufbewahrungsort und Zuständigkeiten waren erfaßt worden und damit jetzt sehr viel schneller verfügbar. Die Übersichtlichkeit war um einiges verbessert. Manche Dokumente waren bei dieser Gelegenheit gleich überarbeitet oder auf den neuesten Stand gebracht worden, veraltete Unterlagen waren aussortiert und einige neu erstellt worden. Wagner hatte nicht nur eine Übersicht der umweltrelevanten Dokumente angelegt, sondern auch zwei neue Ordner, in denen einige wichtige Unterlagen im Original und weitere in Kopie abgelegt waren. Er verfügte nun über eine regelrechte Umweltschutz-Dokumentation. So etwas wie neulich, als der Besuch der Umweltbeamten ihn nahezu einen ganzen Tag gekostet hatte, würde ihm so schnell nicht wieder passieren.

Bei den Rechtsvorschriften war das Ergebnis magerer: einige vereinzelte Ausgaben des Bundesanzeigers, Kopien von Auszügen aus wichtigen Gesetzestexten oder Verordnungen, Ausschnitte aus

Zeitschriften und Publikationen, eine Loseblattsammlung, bei der der Aktualisierungsvertrag seit vergangenem Jahr gekündigt war und deren letzte Nachlieferungen noch immer nicht einsortiert worden waren. Einzig die Behördenkorrespondenz einschließlich Genehmigungsunterlagen, Erlaubnissen, Bescheiden und Verwaltungsakten war vollständig archiviert, und ein persönlicher Ordner von Wagner enthielt einige systematisch abgelegte Unterlagen jüngeren Datums zu gesetzlichen Regelungen auf kommunaler und Landesebene. Von Übersichtlichkeit konnte alles in allem keine Rede sein.

Richard Plotz, der Einkaufsleiter, war mit Verspätung zur Sitzung der Projektgruppe erschienen.

„Worum geht's denn jetzt eigentlich genau? Wollen wir uns hier eine Rechtsbibliothek anlegen? Ich habe kürzlich gehört, daß es allein in Deutschland Tausende von umweltbezogenen rechtsverbindlichen Vorschriften und Regelungen gibt."

„Die uns ja aber bei weitem nicht alle betreffen. Wir brauchen doch nur die, die auch auf uns anzuwenden sind."

„Im Grunde genommen geht es doch um die Einhaltung der Gesetze und Vorschriften. Nur wie sollen wir sicher sein, daß wir die einhalten, wenn wir noch nicht einmal wissen, ob wir alle kennen. Ich denke, schon allein deshalb ist es sinnvoll, daß wir uns in diesem Bereich einen Überblick verschaffen. Einmal abgesehen davon, daß wir, wenn wir unser Umweltmanagementsystem validieren lassen wollen, ein Register der Rechtsvorschriften vorweisen müssen, sollten wir die uns betreffenden Vorschriften kennen und einhalten. Außerdem verstehe ich unter einem Register nicht unbedingt eine umfangreiche Sammlung vollständiger Gesetzestexte, sondern eine Zusammenstellung der wichtigen Informationen"

„Aber wie kommen wir an diese Informationen? Erstens, wer soll sich bei dieser Fülle zurechtfinden und die uns betreffenden Vorschriften heraussuchen; und zweitens sind wir keine Juristen. Ich jedenfalls habe immer große Schwierigkeiten, solche juristischen Texte richtig zu verstehen."

„Man könnte einen Rechtsanwalt beauftragen, der auf Umweltrecht spezialisiert ist."

„Haben Sie denn eine Vorstellung, was so was kosten wird? Ich bin mir ziemlich sicher, daß wir dafür keine Mittel bekommen."

„Wie fangen ja nicht bei Null an. Tragen wir doch erst mal die Informationen zusammen, die wir haben, und überprüfen wir, ob diese auf dem aktuellen Stand sind. Vielleicht stoßen wir dabei auch noch auf weitere Anhaltspunkte."

„Ich würde vorschlagen, daß wir zusätzlich den Kontakt zu verschiedenen Institutionen aufnehmen. Zum Beispiel zu Kammern, Verbänden, Ämtern, Ministerien und anderen Institutionen. Die sollten sich da doch auskennen. Wenn wir dort Ansprechpartner finden, können wir uns vielleicht auch durch regelmäßige Kontakte auf dem Laufenden halten. Zum Teil bekommen wir doch von dort schon Informationen."

„Einverstanden, und die Idee mit den Rechtsanwalt finde ich auch gar nicht so schlecht. Zumindest hat man dann jemanden, der sich mit der Materie auskennt. Man könnte sich ja auch einen Anwalt teilen. Andere Unternehmen haben doch wahrscheinlich das gleiche Problem. Vielleicht könnte man einen Rechtsanwalt im Unternehmensverbund beauftragen."

„Gut, sammeln wir also zunächst einmal weitere Informationen. Wer macht was?..."

Der Schnellhefter landete mit einem klatschenden Geräusch, schlitterte noch ein Stück über die Schreibtischauflage und wurde schließlich vom Telefonapparat in seiner Bewegung gestoppt. Er enthielt einen umfangreichen Genehmigungsantrag an die Umweltbehörde, einschließlich etlicher Unterlagen, die Wagner in den letzten Tagen erarbeitet und zusammengestellt hatte. Der Antrag betraf geplante bauliche Veränderungen an einer genehmigungsbedürftigen Anlage im Sinne des Bundes-Immissionsschutzgesetzes.

Wagner kochte innerlich. Er hatte mehrere Abende darauf verwendet, den Antrag fertigzustellen. Heute abend wollte er alles zum Abschluß bringen und am folgenden Tag bei der Behörde vorlegen. Vormittags hatte er sich der Informationssammlung für das Register der Rechtsvorschriften gewidmet und war dabei auf den Abdruck eines Änderungsgesetzes zum BImSchG gestoßen. Ende 1996 war dadurch das Verfahren zur Änderung genehmigungsbedürftiger Anlagen vereinfacht worden. Für die bei G&A geplanten Umbauten reichte es danach inzwischen aus, diese der zuständigen Behörde anzuzeigen. Eine telefonische Nachfrage bei der Behörde hatte dies bestätigt. Er hatte sich also vergebliche Mühen aufgeladen und sich damit sowohl um Arbeits- als auch um seine ohnehin knapp bemessene Freizeit gebracht. Und was ihn am meisten ärgerte: Die Informationen waren bereits im Unternehmen vorhanden gewesen, aber niemand hatte davon Kenntnis genommen, geschweige denn, sie mit den geplanten Baumaßnahmen in Verbindung gebracht!

Doch dieses Erlebnis hatte auch positive Auswirkungen gehabt. Wagners Vorstellungen von dem, was ein Register der Rechtsvorschriften leisten sollte, hatten sich erweitert. So war das Register letztlich in einer Form angelegt worden, die sowohl ermöglichte, alle von einer Vorschrift betroffenen Anlagen und Betriebsteile zu identifizieren, als auch umgekehrt den einzelnen Anlagen die jeweils zu berücksichtigenden Vorschriften zuzuordnen. Zudem war offensichtlich geworden, daß man es bei einer einmaligen Überprüfung der Einhaltung der Vorschriften nicht bewenden lassen konnte. Daher hatte man zugleich ein Verfahren festgelegt, mit dem - so zuverlässig wie möglich - erreicht werden sollte, daß das Register stets auf dem aktuellen Stand war.

Perspektivenwechsel

Damals, als er die Aufforderung erhielt, sich mit dem Thema Umweltmanagement eingehender zu befassen, hatte Wagner zunächst alle Informationen und Unterlagen hierzu gesammelt, die er finden konnte. Darunter war auch ein sehr umfangreicher Fragenkatalog zur ersten Umweltprüfung gewesen, den er jetzt wieder hervorgeholt hatte, durchblätterte und sich vereinzelt Notizen machte. Nach den ersten dreihundert Fragen - das entsprach noch nicht einmal der Hälfte - legte Wagner den Stift aus der Hand. Er lehnte sich in seinen Stuhl zurück und verschränkte die Hände hinter dem Kopf. Die Checklisten waren sehr detailliert, und manche Fragen gaben ihm gute Anregungen oder Hinweise. Hingegen trafen einige Fragen auf G&A überhaupt nicht zu, und wieder andere erschienen ihm zu diesem Zeitpunkt verfrüht und eigentlich erst bei einem bereits bestehenden Umweltmanagementsystem sinnvoll. Und schließlich bezog sich ein Teil der Fragen auf Sachverhalte und Aufgaben, die sie im Zuge des Dokumentenchecks und der Erstellung des Registers der Rechtsvorschriften bereits bearbeitet hatten. Wagner versuchte sich vorzustellen, inwieweit die Bearbeitung eines solchen Fragenkatalogs ihnen helfen könnte und wie die Ergebnisse weiter zu verwenden wären. Noch einmal blätterte er in den Unterlagen und suchte nach einer Anleitung, einem Schema oder wenigstens einem Hinweis zur Auswertung. Aber auch diesmal wurde er nicht fündig.

„Eine Betriebsbegehung durchführen? Weshalb denn das? Ich meine, die meisten von uns sind doch Tag für Tag im Werk unterwegs und kennen den Laden wie ihre Westentasche.", fragte Paul Blomer. Der Fertigungsleiter wirkte ein wenig irritiert, aber neugierig. Die anderen Mitglieder des Projektteams schwiegen und blickten Wagner fragend an.

„Ja, Paul, Du hast recht: Wir kennen unseren Laden. Aber jeder von uns betrachtet ihn jeweils immer aus der gleichen Perspektive. Du beispielsweise nimmst in der Produktion hauptsächlich laufende und stehende Maschinen wahr, für Dich dreht sich alles um Fertigungsaufträge, optimale Maschinenauslastung oder Arbeitspläne und Deine größten Befürchtungen gelten Materialengpässen, Maschinenausfällen und erhöhten Ausschußquoten. Wenn aber Uwe Hansen durch die Produktion geht, dann werden für ihn als Arbeitssicherheitsfachkraft ganz andere Punkte im Vordergrund stehen. Er wird Dinge bemerken, die Dir normalerweise gar nicht auffallen oder denen Du einfach keine Bedeutung beimißt. Und er wird manches deshalb anders beurteilen als Du. So arbeiten wir zwar letztlich alle an der selben Sache, aber jeder von uns hat seine Arbeitsschwerpunkte und seine eigene subjektive Sicht der Dinge." Als zwei oder drei der Anwesenden hörbar Luft holten, hob Wagner beschwichtigend die Hände und fuhr rasch fort: „...und das ist ja generell auch in Ordnung so. Nun bedeuten aber beispielsweise hohe Ausschußquoten nicht nur erhöhte Fertigungskosten, Auftragsstau und verlängerte Lieferzeiten, sondern unter anderem auch höheres Abfallaufkommen und erhöhten Energie- und Rohstoffverbrauch. Das ist alles eine Frage der Perspektive. Ich denke, für die Umweltprüfung - und für das Umweltmanagement generell - müssen wir deshalb lernen, bewußt auch einen anderen Blickwinkel einzunehmen. Da dies im normalen Alltag aber oftmals schwierig ist, müssen wir jetzt - und später dann in regelmäßigen Abständen - einmal alle Bereiche und alle Tätigkeiten systematisch und gezielt unter Umweltaspekten betrachten."

„Und wie hast Du Dir das praktisch vorgestellt?"

„Einerseits sollten wir genauer wissen, wie sich unsere Aktivitäten - im einzelnen und in der Summe - auf die Umwelt auswirken. Und andererseits ist es wichtig herauszufinden, ob und wo noch Mängel oder Verbesserungsmöglichkeiten bestehen. Und das geht nun einmal zum Teil nur vor Ort. Ich erzähl' vielleicht einfach einmal, was ich mir dazu überlegt habe ..."

Inhalte	Baustein	Nr.
• Projektplanung • Projektauftrag • Projektmanagement	**Projektstart**	**1**
• Umweltschutzrelevante Unterlagen • Zentrale Umweltschutzdokumentation	**Umweltschutzdokumente** (Umweltprüfung)	**2**
• Rechtlicher Rahmen • Einhaltung einschlägiger Umweltvorschriften • Register der Rechtsvorschriften	**Umweltschutzvorschriften** (Umweltprüfung)	**3**
• Stand des betrieblichen Umweltschutzes • Stärken und Schwächen • Mängelbeseitigung	**Umweltschutzpraxis** (Umweltprüfung)	**4**
• Erfassung und Beurteilung • Verzeichnis der Umweltauswirkungen	**Umweltauswirkungen** (Umweltprüfung)	**5**
• Strategische Ausrichtung • Gesamtziele im Umweltschutz • Umweltleitlinien	**Umweltpolitik**	**6**
• Konkrete Umweltziele • Maßnahmenplanung	**Umweltprogramm**	**7**
• Verfahren • Tätigkeiten • Handlungsweisen	**Regelung der Abläufe**	**8**
• Organisationsstrukturen • Verantwortlichkeiten und Zuständigkeiten • Umweltmanagement-Dokumentation	**Anpassung der Aufbauorganisation**	**9**
• Erstellung • Verbreitung	**Umwelterklärung**	**10**

Umweltschutzdokumente (Umweltprüfung)

Arbeitsprogramm

Arbeitsmaterialien

2.1 Umweltschutz - ein alltägliches Geschäft

Heutzutage muß kein Unternehmen, das sich dem Umweltmanagement und der Systematisierung des Umweltschutzes zuwendet, bei Null beginnen. Ansätze sind allenthalben vorhanden. Zu zahlreich sind die rechtlichen Vorschriften zum betrieblichen Umweltschutz, als daß nicht jedes gewerbliche Unternehmen von zumindest einigen dieser Regelungen betroffen wäre. Zu schwerwiegend sind die Konsequenzen bei Verstößen und bei Umweltunfällen, als daß ein Unternehmen den Umweltschutz auf die leichte Schulter nehmen könnte. Und zu stark sind die Umweltschutzkosten in der letzten Zeit gestiegen, als daß diese bei ökonomischen Überlegungen außer acht gelassen werden könnten.

Anforderungen an den betrieblichen Umweltschutz

Umweltschutz gehört heute in vielen Bereichen zum Tagesgeschäft oder bestimmt dieses doch in gewissem Maße mit. Demzufolge werden in jedem Unternehmen Verfahren angewendet und Tätigkeiten durchgeführt, die diesen Anforderungen Rechnung tragen - angefangen bei der Ausfertigung von Abfallbegleitscheinen über die Anlagenüberwachung bis hin zur Abwicklung von Genehmigungsverfahren. Da diese in der Regel mit einem mehr oder minder großen Verwaltungsaufwand verbunden sind, existieren im Unternehmen verschiedenste Unterlagen und Aufzeichnungen, die - direkt oder indirekt - mit den Umweltschutzaktivitäten in einem Zusammenhang stehen. Diese Unterlagen und Aufzeichnungen werden im Folgenden als *umweltrelevante Dokumente* bezeichnet. *(Eine beispielhafte Auflistung solcher umweltrelevanten Dokumente enthält das Arbeitsmaterial 2 - c.)*

Verfahren und Tätigkeiten

Umweltrelevante Dokumente

2.2 Was ist „umweltrelevant"?

Nicht bei all diesen Dokumenten sticht die Umweltrelevanz, also die Bedeutung für den betrieblichen Umweltschutz, sofort ins Auge. Aber dennoch weisen sie alle einen Bezug zum Umweltschutz auf oder enthalten Informationen, die für eine ökologische Betrachtung des Unternehmens von Bedeutung sein können. Kartenmaterial und Lagepläne sind einerseits für alle Planungsvorgänge unerläßlich. Aber auch wenn es darum geht, die Auswirkungen auf die Umwelt (wie z. B. die Entstehung und die Ausbreitung von Luftemissionen oder Lärm) sowie die Umweltrisiken abzuschätzen und entsprechende Vorkehrungen zu treffen, bedarf es dieser Unterlagen.

Kartenmaterial

Rechtsvorschriften

Rechtsvorschriften, von Regelungen auf EU-Ebene über Bundesrahmengesetze bis hin zu Verwaltungsvorschriften und behördlichen Überwachungsauflagen, haben zwangsläufig einen großen Einfluß auf die Ausgestaltung des betrieblichen Umweltschutzes.

Aufzeichnungen

Nicht nur gesetzlich geforderte Aufzeichnungen und Überwachungsprotokolle, sondern auch andere Unterlagen wie Verbrauchsbilanzen und Verträge mit Energielieferanten spielen eine Rolle. Insbesondere dann, wenn es darum geht, ökonomische Effizienzbestrebungen mit ökologischen Aspekten in Einklang zu bringen oder einfach darum, die Umweltkosten zu senken.

Organisationsbezogene Dokumente

Entspricht die Organisation den Erfordernissen? Sind die Umweltschutzaufgaben identifiziert, beschrieben und in geeigneter Weise verteilt? Die verschiedenen organisationsbezogenen Dokumente geben Hinweise darauf, ob die Voraussetzungen für umweltgerechtes Verhalten vorhanden sind.

Unternehmenspolitische Dokumente

Oftmals hat der Umweltschutz (noch) keinen nennenswerten Stellenwert im Unternehmen. Er scheint mit dem Selbstverständnis und den vorrangigen Zielen des Unternehmen nur schwer vereinbar und wird eher als notwendiges Übel betrachtet. Spielen ökologische Aspekte in Unternehmens- oder Qualitätspolitik eine Rolle? Existiert eine Betriebsvereinbarung zum Umweltschutz? Ist dieser überhaupt ein Thema, das über die Erfüllung der rechtlichen Anforderungen hinaus Beachtung findet? Aufschluß hierüber können unter anderem die unternehmenspolitischen Dokumente und die Außendarstellungen des Unternehmens geben.

2.3 Bestandsaufnahme

Umweltprüfung

Bevor im Unternehmen mit dem eigentlichen Aufbau eines Umweltmanagementsystems begonnen werden kann, ist es zunächst erforderlich, eine Bestandsaufnahme - die sogenannte *Umweltprüfung* - durchzuführen. Diese stellt den Einstieg in den Organisationsprozeß dar und schafft die Grundlagen für die sich anschließenden Planungs- und Arbeitsschritte. Anhand der umweltrelevanten Dokumente läßt sich eine erste Übersicht über den Stand des Umweltschutzes im Unternehmen schaffen. Daher bietet sich ein „Dokumentencheck", also eine Prüfung dieser Unterlagen, als erster Teilschritt der Umweltprüfung an.

„Dokumentencheck"

Die letzte Aktualisierung des Organigramms liegt drei Jahre zurück. Der dort aufgeführte Fuhrparkleiter wurde schon vor zwei Jahren pensioniert. Die Telefonnummern auf den Alarmplänen stimmen nicht mehr und einer der angegebenen Ersthelfer ist im letzten Jahr verstorben. Ein Mitarbeiter fahndet schon seit zwei Tagen nach den Genehmigungsunterlagen für den kürzlich fertiggestellten Lagerneubau, denen er einige Daten entnehmen möchte und die irgendwo im Unternehmen kreisen. Die Durchschläge dreier Abfallbegleitscheine sowie ein Entsorgungsnachweis sind gar nicht mehr aufzutreiben.

Vollständigkeit, Verfügbarkeit, Aktualität

In der betrieblichen Praxis zeigen sich oftmals Defizite hinsichtlich der *Vollständigkeit, der Verfügbarkeit* und der *Aktualität* der Unterlagen - auch wenn es in vielen Unternehmen dann doch geordneter abläuft als in diesem Beispiel. Natürlich stellt eine übersichtliche und gut gepflegte Dokumentation noch keine Garantie für einen wirksamen und systematischen Umweltschutz dar. So wichtig, wie z. B. eine verständliche und gut strukturierte Bedienungsanleitung für ein technisches Gerät sein kann: Sie wird ihre Wirkung erst entfalten können, wenn sie gelesen und genutzt wird; und ein unausgereiftes oder für den vorgesehenen Einsatzzweck ungeeignetes Gerät wird durch eine hervorragende Anleitung seine Schwächen nicht ablegen. Aber Bedienungsanleitung sowie Umweltschutzdokumentation sind in der Regel jeweils *notwendige Voraussetzungen* für einen reibungslosen Ablauf.

Alles „auf den Tisch"

Eine gründliche Überprüfung der Umweltschutzdokumente läßt sich nicht nur vom Arbeitsplatz aus durchführen. Die umweltrelevanten Dokumente sind häufig über verschiedene Abteilungen verteilt, manche müssen aufgespürt und zusammengetragen, andere kopiert werden. Schließlich soll alles vollständig „auf den Tisch" - und das kann man ruhig wörtlich nehmen.

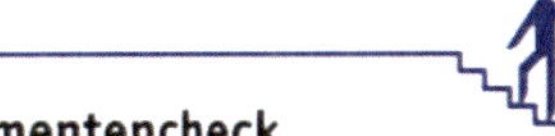

Dokumentencheck

Verschaffen Sie sich zunächst einen Überblick über die umweltrelevanten Dokumente in Ihrem Unternehmen. Bringen Sie alles, was vorhanden ist und von Bedeutung sein könnte, „auf den Tisch"! Ein Großteil der Unterlagen wird sich voraussichtlich ohnehin in Ihrem unmittelbaren Zugriff befinden. Dokumente, die an anderen Stellen verwahrt werden, können kopiert oder vor Ort eingesehen werden. In diesen Fällen sollten Sie Vermerke über Aufbewahrungsort und Verfügbarkeit anlegen. Überprüfen Sie die Unterlagen auf Vollständigkeit und auf Aktualität. Manches werden Sie aktualisieren, neu anlegen oder anderweitig beschaffen wollen (bzw. müssen). Legen Sie hierzu jeweils Aufgaben fest und

klären Sie, wer diese bis wann bearbeitet. Scheuen Sie sich nicht, vermeintliche Selbstverständlichkeiten oder Dinge, die Sie „im Kopf haben" schriftlich zu fixieren, wenn auch andere die Umweltschutzdokumentation nutzen und nachvollziehen sollen.
(Beachten Sie bitte, daß der Erfassung der Rechtsvorschriften ein eigener Abschnitt gewidmet ist und daß diese im nächsten Schritt gesondert erfolgt.)

***Arbeitsmaterial* 2 - c**

2.4 Der Chaos-Kreislauf

Ordnungssysteme

Von Menschen geschaffene Ordnungssysteme folgen einer äußerst unangenehmen Gesetzmäßigkeit. Am Anfang steht oftmals ein ausgeklügeltes System, übersichtlich, zweckmäßig und bestens darauf vorbereitet, all die Dinge aufzunehmen und stets verfügbar zu halten, die da kommen mögen. Eine Zeitlang wird es gehätschelt und gepflegt und es funktioniert tadellos, zur Freude seiner Schöpfer und Benutzer. Doch je länger es existiert, desto mehr häufen sich die kleinen Nachlässigkeiten und Unregelmäßigkeiten, die dazu führen, daß Funktion und Zuverlässigkeit des Systems abnehmen. Da die Leistungsfähigkeit abgenommen hat, wird das System nun weniger konsequent genutzt und gepflegt.

Chaos-Kreislauf

Ein klassischer Kreislauf hat eingesetzt, der es über kurz oder lang zum Erliegen oder doch zumindest zum Verkümmern bringt.

Reorganisation oder „Aufräumaktion"

In Abhängigkeit von dem Zustand der Umweltschutzdokumentation kann es sich anbieten, sie bei dieser Gelegenheit (es liegt gerade alles offen und vollständig auf dem Tisch!) neu zu organisieren. Wer dies vorhat, tut gut daran, nach den *Ursachen* der Mängel bzw. des „Niedergangs" des alten Ordnungssystems (z. B. Nachlässigkeiten und Unregelmäßigkeiten, aber auch Mängel in der Anlage) zu forschen und diese abzustellen. Wird lediglich „aufgeräumt", also der alte (Ordnungs-) Zustand wieder hergestellt, besteht eine gewisse Gefahr, daß sich der Kreislauf allzu schnell wiederholt.

Zentrale Umweltschutz-dokumentation anlegen

Prüfen Sie, ob die bestehende Umweltschutzdokumentation den gegenwärtigen (als auch den absehbaren zukünftigen) Anforderungen entspricht. Wenn dies noch nicht der Fall ist, legen Sie eine Ihren Bedürfnissen angemessene zentrale Umweltschutzdokumentation an. Hierzu gibt es keine bindenden Vorgaben. Oftmals ist es ausreichend, wenn in einem oder mehreren Ordnern alle wesentlichen Informationen bzw. Unterlagen in strukturierter und transparenter Form verfügbar sind oder durch entsprechende Verweise schnell und zuverlässig aufgefunden werden können. Eine Möglichkeit ist es, die Dokumente und Unterlagen medienbezogen - also z.B. getrennt nach Wasser, Abfall, Emissionen und Boden - und ggf. weiterhin nach „Organisation", „Behörden" sowie „Information und Beratung" abzulegen.

Darüber hinaus kann es für die Darstellung der Prüfungsergebnisse sinnvoll sein, wenn Sie eine kurze Übersicht / Aufstellung der umweltrelevanten Dokumente anfertigen und diese Ihrer Projektdokumentation beifügen. Wichtig ist es dabei, für eine regelmäßige Aktualisierung sowohl der Dokumente als auch der Übersicht zu sorgen.

Arbeitsmaterial 2 - d

Arbeitsmaterial

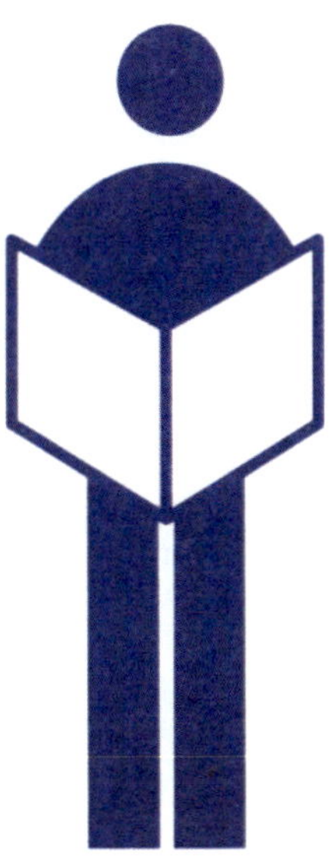

Angestrebte Ergebnisse dieses Abschnittes:

- ❑ Die vorhandenen umweltschutz-bezogenen Dokumente sind erfaßt.

- ❑ Fehlende Unterlagen sind beigebracht bzw. identifiziert.

- ❑ Eine zentrale Umweltschutz-dokumentation ist angelegt.

Aktionsplan

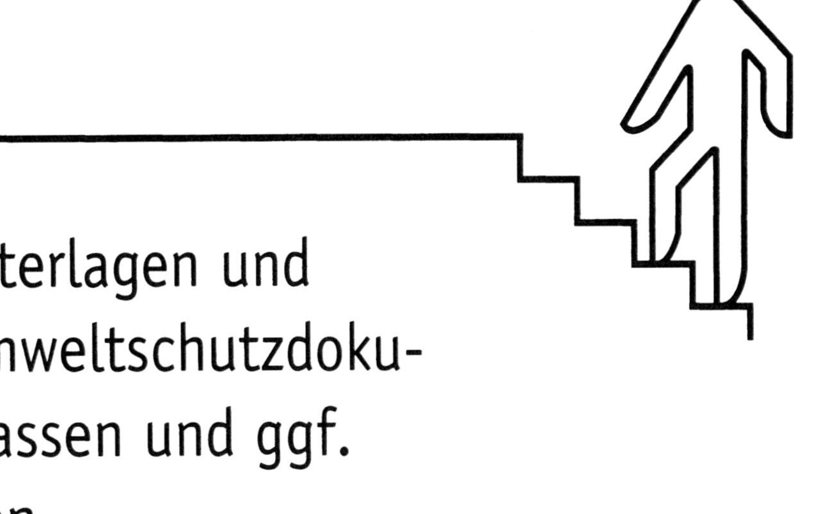

1. Vorhandene Unterlagen und Dokumente (Umweltschutzdokumentation) erfassen und ggf. zusammentragen

2. Umweltschutzdokumentation auf Vollständigkeit und Aktualität überprüfen

3. Aufgaben zur Aktualisierung und Ergänzung festlegen

4. Zentrale Umweltschutzdokumentation prüfen und ggf. anpassen bzw. anlegen

5. ggf. Übersicht der Umweltschutzdokumente zur Darstellung der Prüfungsergebnisse anfertigen

Umweltrelevante Dokumente (Beispiele)

Kartenmaterial, Lage- und Übersichtspläne

- ❑ Flächennutzungs- und Bebauungspläne
- ❑ Kartenmaterial, das Natur-, Landschafts- und Gewässerschutzgebiete ausweist
- ❑ Standortplan (Gebäude und Anlagen)
- ❑ Kanalisationspläne
- ❑ Kataster für Abfall, Emissionen, Lager etc.
- ❑ Alarm- und Notfallpläne

Rechtsvorschriften

- ❑ Verzeichnis bzw. Sammlung der Rechtsvorschriften
- ❑ Behördliche Genehmigungen und Erlaubnisse (Betrieb von Anlagen, Baugenehmigungen, wasserrechtliche Erlaubnisse etc.)
- ❑ Behördenbescheide, -auflagen

Bilanzen und Aufzeichnungen

- ❑ Verbräuche der (wichtigsten) eingesetzten Roh-, Hilfs- und Betriebsstoffe
- ❑ Stoffkataster, Sicherheitsdatenblätter etc.
- ❑ Entsorgungsnachweise / Abfallbilanz / Abfallwirtschaftskonzept
- ❑ Verträge mit Energielieferanten
- ❑ Energiebilanz / -verbrauchserfassung
- ❑ Wasserverbrauchserfassung
- ❑ Abwassermengenerfassung
- ❑ Emissionserklärung
- ❑ Meßpläne

Organisationsbezogene Dokumente

- ❑ Organigramm, ggf. Verantwortungsmatrix
- ❑ Bestellungsverträge (Betriebsbeauftragte)
- ❑ Stellen- und Funktionsbeschreibungen im Umweltbereich
- ❑ Umweltverfahrensanweisungen etc.
- ❑ QM-Handbuch
- ❑ Schulungspläne / -konzept

Unternehmenspolitische Dokumente

- ❑ Unternehmenspolitik, Unternehmensleitlinien
- ❑ Umweltpolitik, Umweltleitlinien
- ❑ Umweltprogramme / Umweltziele / Umweltberichte
- ❑ Betriebsordnung o.ä.
- ❑ Umweltbezogene Betriebsvereinbarungen o.ä.
- ❑ Qualitätspolitik

Ganz &
Aehnlich

Umweltschutzdokumentation (Übersicht)

Pflege durch: Hr. Wagner Vertreter/in: Fr. Fritsche

Dokument(e) / Unterlage(n)	Aufbewahrungsort	zuständig	Kopien
Kartenmaterial, Lage- und Übersichtspläne	Technische Abteilung / Archiv	Archivverwaltung	Zentrale Umweltschutzdokumentation (teilweise)
Kanalisationsplan	Technische Abteilung / Archiv	Gewässerschutzbeauftragte	Zentrale Umweltschutzdokumentation
Emissionskataster	Zentrale Umweltschutzdokumentation	Leiter UWS	/
Alarmplan Brandfall	Technische Abteilung	Brandschutzbeauftragter	alle Bereiche
Rechtsvorschriften / Richtlinien UWS	Zentrale Umweltschutzdokumentation	Leiter UWS	/
Behördenkorrespondenz UWS	Zentrale Umweltschutzdokumentation	Leiter UWS	/
Aufzeichnungen Abwasserüberwachung	Zentrale Umweltschutzdokumentation	Gewässerschutzbeauftragte	/
Entsorgungsnachweise	Zentrale Umweltschutzdokumentation	Leiter UWS	/
Sicherheitsdatenblätter	Abt. Arbeitsschutz und -sicherheit	Sicherheitsfachkraft	in den Lager- und Fertigungsbereichen
Aufzeichnungen über Verbräuche	Abt. Beschaffung und Lagerhaltung		/
Lieferantenverträge	Abt. Beschaffung und Lagerhaltung		/

- Projektplanung
- Projektauftrag
- Projektmanagement

Projektstart 1

- Umweltschutzrelevante Unterlagen
- Zentrale Umweltschutzdokumentation

Umweltschutzdokumente 2
(Umweltprüfung)

- **Rechtlicher Rahmen**
- **Einhaltung einschlägiger Umweltvorschriften**
- **Register der Rechtsvorschriften**

Umweltschutzvorschriften 3
(Umweltprüfung)

- Stand des betrieblichen Umweltschutzes
- Stärken und Schwächen
- Mängelbeseitigung

Umweltschutzpraxis 4
(Umweltprüfung)

- Erfassung und Beurteilung
- Verzeichnis der Umweltauswirkungen

Umweltauswirkungen 5
(Umweltprüfung)

- Strategische Ausrichtung
- Gesamtziele im Umweltschutz
- Umweltleitlinien

Umweltpolitik 6

- Konkrete Umweltziele
- Maßnahmenplanung

Umweltprogramm 7

- Verfahren
- Tätigkeiten
- Handlungsweisen

Regelung der Abläufe 8

- Organisationsstrukturen
- Verantwortlichkeiten und Zuständigkeiten
- Umweltmanagement-Dokumentation

Anpassung der Aufbauorganisation 9

- Erstellung
- Verbreitung

Umwelterklärung 10

Umweltschutzvorschriften (Umweltprüfung)

Arbeitsprogramm

Arbeitsmaterialien

3.1 Wie gut ist „vorschriftsmäßig"?

Was zeichnet einen guten Autofahrer aus? Wahrscheinlich würde die Mehrheit zustimmen, wenn man unter anderem sagte: Er beachtet die Vorschriften und hält die Regeln ein. Heißt das aber gleichzeitig, daß wer die Vorschriften einhält, damit auch schon ein guter Autofahrer ist? Wohl kaum, denn wesentliche Kriterien, wie Übersicht, Rücksichtnahme und die sichere Beherrschung des Fahrzeugs, entziehen sich einer eindeutigen Regelung. So verpflichtet § 1 der StVO ganz allgemein zu rücksichtsvollem Verhalten, zu einer Fahrweise, die gewährleistet, daß andere nicht gefährdet, behindert oder belästigt werden. Er gibt zwar keine konkrete Handlungs*anleitung*, stellt aber dennoch den zentralen Handlungs*grundsatz* dar, dem alle Verkehrsteilnehmer folgen sollen, um einen effektiven und sicheren Straßenverkehr zu gewährleisten. Die Beachtung, z. B. der verkehrsregelnden Zeichen und Vorfahrtsregeln ist damit zwar eine notwendige Bedingung, qualifiziert einen Verkehrsteilnehmer aber noch nicht automatisch zum „guten Autofahrer". Auch der betriebliche Umweltschutz unterliegt heute gesetzlichen Vorschriften und Regelungen - und zwar in kaum überschaubarer Fülle. Auch hier stellt die Einhaltung von Gesetzen, Auflagen und Grenzwerten im Prinzip „nur" eine notwendige Bedingung dar, wenngleich eine, die vielen Unternehmen bereits erhebliche Anstrengungen abverlangt. Und unter anderem deshalb ist hier ein etwas anderer Maßstab anzulegen als im Beispiel. Ein Unternehmen, das dauerhaft und zuverlässig alle gesetzlichen Vorschriften einhält, ist bereits auf dem besten Wege zu „gutem betrieblichen Umweltschutz". Die Meßlatte für „gutes Umwelt*management*" liegt allerdings noch etwas höher - doch dazu später mehr.

Notwendige Bedingung

Vorschriften zum betrieblichen Umweltschutz

Umweltmanagement erschöpft sich keinesfalls in der Herstellung von Rechtskonformität, im Gegenteil, die Einhaltung der Umweltvorschriften ist Basis und Voraussetzung für das Umweltmanagement. So wichtig dieses Thema ist, so schwierig ist es auch, Unternehmen hier konkrete Hilfestellungen zu geben. Obwohl infolge dessen dieser Abschnitt recht kurz ist, darf dies nicht dazu verleiten, rechtliche Aspekte auf die leichte Schulter zu nehmen. Er soll vielmehr Unternehmen dazu anregen, sich diesem für sie so wichtigen Thema zu stellen, Unsicherheiten abzubauen und - ggf. mit externer Unterstützung - geeignete Lösungen zu finden. Ist ein Umweltmanagementsystem erst einmal aufgebaut, wird es genutzt und aufrechterhalten, so kann es wiederum erheblich zur Rechtssicherheit und zur Entlastung des Unternehmens beitragen.

3.2 Im Dschungel der Paragraphen und Gesetze

Anzahl und Vielfalt

Um alle gesetzlichen Vorschriften einhalten zu können, muß das Unternehmen zunächst einmal all jene Regelungen kennen, die es betreffen oder betreffen könnten. Und genau dort liegt für viele Unternehmen das erste Problem; nicht nur die Anzahl der Vorschriften ist hierzulande gewaltig, auch die Vielfalt erschwert ihre vollständige und zuverlässige Erfassung:

- diese reicht von Regelungen auf europäischer Ebene über nationale Rahmengesetze und Verordnungen bis hin zu Behördenauflagen, die wiederum auf Verwaltungsvorschriften wie den Technischen Anleitungen (TA) basieren;
- entsprechend verteilen sich auch die Instanzen, welche Vorschriften erlassen, auf die Europa-, die Bundes-, die Länder- und die kommunale Ebene;
- neben den Regelungen in „reinen" Umweltschutzbereichen (BImSchG, WHG, KrWG/AbfG usw.) existieren zahlreiche Verknüpfungen und thematische Überschneidungen mit Regelungen zum Naturschutz, zum Gesundheitsschutz, zu Arbeitssicherheit und Arbeitsschutz, zur Anlagensicherheit, zum Katastrophenschutz sowie dem Umgang mit gefährlichen Stoffen und Gütern.

„Vorschriften-Dschungel"

Trotz - oder gerade wegen - der schnellen Zunahme staatlicher Regulierungen im Bereich des betrieblichen Umweltschutzes in den vergangenen Jahren, sind Unternehmen, die alle sie betreffenden rechtlichen Vorschriften kennen und einhalten, leider dünn gesät. Wer findet sich in einem solchen „Vorschriften-Dschungel" noch zurecht? Und wer ist in einem durchschnittlichen Unternehmen auf Anhieb in der Lage, die oftmals sehr trockenen und verklausulierten juristischen Texte vollständig zu verstehen und auf den eigenen Betrieb anzuwenden?

3.3 Rechtssicherheit

Dennoch - in der Praxis betrifft von den insgesamt mehreren tausend Rechtsvorschriften mit Bezug zum Umweltschutz letztendlich jeweils nur ein Teil das einzelne Unternehmen. Insbesondere die wichtigsten Vorschriften auf Bundesebene sind in der Regel bekannt und werden bereits angewendet. Aber gerade in bezug auf die vielfältigen Regelungen der Länder und Kommunen bleibt oft unklar, ob wirklich alles beachtet wurde. Dies führt nicht selten zu Verunsicherung und zu der Sorge darüber, ob dem Unternehmen und den Verantwortlichen durch mögliche Rechtsverstöße infolge von Unkenntnis einzelner Vorschriften gravierende Nachteile drohen. Für Unternehmen ist es daher im Interesse erhöhter Rechtssicherheit wichtig und letztlich lohnend, auf diesem Gebiet entsprechende Anstrengungen zu unternehmen.

Rechtsverstöße aus Unkenntnis?

Die Beratung durch einen im Umweltrecht versierten Rechtsbeistand stellt eine naheliegende Möglichkeit zur Erhöhung der Rechtssicherheit dar. Da die wenigsten mittelständischen Unternehmen über eine eigene Rechtsabteilung verfügen, bleibt hier nur, einen externen Fachmann hinzuzuziehen. Ähnlich, wie manche Unternehmen z. B. in Fragen des Patentrechtes mit einem sachverständigen Juristen kooperieren, der turnusmäßig konsultiert wird, könnte man auch in bezug auf das Umweltrecht verfahren. Aber auch IHK, Branchen- und Unternehmensverbände können oftmals gute Hilfestellungen geben, wenn man sich nicht ohnehin entschließt, in diesem Punkt gezielt auf die Erfahrungen und Kenntnisse einer Unternehmensberatung zurückzugreifen.

Rechtsberatung

Die Erwartungen an die Möglichkeiten und den Nutzen externer Hilfe sollten allerdings nicht zu hoch gesteckt werden. Die Hoffnung, umfassende Rechtssicherheit von außen „geliefert" zu bekommen, dürfte sich kaum erfüllen lassen und auch die Inanspruchnahme externer Hilfe entbindet Beauftragte und Management nicht davon, sich in diese komplexe Materie einzuarbeiten. Um die anzuwendenden Umweltvorschriften zuverlässig ermitteln zu können, bedarf es neben der Kenntnis der Umweltvorschriften auch der Kenntnis der Anlagen, der Prozesse und der unternehmensspezifischen Abläufe. Den größten Nutzen kann eine externe Beratung daher erst in einer Kooperation entfalten, bei der betriebsinterne und rechtliche Kenntnisse zusammenfließen. Im eigenen Interesse sollte jedes Unternehmen zudem darauf bedacht sein, das interne Know-how nachhaltig zu erhöhen, um den einmal erreichten Standard auch halten zu können.

Externe Unterstützung

Informationsquellen

Vorschriften im Wortlaut und Ankündigungen über Änderungen oder Neuerungen liefern die Veröffentlichungen der Gesetzgeber auf den verschiedenen Ebenen: Amtsblatt der EG, Bundesanzeiger, Bundesgesetzblatt, Ministerial- und Amtsblätter usw. . Weiterführende Informationsquellen zur Ermittlung der Umweltvorschriften und der Prüfung ihrer Anwendbarkeit im Einzelfall sind insbesondere entsprechende Loseblattsammlungen sowie mit Kommentaren und Erläuterungen versehene Einzelpublikationen. Seit einiger Zeit ist überdies Computersoftware erhältlich, die das Unternehmen bei der Erfassung der anzuwendenden Umweltrechtsvorschriften unterstützen soll.

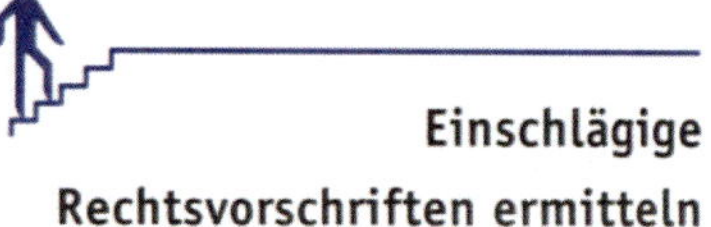

Einschlägige Rechtsvorschriften ermitteln

Ermitteln Sie die für Ihr Unternehmen anzuwendenden Umweltrechtsvorschriften und listen Sie diese auf. In Abschnitt 2 „Umweltschutz-Dokumente" haben Sie bereits die im Unternehmen vorliegenden Gesetzestexte, Genehmigungen und Erlaubnisse erfaßt. Wenn Sie nicht sicher sind, alle die Sie betreffenden Rechtsvorschriften zu kennen, versuchen Sie, sich (z. B. auf die oben angeführte Weise) hier eine Übersicht und größtmögliche Gewißheit zu verschaffen. Hierzu kann es notwendig sein, fragliche Vorschriften im Wortlaut zu beschaffen und zu studieren, ggf. auch mit externer Unterstützung.

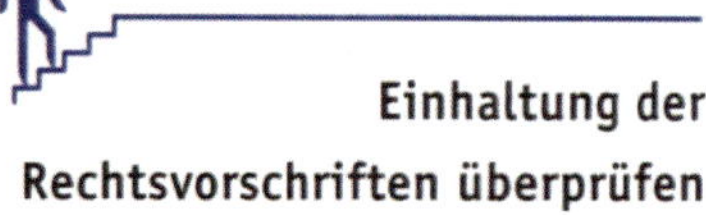

Einhaltung der Rechtsvorschriften überprüfen

Überprüfen Sie im nächsten Schritt, inwieweit Sie die Rechtsvorschriften einhalten. Dies kann insbesondere dann wichtig sein, wenn Sie im vorigen Schritt Umweltvorschriften identifiziert haben, die in Ihrem Unternehmen bislang keine unmittelbare Anwendung gefunden haben. Selbstverständlich muß im selben Zuge sichergestellt werden, daß jeweils nach der aktuellen, derzeit gültigen Vorschrift verfahren wird. Auch hier kann es notwendig werden, externen Sachverstand hinzuzuziehen. Wenn Umweltvorschriften Grenz- oder Richtwerte beinhalten, kann die Überprüfung der Einhaltung auch Messungen oder Analysen erforderlich machen.

Untersuchen Sie die Gründe und Ursachen für mögliche Abweichungen, halten Sie diese schriftlich fest und planen Sie ggf. entsprechende Maßnahmen zur Herstellung der Rechtskonformität. *Festgestellte Abweichungen und Verstöße müssen unverzüglich der Geschäftsleitung mitgeteilt werden, damit diese geeignete Maßnahmen ergreifen oder veranlassen kann.*

3.4 Kooperation mit Behörden

Ist es in besonderen Fällen kurzfristig nicht möglich, unmittelbare Rechtskonformität zu erzielen, so besteht zum Teil die Möglichkeit, eine befristete Ausnahmegenehmigung zu erwirken. Dazu ist es in der Regel erforderlich, in Abstimmung mit der zuständigen Behörde eine Maßnahmenplanung festzulegen, die in einem angemessenen und zumutbaren Zeitraum zu einer Einhaltung der Vorschriften führt. Während dieses Zeitraums können bestehende Verfahren und Prozesse zunächst mehr oder minder unverändert weiterlaufen und gelten aufgrund der Ausnahmegenehmigung als rechtskonform.

Ausnahmegenehmigung

Die meisten Umwelt- und Überwachungsbehörden sind grundsätzlich zur Unterstützung der Unternehmen bereit und würden vielfach eine verstärkte Kooperation sogar begrüßen. Obwohl viele Unternehmen davor zurückschrecken, intensiveren Kontakt und Austausch mit den Behörden zu suchen (um „keine schlafenden Hunde zu wecken"), hat mancher Betrieb schon durchaus positive Erfahrungen damit gemacht und hilfreiche Unterstützung erfahren. Allgemein gilt wohl: Je mehr „Leichen" ein Unternehmen im Keller hat und je größer seine Unsicherheit hinsichtlich der Einhaltung der Vorschriften ist, um so mehr scheut es die Öffentlichkeit und insbesondere die Behördenöffentlichkeit.

Schlafende Hunde wecken?

Gerade deshalb sei an dieser Stelle auf die Praxis des Validierungs- und Registrierungsverfahrens bei der Beteiligung am EG-Öko-Audit-System hingewiesen: Beantragt ein Unternehmen nach einer erfolgreichen Validierung durch einen zugelassenen Umweltgutachter bei der örtlichen IHK den Eintrag des Standortes in das EU-Register, muß diese nach § 33 des Umweltauditgesetzes (UAG) die zuständigen Umweltbehörden darüber informieren. Innerhalb einer Frist von vier Wochen haben die Behörden nun Gelegenheit, Einspruch gegen eine Eintragung des Standortes einzulegen, wenn sie Verstöße des Unternehmens gegen einschlägige Umweltvorschriften für gegeben halten. In diesem Fall wird das Eintragungsverfahren ausgesetzt und die Beteiligten werden zur Klärung an einen Tisch geholt. In der Vergangenheit konnten so in der Regel gütliche Einigungen erzielt werden und nur in wenigen Fällen mußte das Unternehmen seinen Antrag auf Eintragung zurückziehen.

Praxis des Registrierungsverfahrens

Erwartungen der Umweltbehörden

Immer mehr Umweltbehörden erwarten nun, daß sie vom Unternehmen schon im Vorfeld der Validierung hinzugezogen werden. Versäumt das Unternehmen dies, gehen manche Behörden dazu über, dies ihrerseits zum Anlaß für eine eingehende Betrachtung des Standortes zu nehmen. Auch *nach* erfolgter Eintragung des Standortes kann nach § 34 UAG die Behörde bei Umweltrechtsverstößen des Unternehmens auf die vorübergehende Aufhebung oder gar die Streichung des Eintrags hinwirken. Ein solcher Fall hat sich bisher allerdings noch nicht ereignet. Diese Praxis und ihre Hintergründe sollten sich die Unternehmen rechtzeitig vor Augen führen und ihre Vorgehensweise darauf abstimmen.

Kooperation suchen

Im allgemeinen ist es daher Unternehmen zu empfehlen, frühzeitig und freiwillig die Kooperation mit den Behörden zu suchen. Ist die Behörde von der Qualität und der Wirksamkeit des Umweltmanagementsystems überzeugt, kann sie ihrerseits Erleichterungen für das Unternehmen einräumen, indem sie beispielsweise das Eintragungsverfahren durch ihre unmittelbare Zustimmung stark abkürzt (die Teilnahmeerklärung und die zugehörige Grafik können eher öffentlich verwendet werden) oder ggf. sogar die behördlichen Überwachungsintervalle verlängert. Eine solche Deregulierung kann für beide Seiten Vorteile bieten, die Voraussetzungen sind Dialogbereitschaft und Kooperationswillen aller Beteiligten.

Deregulierung

3.5 Flexibilität gegenüber Veränderungen

Die Ermittlung der Umweltvorschriften und die Überprüfung ihrer Einhaltung können keine einmaligen Aktionen bleiben: Vorschriften werden neu geschaffen oder geändert und Unternehmen verändern sich ebenfalls. Hat man einmal Rechtskonformität und einen hohen Grad an Rechtssicherheit erlangt, geht es darum, diese in einem sich verändernden Umfeld zu erhalten.

Änderung von Rechtsvorschriften

Das bedeutet für ein Unternehmen einerseits, daß es frühzeitig und zuverlässig von Änderungen der rechtlichen Rahmenbedingungen erfährt und stets über den aktuellen Stand informiert ist. Nur so lassen sich Rechtsverstöße aus Unkenntnis vermeiden und die Einhaltung der einschlägigen Umweltvorschriften dauerhaft sicherstellen. Je eher diese Informationen vorliegen, um so besser können zudem möglicherweise erforderliche Maßnahmen im Unternehmen geplant werden.

Auf der anderen Seite muß das Unternehmen mögliche umweltrechtliche Konsequenzen baulicher, technischer, organisatorischer oder prozeßbezogener Veränderungen am Standort überblicken und berücksichtigen können:

Veränderungen am Standort

- Werden durch geplante Baumaßnahmen auch Umweltvorschriften berührt?
- Kommen durch Prozeßumstellungen, neue Anlagen oder Betriebsteile zusätzliche Vorschriften zur Anwendung?
- Führt eine Produktions- oder Kapazitätserweiterung zu einer umweltrechtlichen Neueinstufung oder -klassifizierung?
- Werden Genehmigungsvoraussetzungen so verändert, daß eine Erweiterung oder Erneuerung von Genehmigungen erforderlich wird?

Diese und ähnliche Fragestellungen können bei der Investitions- und Maßnahmenplanung im Unternehmen immer wieder auftreten. Ihre frühzeitige Beantwortung sollte fester Bestandteil der Planungsverfahren sein.

3.6 Register der Umweltvorschriften

Ein wichtiges Hilfsmittel zur Erhöhung von Transparenz und Handlungssicherheit im Unternehmen ist das Register der Umweltvorschriften. Durch die Einrichtung und Fortschreibung eines solchen Verzeichnisses kann nicht nur die Rechtskonformität dokumentiert werden, es soll dem Unternehmen auch als Instrument zur Erfassung von Veränderungen im rechtlichen Umfeld und der Berücksichtigung von Umweltaspekten bei der Planung dienen. Dazu genügt es in aller Regel nicht, sich auf die reine Auflistung der Titel einschlägiger Umweltvorschriften zu beschränken. Um die genannten Funktionen erfüllen zu können, muß das Register bestimmten Kriterien entsprechen und regelmäßig gepflegt werden.

1.Kriterium: Vollständigkeit

Neben den einschlägigen Gesetzen und Verordnungen gehören zu den Umweltvorschriften ebenso die unternehmensspezifischen Vorschriften, wie behördliche Genehmigungen, Erlaubnisse und Auflagen. Aber auch allgemein anerkannte Normen und freiwillige Selbstverpflichtungen (die für das Unternehmen beispielsweise aufgrund seiner Zugehörigkeit zu Wirtschafts- oder Branchenverbänden bindend sein können) sollten Berücksichtigung finden. Außerdem ist es sinnvoll, Verwaltungsvorschriften wie Technische Anleitungen (TA) in das Register aufzunehmen, obwohl diese keine unmittelbare Rechtswirksamkeit für das Unternehmen haben. Sie stellen jedoch für die Behörden verbindliche Vorgaben dar und entfalten über die behördlichen Verwaltungsakte eine Wirkung auf das Unternehmen.

2.Kriterium: Aktualität und Verfügbarkeitder Informationen

Die Aktualität und Verfügbarkeit der notwendigen Informationen sollte sichergestellt sein. Dazu gehört, daß die aktuellen Vorschriften bzw. die maßgeblichen Passagen daraus, im Wortlaut vorliegen und bei Bedarf problemlos aufgefunden werden können. Dies kann z. B. durch entsprechende Informationen und Angaben im Register erreicht werden. Verwaltung, Pflege und Handhabung des Registers und der Dokumente werden sinnvollerweise in einer entsprechenden Verfahrensanweisung geregelt.

3.Kriterium: Übersichtlichkeit und Funktionalität

Das Register sollte übersichtlich und zweckmäßig gestaltet sein. Für die praktische Verwendung bedeutet dies, daß eine Zuordnung in zwei Richtungen möglich ist: Einerseits sollte erkennbar sein, welche Vorschrift Einfluß auf welche Anlagen oder Betriebsteile nimmt und hier entsprechende organisatorische Maßnahmen, Regelungen und Verhaltensweisen erfordert; andererseits sollte - ausgehend von einzelnen Tätigkeiten, Anlagen oder Betriebsteilen - eine Zuordnung der anzuwendenden oder zu berücksichtigenden Vorschriften abgeleitet werden können.

Ein derart gestaltetes Register der Umweltvorschriften kann dem Unternehmen zwar noch keine absolute Rechtssicherheit gewährleisten, stellt aber ein geeignetes Instrument dar, um die Handlungssicherheit deutlich zu erhöhen.

Register der Umweltvorschriften erstellen

Erstellen Sie für Ihr Unternehmen ein Register der Umweltvorschriften. Berücksichtigen Sie dabei die oben aufgeführten Kriterien. Das Arbeitsmaterial 3 - c enthält in beispielhaften Auszügen einen Vorschlag zu Aufbau und Gestaltung des Registers. In die Erarbeitung des Registers werden voraussichtlich bereits Überlegungen zu seiner späteren Verwendung, Fortschreibung und Pflege des Registers einfließen. Dazu gehören auch die regelmäßige Erfassung und Auswertung rechtlicher Veränderungen, die rechtzeitige und angemessene Information der betroffenen Abteilungen sowie die Anpassung entsprechender betrieblicher Regelungen.

lungen.

Halten Sie solche Überlegungen schriftlich fest und versuchen Sie, die Abläufe - zumindest in Stichworten - schon einmal grob zu skizzieren. Diese Vorarbeit kann Ihnen die spätere Erstellung der entsprechenden Verfahrensanweisung (Abschnitt 8 „Regelung der Abläufe") deutlich erleichtern und hilft zudem bei der funktions- und praxisgerechten Gestaltung des Registers.

Arbeitsmaterial

3 - c

Arbeitsmaterial

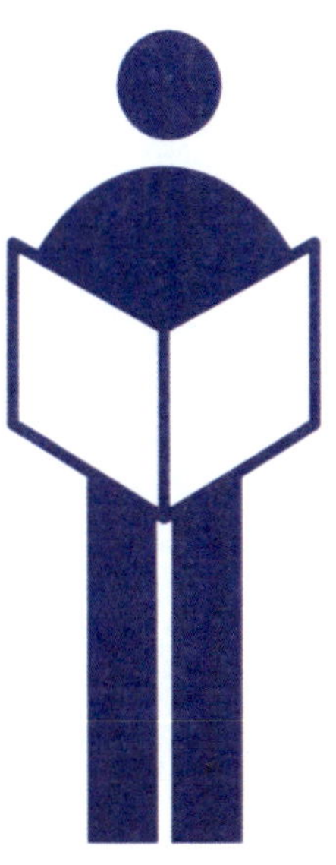

Angestrebte Ergebnisse dieses Abschnittes:

- ❑ Die anzuwendenden Rechtsvorschriften sind erfaßt.

- ❑ Ein Register der Rechtsvorschriften ist angelegt.

Aktionsplan

1. Einschlägige Rechtsvorschriften ermitteln

2. Einhaltung der Rechtsvorschriften überprüfen

3. Register der Umweltvorschriften erstellen

Register der Umweltvorschriften (Auszug)

Ganz & *Aehnlich*

Pflege durch: .... Letzte Änderung: ....

Vertreter: .... Seite: ....

Gesetzestexte befinden sich bei Hr. Wagner Raum 1-003, Kopien bei den Ansprechpartnern

Immissonsschutzrecht						
Vorschrift	**§**	**Fassung vom**	**Kurzbeschreibung**	**Anforderung Gesetz**	**Bereich Abt.**	**Anspr.-partner**
Bundes-Immissionsschutzgesetz (BImSchG)		09.10.96	Zweck dieses Gesetzes ist es, Menschen, Tiere und Pflanzen, den Boden, das Wasser, die Atmosphäre sowie Kultur- und sonstige Sachgüter vor schädlichen Umwelteinwirkungen und, soweit es sich um genehmigungsbedürftige Anlagen handelt, auch vor Gefahren, erheblichen Nachteilen und erheblichen Belästigungen, die auf andere Weise herbeigeführt werden, zu schützen und dem Entstehen schädlicher Umwelteinwirkungen vorzubeugen.			
BImSchG	§5 Abs. Nr.3 §4c (4.BImSchV)	09.10.96	Betreiber genehmigungsbedürftiger Anlagen haben Abfälle zu vermeiden, zu verwerten, notfalls zu beseitigen.	Plan zur Behandlung von Abfällen		
BImSchG	§4 in Verbindung mit Spalte 1, Nr. 3.9	14.03.97	Anlagen zum Aufbringen von metallischen Schutzschichten auf Metalloberflächen aus Blei, Zinn oder Zink oder ihren Legierungen mit Hilfe von schmelzflüssigen Bädern mit einer Leistung von zehn Tonnen Rohgutdurchsatz oder mehr je Stunde.	Betrieb einer genehmigungsbedürftigen Anlage	PA2	Fri

Immissonsschutzrecht						
Vorschrift	**§**	**Fassung vom**	**Kurzbeschreibung**	**Anforderung Gesetz**	**Bereich Abt.**	**Anspr.-partner**
Genehmigung zur Errichtung und zum Betrieb einer Galvanisierungsanlage	nach BImSchG und 4.BImSchV	23.03.94	Betrieb der Galvanisierung gemäß Genehmigungsbescheid	insbesondere Emissionsüberwachung und Einhaltung der Grenzwerte	PA2	Fri
5. BImSchV (Verordnung über Immissionsschutz- und Störfallbeauftragte)	§1	30.07.93	Betreiber von genehmigungsbedürftigen Anlagen haben einen betriebsangehörigen Immissionsschutzbeauftragten, bei bestimmten Anlagen einen Störfallbeauftragten zu bestellen.	Bestellung eines Immissionsschutzbeauftragten	PA2	AEG
11. BImSchV (Emissionserklärungsverordnung)	§3 in Verbindung mit § 27 Abs. 1 Satz 1 BImSchG	26.10.93 (§ 27 BImSchG zuletzt geändert in 1996)	Erstellung einer Emissionserklärung (vierjährlich). Zur Abgabe der Emissionserklärung ist verpflichtet, wer die genehmigungspflichtige Anlage im Erklärungszeitraum betrieben hat.	Erstellung einer Emissionserklärung alle vier Jahre	PA2	Wg
TA Luft	...	...	Grundlage für die Genehmigung nach BImSchG	...	...	...
TA Lärm	...	...	Grundlage für die Genehmigung nach BImSchG			
...	...	...	...	...	...	...

Chemikalienrecht						
Vorschrift	**§**	**Fassung vom**	**Kurzbeschreibung**	**Anforderung Gesetz**	**Bereich Abt.**	**Anspr.-partner**
Chemikaliengesetz (ChemG)		27.09.94	Zweck des Gesetzes ist es, den Menschen und die Umwelt vor schädlichen Einwirkungen gefährlicher Stoffe und Zubereitungen zu schützen, insbesondere sie erkennbar zu machen, sie abzuwenden und ihrem Entstehen vorzubeugen.			
Gefahrstoffverordnung (GefStoffV)		12.06.96	Zweck dieser Verordnung ist es, durch Regelungen über die Einstufung, die Kennzeichnung und Verpackung von gefährlichen Stoffen, Zubereitungen und bestimmten Erzeugnissen sowie über den Umgang mit Gefahrstoffen den Menschen vor (...) Gesundheitsgefahren und die Umwelt vor stoffbedingten Schädigungen zu schützen, insbesondere sie erkennbar zu machen, sie abzuwenden und ihrer Entstehung vorzubeugen.			
GefStoffV	§14	12.06.96	Hersteller, Einführer oder erneute Inverkehrbringer gefährlicher Stoffe oder Zubereitungen müssen den Abnehmern spätestens bei der ersten Lieferung des Stoffes oder der Zubereitung ein Sicherheitsdatenblatt nach Anhang I Nr. 5 übermitteln.		Eink, Vers	Gü

Chemikalienrecht						
Vorschrift	**§**	**Fassung vom**	**Kurzbeschreibung**	**Anforderung Gesetz**	**Bereich Abt.**	**Anspr.-partner**
GefStoffV	§16 Abs. 3	12.06.96	Der Arbeitgeber ist verpflichtet, ein Verzeichnis aller ermittelten Gefahrstoffe zu führen (Gefahrstoff-kataster). Dies gilt nicht für Gefahrstoffe, die im Hinblick auf ihre gefährlichen Eigenschaften und Menge keine Gefahr für die Beschäftigten darstellen.	Erstellung eines Gefahrstoffkatasters	Betrieb	Wg
Gefahrgutverordnung Straße (GGVS)		12.12.96	Diese Verordnung regelt die innerstaatliche und grenzüberschreitende Beförderung gefährlicher Güter auf der Straße mit Fahrzeugen in Deutschland.	Kennzeichnung der gefährlichen Güter für den Straßenverkehr	Versand	Gü
...		...	...	...	...	...

Wasserrecht

Vorschrift	§	Fassung vom	Kurzbeschreibung	Anforderung Gesetz	Bereich Abt.	Anspr.-partner
Wasserhaushaltsgesetz (WHG)		12.09.96	Zweck des Gesetzes ist es, die Gewässer als Bestandteil des Naturhaushalts und als Lebensraum für Tiere und Pflanzen zu sichern. Gewässer sind so zu bewirtschaften, daß sie dem Wohl der Allgemeinheit und im Einklang mit ihm auch dem Nutzen einzelner dienen und vermeidbare Beeinträchtigungen ihrer ökologischen Funktionen unterbleiben.			
WHG	§7a	12.09.96	Schadstofffracht des Abwassers muß so gering gehalten werden, wie nach dem Stand der Technik möglich.	Vulkanisationsabwässer	PA2, TLI	BL
WHG	§18a	12.09.96	Pflicht zur Abwasserbeseitigung. Das Abwasser ist so zu beseitigen, daß das Wohl der Allgemeinheit nicht beeinträchtigt wird.	Vulkanisationsabwässer	PA2	BL
WHG	§19g	12.09.96	Vermeidung von Gewässerverunreinigungen, Berücksichtigung der anerkannten Regeln der Technik.		TLI	Fri
...	...	...	...	...	...	...
Abwasserabgabengesetz AbwAG	§1	11.11.96	Für das Einleiten von Abwasser in ein Gewässer im Sinne des Wasserhaushaltsgesetzes ist eine Abgabe zu entrichten (Abwasserabgabe).		GF	Wg

Wasserrecht						
Vorschrift	**§**	**Fassung vom**	**Kurzbeschreibung**	**Anforderung Gesetz**	**Bereich Abt.**	**Anspr.-partner**
Kommunale Entwässerungssatzung	...	...	...	...	...	...
Erlaubnis zur (Direkt-) Einleitung von Regen- und Oberflächenwasser	...	...	...	...	...	Fri
Erlaubnis zur Einleitung der Betriebsabwässer in die öffentliche Kanalisation	...	...	...	...	...	Fri
Erlaubnis zur Entnahme von Grundwasser	...	...	...	Grundwasserentnahme über Brunnen	...	...
VAwS	...	...	Umgang mit wassergefährdenden Stoffen; Betrieb von Anlagen zum Lagern, Abfüllen und Umschlagen wassergefährdender Stoffe.	...	...	Fri
Verordnung über brennbare Flüssigkeiten (VbF)		13.12.96	Die Verordnung gilt für die Montage, die Installation und den Betrieb von Anlagen zur Lagerung, Abfüllung oder Beförderung brennbarer Flüssigkeiten.	Festlegung der erlaubten Lagermengen und Gefahrenklassen	GefL II	Fri
...	...	...	...	...	...	...

Abfallrecht

Vorschrift	§	Fassung vom	Kurzbeschreibung	Anforderung Gesetz	Bereich Abt.	Anspr.-partner
Kreislaufwirtschafts- und Abfallgesetz (KrWG/AbfG)		12.09.96	Zweck des Gesetzes ist die Förderung der Kreislaufwirtschaft zur Schonung der natürlichen Ressourcen und die Sicherung der umweltverträglichen Beseitigung von Abfällen.			
KrWG/AbfG	§5 Abs.2	12.09.96	Die Erzeuger oder Besitzer von Abfällen sind verpflichtet, diese zu verwerten. Dabei hat die Verwertung Vorrang vor der Beseitigung. Eine der Art und Beschaffenheit des Abfalls entsprechende hochwertige Verwertung ist anzustreben. Abfälle zur Verwertung sind getrennt zu halten und zu behandeln.	Abfalltrennsysteme, Verwertungsmöglichkeiten erarbeiten (Abfallwirtschaftskonzept)	Betrieb	Fri
KrWG/AbfG	§19	12.09.96	Abfallerzeuger mit > 2000 kg Sonderabfall müssen ein Abfallwirtschaftskonzept und eine Abfallbilanz erstellen.	Erstellung eines Abfallwirtschaftskonzepts und einer Abfallbilanz	Betrieb	Wg
Kommunale Abfallsatzung	...	...	...	...	...	...
...	...	...	...	...	...	...

Abfallrecht						
Vorschrift	**§**	**Fassung vom**	**Kurzbeschreibung**	**Anforderung Gesetz**	**Bereich Abt.**	**Anspr.-partner**
Verpackungsverordnung (VerpackV)	§2	26.10.93	Seine Verpackungen muß zurücknehmen, wer als Unternehmen gewerbsmäßig: 1. Verpackungen oder Erzeugnisse herstellt, aus denen unmittelbar Verpackungen hergestellt werden (Hersteller) oder 2. Verpackungen oder Erzeugnisse, aus denen unmittelbar Verpackungen hergestellt werden, oder Waren in Verpackungen, gleichgültig auf welcher Handelsstufe, in Verkehr bringt (Vertreiber).		Vers Ex	Sch
Verordnung über die Entsorgung gebrauchter halogenierter Lösemittel		23.10.89	Rückgaberecht der halogenierten Lösemittel an den Lieferanten.		Betrieb	Wg
Altölverordnung	§6	27.10.87	Wer Altöle gewerbsmäßig an Unternehmen der Altölsammlung abgibt, hat eine Erklärung nach dem in Anlage 2 enthaltenen Muster abzugeben. Die Führung von Begleitscheinen ist vorgeschrieben.	Führung von Begleitscheinen	WS	Ks Raum PA1-002
...	...	...	...	...	...	...

Sonstige Rechtsvorschriften

Vorschrift	§	Fassung vom	Kurzbeschreibung	Anforderung Gesetz	Bereich Abt.	Anspr.-partner
StGB	insbesondere §§324 ff.	01.11.94	Straftaten gegen die Umwelt			Ga
StGB	§325	01.11.94	Betreiben einer nach BImSchG genehmigungsbedürftigen Anlage ohne Genehmigung ist strafbar. Gilt auch für wesentliche Änderungen.			
Verordnung (EWG) Nr. 1836/93 (Öko-Audit-Verordnung)		29.06.93	Freiwillige Beteiligung an einem Gemeinschaftssystem für das Umweltmanagement und die Umweltbetriebsprüfung.			Wg
DIN EN ISO 14001		10.96	Umweltmanagementsysteme Spezifikation mit Anleitung zur Anwendung.			Wg
Umweltverträglichkeitsprüfungsgesetz (UVPG)	insbesondere §§1, 2, 3, (Anlage zu §3)	12.02.90	Für die in der Anlage zu § 3 genannten Anlagen ist eine Umweltverträglichkeitsprüfung durchzuführen. Diese umfaßt die Ermittlung, Beschreibung und Bewertung der Auswirkungen des Vorhabens auf Menschen, Tiere und Pflanzen, Boden, Wasser, Luft, Klima und Landschaft, einschließlich der jeweiligen Wechselwirkungen, sowie auf Kultur- und sonstige Sachgüter.			
Baugesetzbuch (BauGB)	§9	08.12.86	In Bebauungsplänen können Art und Maß der baulichen Nutzung festgelegt werden.			

Sonstige Rechtsvorschriften

Vorschrift	§	Fassung vom	Kurzbeschreibung	Anforderung Gesetz	Bereich Abt.	Anspr.-partner
Baunutzungsverordnung (BauNVO)	§4	23.01.90	Allgemeine Wohngebiete dienen vorwiegend dem Wohnen, nur ausnahmsweise dürfen nicht störende Gewerbebetriebe zugelassen werden.			
(BauNVO)	§6	23.01.90	Mischgebiete dienen dem Wohnen und der Unterbringung von Gewerbebetrieben, die das Wohnen nicht wesentlich stören.			
(BauNVO)	§8	23.01.90	Gewerbegebiete dienen vorwiegend der Unterbringung von nicht erheblich belästigenden Gewerbebetrieben.			
(BauNVO)	§9	23.01.90	Industriegebiete dienen vorwiegend der Unterbringung von Gewerbebetrieben, und zwar vorwiegend solcher, die in anderen Baugebieten unzulässig sind.			
Druckbehälter Verordnung (DruckbehV)	§1	19.07.96	Diese Verordnung gilt für die Errichtung und den Betrieb von Druckbehältern, Druckgasbehältern, Füllanlagen und Rohrleitungen sowie für die Ausrüstungsteile von Druckbehältern, Druckgasbehältern und Rohrleitungen nach den anerkannten Regeln der Technik.		DaKo	Wg
Beschluß des Verbandes der ...-Industrie		...	Verzicht auf Verwendung von ... (Selbstverpflichtung)	...	...	...

- Projektplanung
- Projektauftrag
- Projektmanagement

Projektstart 1

- Umweltschutzrelevante Unterlagen
- Zentrale Umweltschutzdokumentation

Umweltschutzdokumente 2
(Umweltprüfung)

- Rechtlicher Rahmen
- Einhaltung einschlägiger Umweltvorschriften
- Register der Rechtsvorschriften

Umweltschutzvorschriften 3
(Umweltprüfung)

- **Stand des betrieblichen Umweltschutzes**
- **Stärken und Schwächen**
- **Mängelbeseitigung**

Umweltschutzpraxis 4
(Umweltprüfung)

- Erfassung und Beurteilung
- Verzeichnis der Umweltauswirkungen

Umweltauswirkungen 5
(Umweltprüfung)

- Strategische Ausrichtung
- Gesamtziele im Umweltschutz
- Umweltleitlinien

Umweltpolitik 6

- Konkrete Umweltziele
- Maßnahmenplanung

Umweltprogramm 7

- Verfahren
- Tätigkeiten
- Handlungsweisen

Regelung der Abläufe 8

- Organisationsstrukturen
- Verantwortlichkeiten und Zuständigkeiten
- Umweltmanagement-Dokumentation

Anpassung der Aufbauorganisation 9

- Erstellung
- Verbreitung

Umwelterklärung 10

Umweltschutzpraxis (Umweltprüfung)

Arbeitsprogramm

Arbeitsmaterialien

4.1 „Umweltrevision"

Die Herstellung von Gütern und Produkten für unser tägliches Leben ist ohne Energie- und Rohstoffverbrauch und ohne die Entstehung von Emissionen und Abfällen nicht möglich. Jede Form industrieller Produktion belastet damit zwangsläufig Natur und Umwelt. Die Frage ist also nicht ob, sondern vielmehr in welchem Umfang ein Industriebetrieb die Umwelt belastet.

Überblick verschaffen

In diesem Teil der Umweltprüfung geht es einerseits darum, sich einen Überblick darüber zu verschaffen, welche *unvermeidbaren* Umweltbelastungen mit den Produktionsprozessen verbunden sind und ob diese verringert werden können. Andererseits soll festgestellt werden, ob vom Standort darüber hinaus auch *vermeidbare* Umweltbelastungen oder -risiken ausgehen, um diese kurz- oder mittelfristig ausschalten zu können. Einige dieser *grundsätzlich vermeidbaren* Umweltbelastungen oder -risiken sind oftmals bekannt, andere werden erst bei gezielter und sorgfältiger Betrachtung offenbar. Eine Überprüfung der Umweltschutzpraxis im Unternehmen läßt sich daher nicht vom Schreibtisch aus erledigen. Dafür ist es erforderlich, eine systematische Betriebsbegehung durchzuführen, d. h. sich vorzubereiten, vor Ort zu gehen, einmal gezielt in jede Ecke zu schauen, scheinbar Selbstverständliches zu hinterfragen, die Erkenntnisse festzuhalten und gegebenenfalls manche Dinge genauer zu untersuchen.

Systematische Betriebsbegehung

4.2 Das Risiko-Dilemma

Durch die Notwendigkeit einer solchen „Umweltrevision" für den Aufbau eines Umweltmanagementsystems kann sich das Unternehmen - und speziell das Management - in einem Dilemma befinden.

Einerseits möchte die Unternehmensleitung - ähnlich wie bei einer Revision im kaufmännischen Bereich - größtmögliche Klarheit und Handlungssicherheit schaffen, etwaige Risiken und Mißstände minimieren sowie vorhandene Verbesserungspotentiale nutzen. Das erfordert zwangsläufig, diese sorgfältig zu erkunden und aufzudecken. Auf der anderen Seite weiß man im vornherein nicht, was eine solche Erkundung zutage fördern wird. Die Aussicht, möglicherweise einen bisher verborgen gebliebenen Handlungsbedarf aufzudecken, der Kosten verursachen und Komplikationen mit sich bringen könnte, kann abschreckend wirken. Die Tatsache, daß aus der Kenntnisnahme unter Umständen sogar eine (rechtliche) *Verpflichtung* zum Handeln erwachsen könnte, mag solche Befürchtungen noch verstärken.

Risikominimierung durch Konfrontation

Das Dilemma besteht also darin, daß der einzige Weg zu einer nachhaltigen Risikominimierung und dem Schutz vor späteren unangenehmen und wohl möglich kostspieligen Überraschungen in der Konfrontation mit den Risikopotentialen liegt - verbunden mit der „Gefahr", dann gegebenenfalls *sofort* handeln zu müssen.

Der Preis der Unwissenheit

Aber es ist ja gerade Aufgabe der Umweltprüfung, Mängel und Schwachstellen im betrieblichen Umweltschutz zu identifizieren, und das Ziel ist, dem Unternehmen Klarheit und letztlich Handlungssicherheit zu verschaffen; denn der Preis der Unwissenheit kann hoch sein: Die Kosten im Schadensfall übersteigen die der präventiven Mängelbeseitigung oft um ein vielfaches, Angreifbarkeit und Unsicherheit der Verantwortungsträger gegenüber Öffentlichkeit und Behörden nehmen noch zu und ein wirklich offenes Verhältnis zum Umweltschutz ist kaum möglich. Beschreitet ein Unternehmen hingegen den offensiven Weg, wird es zumeist feststellen, daß dieser nicht nur weniger riskant, sondern auch mittelfristig weniger kostspielig ist. Die vollständige und gezielte Untersuchung des Standortes ist der erste Schritt auf diesem Weg.

4.3 Der Standort

Für die Abgrenzung des Standortes, auf den sich die Umweltprüfung und später das Umweltmanagementsystem erstrecken, kann unter Umständen eine umfassende Betrachtung erforderlich sein. Der Artikel 2 der EG-Öko-Audit-Verordnung enthält hierzu eine Begriffsbestimmung:

Begriff „Standort"

Ein Standort ist danach
„das Gelände, auf dem die unter der Kontrolle eines Unternehmens stehenden gewerblichen Tätigkeiten an einem bestimmten Standort durchgeführt werden, einschließlich damit verbundener oder zugehöriger Lagerung von Rohstoffen, Nebenprodukten, Zwischenprodukten, Endprodukten und Abfällen sowie der im Rahmen dieser Tätigkeiten genutzten beweglichen und unbeweglichen Sachen, die zur Ausstattung und Infrastruktur gehören."

Probleme bei der Standortabgrenzung

In der Praxis sind dennoch verschiedentlich Fragen aufgetreten, die eine eindeutige Abgrenzung des Standortes erschwert haben, z. B.:

- Welche räumlich vom eigentlichen Betriebsgelände getrennten Betriebsteile - wie Nebenanlagen, Außenlager, Abbaustätten oder Halden - gehören zum Standort, welche nicht?
- Wie sind vermietete oder verpachtete Gebäude oder Flächen zu berücksichtigen, wenn diese sich auf dem Betriebsgelände befinden oder hieran angrenzen?
- Sind stillgelegte Betriebsteile oder derzeit nicht genutzte Grundstücke und Flächen dem Standort im Sinne der EG-Öko-Audit-Verordnung zuzurechnen?

Bei solchen und ähnlichen Fragestellungen können gegebenenfalls die zuständige IHK als Registrierungsstelle oder ein Umweltgutachter zur Klärung beitragen. Im Zweifelsfall ist es sinnvoll, die Standortgrenze zu beschreiben und zu erläutern.

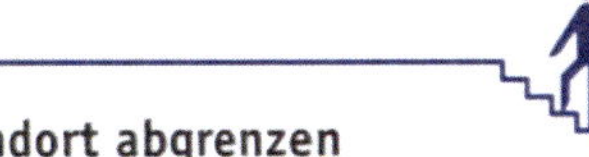

Standort abgrenzen

Klären Sie die *Standortgrenzen*. Beschreiben und erläutern Sie diese gegebenenfalls näher. Setzen Sie sich in Zweifelsfällen rechtzeitig mit der zuständigen IHK (Registrierungsstelle) oder einem Umweltgutachter in Verbindung.

4.4 Strukturierung und Planung

Organisatorische Struktur

Die Struktur eines Unternehmens läßt sich auf unterschiedliche Weise beschreiben. Betrachtet man es von der organisatorischen Seite, so besteht die Struktur aus hierarchischen Ebenen und funktionalen Einheiten. Das Unternehmen ist so gesehen ein System aus einzelnen Geschäfts-, Aufgaben-, Produktionsbereichen, Abteilungen und Personen, wobei deren Beziehungen untereinander weitgehend durch die jeweiligen Verantwortlichkeiten und Zuständigkeiten geregelt sind. Für etliche Aspekte des Umweltmanagements - auch schon im Zuge der Umweltprüfung - ist diese Betrachtungsweise sehr hilfreich, wenn es beispielsweise darum geht, die Regelung von Verantwortlichkeiten und Zuständigkeiten oder Entscheidungs-, Kommunikations- und Informationswege nachzuvollziehen und zu überprüfen.

Räumliche Struktur

Für die Planung der Betriebsbegehung zur Überprüfung der Umweltschutzpraxis ist hingegen eine *räumliche* Strukturierung geeigneter. Die räumlichen Strukturelemente eines Unternehmens sind entsprechend Betriebsteile, Gebäude und Gebäudeteile, Frei- und Hofflächen, Wege und Grundstücke sowie Einrichtungen, Anlagen und Anlagenkomplexe. Die Summe dieser Einzelbereiche spiegelt den Standort - also das physische Unternehmen - flächendeckend wider.

Prozeßbezogene Struktur

Führt man einen Besucher durch den Betrieb, um ihm einen Überblick über den Standort zu verschaffen, wird man dabei oftmals dem Produktionsprozeß bzw. dem Materialfluß von der Anlieferung der Rohstoffe bis zum fertigen Produkt folgen. Eine solche prozeßbezogene Strukturierung ist zwar auch räumlicher Art, aber in den seltensten Fällen umfassend. Abgelegene oder stillgelegte Bereiche, Altanlagen, Nebengebäude, Werkstätten, Verwaltungsgebäude und manche Lagerbereiche werden dabei in aller Regel ausgespart. Bei der Umweltprüfung soll aber der *gesamte* Standort untersucht werden, zumal gerade die vom eigentlichen Produktionsprozeß entkoppelten Bereiche im Betriebsalltag weniger Beachtung finden - erfahrungsgemäß auch unter Umweltaspekten. Demzufolge zeigen sich hier vielfach Mängel und Defizite, während die Kernprozesse, mit denen letztlich das Geld verdient wird, entsprechend gepflegt werden und oftmals in jeder Hinsicht in tadellosem Zustand sind. Wenn bei der Begehung einer solchen *prozeßbezogenen* Strukturierung gefolgt werden soll, muß daher besonders darauf geachtet werden, daß der Standort wirklich vollständig untersucht wird.

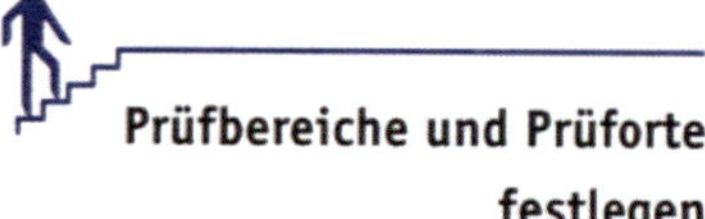

Prüfbereiche und Prüforte festlegen

Unterteilen Sie den Standort vollständig und flächendeckend in räumliche *Prüfbereiche*, die sich im Rahmen einer Betriebsbegehung und Vor-Ort-Prüfung untersuchen lassen (z. B. Freilager, Produktionsbereich 1, Montagehalle A, Kesselhaus, Hofflächen nördliche Ecke, Garagen und Fuhrpark usw.). Manche Sachverhalte lassen sich unter Umständen anhand räumlicher Prüfbereiche nur schwer erfassen. In diesen Fällen ist es sinnvoll, neben räumlichen auch thematische Prüfbereiche festzulegen, z. B. Brandschutz, Abfalltrennung und -entsorgung, Lärmemissionen, Tätigkeiten betriebsfremder Personen am Standort, dezentrale Kleinfeuerungsanlagen o.ä. Die entsprechenden Prüforte, die bei der Begehung aufgesucht werden, liegen dann in der Regel über den Standort verteilt. Ordnen Sie den einzelnen Prüfbereichen je nach Größe und Komplexität entsprechende Prüforte zu. *Prüforte* können Räume oder Abschnitte innerhalb eines Gebäudes sein, Produktionseinheiten, Prozeßabschnitte, eigenständige oder spezifische Einrichtungen (wie Lagerbereiche, Liefer- oder Ladezonen, Werkstattbereiche o.ä.), einzelne Aggregate, Maschinen, Anlagen oder Anlagenkomplexe sowie andere Teilbereiche, welche besondere Umweltrelevanz besitzen und gezielt in Augenschein genommen werden sollten.

Arbeitsmaterial
4 - c

4.5 Kritische Distanz und fachliche Kompetenz

Eigenständige Durchführung

Möchte ein Unternehmen die (selbst-)kritische Überprüfung der betrieblichen Umweltschutzpraxis weitgehend eigenständig durchführen (was grundsätzlich durchaus möglich ist), kann dies insbesondere durch drei Faktoren erschwert werden: erstens durch *„Betriebsblindheit"*, zweitens durch *„Prüfungsangst"* und drittens durch *mangelnde Fach- oder Sachkenntnis*.

„Betriebsblindheit"

„Betriebsblindheit" bedeutet in diesem Zusammenhang, daß ein Prüfer, der den eigenen Bereich untersuchen soll, mit diesem so vertraut ist, daß es ihm schwerfällt, hierzu die notwendige kritische Distanz aufzubauen. Es gelingt ihm nur mit Mühe, den Bereich mit anderen Augen zu betrachten und einmal den Blickwinkel des „Umweltschützers" einzunehmen. Zudem wird er manchen Dingen keine Bedeutung beimessen oder sie gar nicht wahrnehmen, da er täglich mit diesen konfrontiert ist und sie ihm zu vertraut sind. Ein Hemmnis ist also, daß man gewissermaßen den Wald vor lauter Bäumen nicht sieht.

„Prüfungsangst"

Der Ausdruck *„Prüfungsangst"* sollte hier nicht allzu wörtlich genommen werden. Dennoch: Prüfungen oder Überprüfungen haben fast immer Kontrollcharakter und suggerieren eventuell sogar Mißtrauen anderer. Die Befürchtung kann aufkommen, Mißstände könnten aufgedeckt und einzelnen angekreidet werden. Besonders, wenn sich solche Befürchtungen auf entsprechende Erfahrungen gründen (dies ist oftmals eine Frage des Betriebsklimas und des herrschenden Führungsstils), kann dies dazu führen, daß die Kooperationsbereitschaft der Mitarbeiter bei der Umweltprüfung eher gering ist.

Soll nun jemand gar den eigenen Bereich überprüfen, findet man das eingangs geschilderte Dilemma des Managements im kleinen in den Abteilungen und Bereichen wieder. Da mag es naheliegend sein, daß ein Prüfer aus der Abteilung kein allzu großes Interesse entwickelt, genau und kritisch hinzuschauen, um, wenn er fündig wird, Mängel und Versäumnisse eingestehen zu müssen, die ihm dann wiederum zur Last gelegt werden könnten. Bei der Umweltprüfung können sich gerade auch die mit speziellen Umweltschutzaufgaben betrauten Mitarbeiter des Unternehmens (im folgenden kurz: *Umweltbeauftragte*) in einer solchen Zwickmühle befinden. Ihr Job ist es, dafür zu sorgen, daß die notwendigen Vorkehrungen für den Umweltschutz getroffen und die rechtlichen Anforderungen erfüllt werden. In der Umweltprüfung sollen nun wiederum Schwachstellen im betrieblichen Umweltschutz identifiziert werden - die sie, die Umweltbeauftragten, nach Möglichkeit längst hätten erkennen und beseitigen sollen.

Umweltbeauftragte

Wird erreicht, daß allen Beteiligten das Ziel der Umweltprüfung, dem Unternehmen Klarheit und letztlich Handlungssicherheit zu verschaffen, von Anfang an bewußt ist und daß es *nicht* darum geht, Versäumnisse oder Schwächen einzelner Mitarbeiter aufzudecken, können derartige Befürchtungen oder Ängste weitgehend ausgeschaltet werden. Dabei kommt insbesondere einem klaren *Commitment* der Unternehmensleitung eine große Bedeutung zu. Indem sie die Wichtigkeit des Projektes für die Standortsicherung deutlich herausstellt - und dies nicht nur bei Projektbeginn, sondern kontinuierlich das gesamte Projekt hindurch - kann sie positiven Einfluß auf die Motivation der Projektbeteiligten nehmen.

Commitment der Unternehmensleitung

Fach- und Sachkenntnis

Der dritte hemmende Faktor - die *mangelnde Fach- oder Sachkenntnis* - umfaßt zwei Aspekte. Einerseits fehlen auch technischen Führungskräften oftmals die notwendigen umwelttechnischen und umweltrechtlichen Kenntnisse, um die Erfordernisse des betrieblichen Umweltschutzes vollständig erfassen und beurteilen zu können. Andererseits sind bereichs- oder gar betriebsfremde Personen möglicherweise nur unzureichend mit den Örtlichkeiten und den technischen Zusammenhängen im jeweiligen Prüfbereich vertraut. So dürfen z. B. auch zugelassene Umweltgutachter nur in bestimmten Branchen oder Unternehmensbereichen gutachterlich tätig werden, für die sie die notwendige fachliche Kompetenz besitzen oder sie müssen einen weiteren, fachlich versierten Gutachter hinzuziehen; und auch Unternehmensberater sind - trotz ihrer oft umfangreichen Erfahrung - bei einer Betriebsprüfung auf Information und Unterstützung von Seiten des Unternehmens und seiner Mitarbeiter angewiesen.

4.6 Prüfteams

Zusammensetzung der Prüfteams

Für eine weitgehend eigenständige Durchführung der Umweltprüfung im Unternehmen bietet es sich daher an, Prüfteams zu bilden, die einem oder mehreren Prüfbereichen bzw. Prüfthemen zugeteilt werden können. Die Prüfteams sollten aus zwei bis drei, höchstens jedoch vier Personen bestehen und so zusammengesetzt sein, daß

- die notwendige Kenntnis der Örtlichkeiten und der technischen Zusammenhänge gewährleistet ist (z. B. durch eine Führungskraft aus dem zu prüfenden Bereich),
- ausreichende Kenntnisse über Umweltschutz und Umweltmanagement vorhanden sind (z. B. durch einen der Umweltbeauftragten oder ggf. durch einen geschulten Umweltauditor) und
- mindestens ein Mitglied des Teams von dem zu prüfenden Bereich unabhängig ist.

Interne und externe Prüfer

Da die Personaldecke in mittelständischen Unternehmen häufig dünn ist, werden sich die Prüfteams voraussichtlich vorrangig aus Mitarbeitern des Projektteams und der jeweiligen Bereiche zusammensetzen. Aber auch Mitarbeiter, die bereits als Prüfer an Qualitätsaudits mitgewirkt haben, bringen oftmals recht gute Voraussetzungen mit. Ebenso ist es möglich, gezielt Umweltberater oder andere externe, fachlich versierte Vertrauenspersonen hinzuzuziehen.

Prüfungsplan erstellen

Stellen Sie entsprechend der genannten Kriterien Prüfteams zusammen und ordnen Sie diese den einzelnen Prüfbereichen zu. Verschiedene Institutionen und Beratungsunternehmen bieten unterschiedlich umfangreiche Seminare zur Schulung von Mitarbeitern zu Umweltauditoren an, zum Teil auch als In-house-Schulungen. Die Teilnahme einzelner Mitarbeiter an solchen Schulungen kann ein sinnvolle Vorbereitung sein, ist jedoch nicht zwingend erforderlich, wenn die notwendigen Kenntnisse über Umweltmanagement und Umweltschutz einschließlich rechtlicher Aspekte im Unternehmen vorhanden sind und - z. B. durch interne Schulungen - an die Prüfteams vermittelt werden können.

Arbeitsmaterial
4 - c

Prüfungsplan erstellen

Stellen Sie die Prüfungsplanung für die Begehung auf. Diese kann sowohl als konzertierte Aktion innerhalb weniger Tage, als auch über einen längeren Zeitraum verteilt erfolgen.

Weitere Informationen und ein Beispiel für eine Umweltprüfungsplanung finden Sie in den Arbeitsmaterialien.

Arbeitsmaterial

4 - d

4 - e

4.7 „Was sollen wir denn eigentlich prüfen?"

Der bereits erwähnten Schwierigkeit, das Unternehmen aus einem anderen als dem gewohnten Blickwinkel zu betrachten, begegnet man am besten mit einer entsprechenden Vorbereitung. Für Mitarbeiter ist es zumeist nicht einfach sich vorzustellen, wie ein Außenstehender den eigenen Arbeitsplatz bzw. das gesamte Unternehmen wahrnimmt oder gar, wie es sich aus der strategischen Perspektive des Managements darstellt. Lernt ein Mitarbeiter, die Dinge einmal mit anderen Augen zu sehen, wird er es oftmals leichter haben, Sachverhalte und Zusammenhänge zu erkennen, die zuvor für den eigenen Bereich von untergeordneter Bedeutung erschienen.

„Umweltschutz bei uns"

Schauen Sie sich die Übung „Umweltschutz bei uns" in den Arbeitsmaterialien an. Die Übung soll zur Einstimmung und Vorbereitung auf die Begehung im Rahmen der Umweltprüfung dienen. Sie können die Übung mit den Mitgliedern der Prüfteams nahezu ohne Vorbereitung durchführen. Die Ergebnisse können darüber hinaus später in andere Arbeitsschritte (Umweltauswirkungen; Umweltpolitik) wieder einfließen.

Diese Übung kann unter Umständen auch schon zu einem früheren Zeitpunkt (z.B. beim Projektstart) durchgeführt werden.

Arbeitsmaterial

4 - f

„Was sollen wir denn eigentlich prüfen?" ist die wahrscheinlich am häufigsten gestellte Frage im Vorfeld einer Umweltprüfung, sowohl im Prüfteam selbst als auch in der Geschäftsleitung. Zu diesem Zeitpunkt, zu dem die Prüfbereiche und die Prüforte bereits festgelegt sind, muß die Frage eigentlich anders gestellt werden: „Woraufhin sollen wir prüfen?".

Sowohl für den weiteren Aufbau des Umweltmanagementsystems als auch für die Motivation und Orientierung der Prüfteams ist es wesentlich, daß die Umweltprüfung *ergebnisorientiert* durchgeführt wird. Werden Sinn und Ziele der Umweltprüfung nicht erfaßt, besteht die Gefahr, daß diese als lästige formale Pflicht betrachtet wird, derer man sich möglichst schnell entledigt, um zum nächsten Punkt überzugehen.

Ergebnisorientierung:

Die Überprüfung der Umweltschutzpraxis soll in erster Linie zwei Ergebnisse liefern: Erstens sollen die Umweltauswirkungen der Unternehmenstätigkeiten am Standort soweit wie möglich erfaßt werden - also alle Emissionen und Verbräuche, die geeignet sind, die Umwelt zu beeinträchtigen bzw. auf diese einzuwirken, einschließlich möglicher unfall- oder störungsbedingter Auswirkungen (Umweltrisiken). Und zweitens sollen ökologische - sowie ggf. auch ökonomische - Verbesserungspotentiale und etwaige Mängel in bezug auf den betrieblichen Umweltschutz ermittelt werden, um hier entsprechende Maßnahmen ergreifen zu können. Wie eingangs erwähnt, sind viele dieser Sachverhalte im Unternehmen mehr oder minder bekannt - aber eben weder vollständig, noch klar umrissen. Aus einem solchen diffusen Wissen lassen sich jedoch nur schwer Strategien und Maßnahmen ableiten. Aufgabe der Umweltprüfung ist es daher, die Dinge auf den Punkt zu bringen und so konkrete Handlungen zu ermöglichen.

1. Umweltauswirkungen

2. Verbesserungspotentiale und Mängel

4.8 Einmal gezielt in jede Ecke schauen ...

Der Auftrag an die Prüfteams lautet also: „Ermitteln Sie in Ihrem jeweiligen Prüfbereich *qualitativ* die Umweltauswirkungen (Emissionen, Verbräuche und Umweltrisiken) einerseits sowie die Verbesserungspotentiale und Mängel (Auffälligkeiten) andererseits." An dieser Stelle wird zumeist der Ruf nach einer umfassenden Checkliste laut, mittels derer man diese Aufgabe durchführen kann. Unbestritten ist, daß Checklisten hilfreiche Instrumente für eine Vielzahl von Anwendungen sind und grundsätzlich auch bei der Umweltprüfung mit Gewinn eingesetzt werden können. In der reichhaltigen Auswahl von Publikationen zum Umweltmanagement findet sich daher eine Fülle solcher Checklisten von sehr unterschiedlicher Qualität. Aber die Checkliste, mit der ein Unternehmen die gesamte Umweltprüfung „erschlagen" kann, gibt es nicht; und gäbe es sie, wäre sie so umfangreich, daß sie kaum noch als Erleichterung angesehen werden könnte.

Prüfauftrag

Checkliste?

Vorbereitung und Einstimmung

Durch eine sorgfältige Vorbereitung können den Prüfteams immerhin entsprechende Orientierungshilfen an die Hand gegeben werden. Diese wissen dann, welche Prüforte sie auf- und untersuchen müssen, auf welche Dinge sie ihr besonderes Augenmerk richten und unter welchen Fragestellungen sie den Prüfbereich betrachten sollen. Aber je besser die Prüfer eingestimmt und vorbereitet sind, je aufmerksamer sie hinschauen und je genauer sie beobachten, desto brauchbarer werden die Ergebnisse der Umweltprüfung sein. Nicht nur das „Was", sondern auch das „Wie" gehört daher zum Auftrag:

„Schauen Sie - im wahrsten Sinne des Wortes - in jede Ecke, beobachten Sie genau und hinterfragen Sie Alltägliches."

Prüfungsvorbereitung und -durchführung

Im Vorfeld der Begehung bietet es sich an, die einzelnen Prüfbereiche gemeinsam mit den Prüfteams durchzusprechen. Eine solche Vorbereitung ist zum einen wichtig, um die Prüfer in die Lage zu versetzen, die „richtigen" Fragen zu stellen und ihren Blick zu schärfen. Zum anderen kann hier Vorarbeit geleistet werden, um so die eigentliche Prüfung zügiger durchführen zu können.
Die Arbeitsmaterialien dieses Abschnittes beinhalten zu diesem Zweck Fragestellungen zur Vorbereitung, mittels derer Sie die Prüfbereiche schon einmal grob beleuchten können sowie eine Zusammenstellung von Kriterien zur Erfassung und Beurteilung der Umweltschutzpraxis. Dabei können Sie die Sachverhalte, also Umweltauswirkungen einschließlich Umweltrisiken, Verbesserungspotentiale und Mängel, die bekannt sind, festhalten und hieraus konkrete Fragestellungen und Prüfungsinhalte ableiten, die vom Prüfteam bei der Begehung besonders berücksichtigt werden sollen. Auch für die Begehung erforderliche Unterlagen und Hilfsmittel können so ermittelt und bei der Planung berücksichtigt werden. Das Arbeitsmaterial 4 - c enthält hierzu Beispiele.
Legen Sie fest, auf welche Weise die Feststellungen der Prüfteams protokolliert werden sollen und bereiten Sie ggf. entsprechende Protokollblätter vor. Sorgen Sie außerdem dafür, daß die notwendigen Unterlagen und Hilfsmittel zum Zeitpunkt der Prüfung zur Verfügung stehen. Stimmen Sie schließlich gemeinsam die Terminplanung ab. Dazu gehört nicht nur, welches Team wann welchen Bereich untersucht, sondern auch, wann Ihnen die Ergebnisse der Prüfung vorliegen sollen.

Treten während der Prüfung Fragen auf, die nicht sofort geklärt werden können oder für die weiteren Untersuchungen bzw. spezielle Messungen erforderlich sind, sollten Sie diese ebenfalls protokollieren, damit im Zuge der Auswertung der Prüfung entsprechende Maßnahmen veranlaßt werden können.
Als hilfreich hat sich verschiedentlich erwiesen, wenn zunächst nur ein (gut vorbereitetes und ggf. durch Externe verstärktes) Prüfteam einen oder mehrere seiner Bereiche prüft und seine Ergebnisse, die Art der Protokollierung sowie die gemachten Erfahrungen den anderen Prüfteams vorstellt. Dadurch erhalten diese eine lebendigere und konkretere Vorstellung davon, worauf es ankommt und wie die Ergebnisse aussehen können.

Arbeitsmaterial

4 - g

4 - h

4 - i

4 - j

Ergebnisse zusammenfassen und auswerten

Fassen Sie die Ergebnisse aus den einzelnen Protokollen zusammen, d. h. erstellen Sie einerseits eine Liste der erfaßten Umweltauswirkungen (einschließlich Umweltrisiken als mögliche Umweltauswirkungen) und tragen Sie andererseits die festgestellten Auffälligkeiten, also Mängel, Verbesserungspotentiale, Untersuchungs- und Handlungsbedarf zusammen. Einige der Befunde müssen möglicherweise in beide Listen aufgenommen werden, wenn z. B. eine Umweltauswirkung auf einen Mangel zurückzuführen ist oder gute Einsparungs- bzw. Verbesserungsmöglichkeiten bietet. Andere Sachverhalte können noch einer erneuten Überprüfung bedürfen. Die Liste der Umweltauswirkungen wird besonders im nächsten Arbeitsschritt *(Abschnitt 5)* benötigt werden.

Arbeitsmaterial

4 - k

Maßnahmenplanung

Suchen Sie gemeinsam mit der Projektgruppe bzw. den Prüfteams nach Möglichkeiten, um festgestellte Mängel abzustellen oder zu beseitigen. Einige Probleme werden schnell und unbürokratisch zu lösen sein, andere bedürfen eventuell einer aufwendigeren Planung und können mit Investitionen und umfassenden Veränderungen verbunden sein. Besonders dringender Handlungsbedarf besteht bei Verstößen gegen geltendes Recht und bei gravierenden Mängeln, die ein besonderes Risiko beinhalten oder eine unverhältnismäßig starke Belastung der Umwelt bewirken. Entwickeln Sie gemeinsam mit der Geschäftsleitung eine entsprechende (Sofort-)Maßnahmenplanung.

Prüfungsbericht erstellen

Verfassen Sie einen kurzen Bericht über die Durchführung und die Ergebnisse der Umweltprüfung. Dabei hat sich die Gliederung des Berichts in die Abschnitte „Methode", „Ergebnisse" und „Zusammenfassung" bewährt:

Methode:
Kurze Beschreibung von Vorbereitung, Kriterien und Durchführung der Umweltprüfung. Standortabgrenzung und -unterteilung sowie Prüfungsplanung beifügen.

Ergebnisse:
Liste der Umweltauswirkungen, Liste der Befunde und (Sofort-)Maßnahmenplan.

Zusammenfassung:
Verdichtete Darstellung und Erläuterung der wichtigsten Ergebnisse und eingeleiteter wie geplanter Maßnahmen.

Im Falle einer beabsichtigten Validierung oder Zertifizierung kann sich der Umweltgutachter anhand eines solchen Berichts ein umfassendes Bild vom Vorgehen des Unternehmens verschaffen. Darüber hinaus wird die Dokumentation der Umweltprüfung unter Umständen hilfreich sein, wenn es zu einem späteren Zeitpunkt darum geht, die Umwelt*betriebs*prüfung zu planen und in einem Verfahren zu regeln.

Arbeitsmaterial
4 - l

Arbeitsmaterial

Angestrebte Ergebnisse dieses Abschnittes:

- ❑ Umweltauswirkungen, Verbesserungspotentiale und Mängel sind ermittelt und die Ergebnisse sind aufbereitet.
- ❑ Die Einhaltung der Rechtsvorschriften ist überprüft.
- ❑ In Bezug auf festgestellte Mängel sind (Sofort-)Maßnahmen geplant bzw. eingeleitet.

Aktionsplan

1. Standort abgrenzen

2. Prüfbereiche und Prüforte festlegen

3. Prüfteams einteilen

4. Prüfungsplan erstellen

5. Prüfungsvorbereitung und -durchführung

6. Ergebnisse zusammenfassen und auswerten

7. Maßnahmenplanung

8. Prüfungsbericht erstellen

Planung Umweltprüfung (Auszug)
Prüfbereiche und Prüfteams

Ganz & *Aehnlich*

Prüfbereich / Prüfort	Team	Besonders zu berücksichtigen
Produktionsanlage 1 Laufband Vorsortierung Entgratung Entsorgung	I	a) Anlagenverzeichnis, Standortplan und Lärmmeßgerät mitnehmen b) Entsorgung beachten c) Rohrleitungen überprüfen
Produktionsanlage 2 Vulkanisation Reinigung Abluft Abwasser Entsorgung	I	a) Anlagenverzeichnis, Standortplan und Lärmmeßgerät mitnehmen b) Ortstermin Abluft auf dem Dach durchführen c) Mu nach Dokumentation Abluftüberwachung fragen
Dampfkessel und Kompressoren Heizungsraum Kesselraum Kompressoren I+II	I	a) Stand der Technik überprüfen b) Reinigungsintervalle beachten c) Hl nach Kesselbuch fragen
Gefahrstofflager I, II und III	II	a) Standortplan, Alarm- und Notfallplan, das Lager betreffende Gesetze und Normen und das Gefahrstoffkataster mitnehmen b) Ordentliche Lagerung beachten
Tanklager I und II	II	a) Tanklager betreffende Gesetze und Normen mitnehmen b) Leckagen beachten
Modellabteilung und Formenbau Entwicklung	I	a) Genehmigungen mitnehmen b) Auf Gefahrstoffe im Arbeitsbereich achten
Werkstatt Entsorgung	I	a) Umgang mit Öl beachten b) Abfalltrennung überprüfen

Prüfbereich / Prüfort	**Team**	**Besonders zu berücksichtigen**
Tankstelle Ölabscheider	III	a) Mögliche Altlasten überprüfen b) Tankbücher einsehen
Materialwirtschaft Wareneingang Warenausgang	II	a) Sicherheitsdatenblätter überprüfen b) KL nach Bestellsystematik fragen
EDV	III	a) Papierverbrauch beachten b) ED nach Entsorgung der Altgeräte fragen
Einkauf	III	a) Einkaufshandbuch einsehen b) Lieferantenbewertung überprüfen
Versand Kontrolle Verpackung	III	a) Verpackungen beachten b) Lo nach Sicherheitsdatenblättern fragen
Kantine	III	a) Verpackungen beachten b) Mey nach Hygienevorschriften fragen
Werksgelände Geruchsbelästigung Lärmemissionen Sichtemissionen Oberflächenentwässerung Abfallcontainer	I , II	a) Lärmmeßgerät, Probennahmebecher und Standortplan mitnehmen b) Löschwasserablauf überprüfen c) Sensitive Emissionen beachten
Brandschutz gesamtes Unternehmen	I, II	a) Alarm- und Notfallplan, Gefahrstoffkataster und Lageplan mitnehmen b) Brandmeldeanlage überprüfen c) Feuerlöscher beachten d) Kennzeichnung der Fluchtwege überprüfen e) **Ortsbrandmeister ist ebenfalls Teammitglied**
...		

Prüfteam I: **Wg, Ma, Bl,**
Prüfteam II: **Fri, Plo, Bl,**
Prüfteam III: **Wg, Fri, Ku**

Zeitrahmen der Begehung

A. Die Begehung im Rahmen der Umweltprüfung kann als konzertierte Aktion durchgeführt werden. Dabei werden innerhalb von 2-4 Tagen alle Prüforte aufgesucht und geprüft.

Vorteile:

+ die gesamten Ergebnisse liegen "auf einen Schlag" vor,
+ das Projektteam kann unmittelbar nach der Begehung geschlossen weiterarbeiten,
+ der betriebliche Ablauf wird nur über einen kurzen Zeitraum gestört.

Nachteile:

- kurzfristig große Anstrengung,
- Termin, an dem alle Prüfteams zur Verfügung stehen, ist oft schwer zu finden.

B. Die Begehung durch die unterschiedlichen Prüfteams kann sich auch über einen längeren Zeitraum hinziehen (diese Zeitspanne sollte nicht länger als 6 Wochen sein).

Vorteile:

+ der Begehungstermin kann individuell auf die Prüforte abgestimmt werden,
+ eine kurzzeitige Zusammenstellung des Prüfteams fällt oft leichter,
+ die Erfahrungen aus den ersten Begehungen kann genutzt werden.

Nachteile:

- der Betriebsablauf wird häufiger gestört,
- das Projektteam muß auf den Abschluß aller Begehungen warten.

Ganz & *Aehnlich*

Planung Umweltprüfung Terminplanung

Prüf-team	KW 13				KW 14				KW 15				Abgabetermin für alle Protokolle
	MO	DI	MI	DO	MO	DI	MI	DO	MO	DI	MI	DO	
I Wg, Ma, Bl	PA1 PA2	DaKo MoFo	WS			Werk					Brand		21 April
II Fri, Plo, Bl			GefL I, II, III	TL I, II	MaWi	Werk					Brand		21 April
III Wg, Fri, Ku					TS				EDV	Eink Vers	Kant		21 April

PA1 = Produktionsanlage 1
PA2 = Produktionsanlage 2
DaKo = Dampfkessel und Kompressoren
GefL = Gefahrstofflager
TL = Produktionsanlage
MoFo = Modellabteilung und Formenbau
WS = Werkstatt
TS = Tankstelle
Brand = Brandschutz
MaWi = Materialwirtschaft
Eink = Einkauf
Vers = Versand
Kant = Kantine
Werk = Werksgelände

Umweltschutz bei uns
(Übung)

Ziel der Übung:

Die Gruppe hat das Unternehmen als Ganzes unter Umweltaspekten betrachtet und dargestellt. Ein positives und ein kritisches Bild vom Umweltschutz im Unternehmen stehen einander gegenüber und veranschaulichen die Möglichkeit unterschiedlicher Betrachtungsweisen. Vermeintliche Selbstverständlichkeiten sind teilweise in Frage zu stellen.

Vorbereitung:

Übung in der gesamten Arbeitsgruppe, alle Ebenen und Bereiche können vertreten sein. Die Gruppensitzung sollte rechtzeitig angekündigt werden.

Benötigte Zeit: ca. 1,5 Stunden.
Räumlichkeiten: Zwei Räume oder getrennte Bereiche eines größeren Raumes.
Material: 2 Flipcharts oder Pinwände mit großformatigem Papier, Karten für Kartenabfrage / Ideensammlung, dicke Faserschreiber.

Durchführung:

- Teilen Sie die Gruppe in zwei Arbeitsgruppen auf, in die „blaue Gruppe" und die „rote Gruppe". Geschäftsleitungmitglieder oder Führungskräfte sollten auf die Gruppen verteilt oder der „roten Gruppe" zugeordnet werden. Es sollte darauf geachtet werden, daß die Gruppen ausgewogen besetzt sind (engagierte Gruppenmitglieder, abwartend oder kritisch eingestellte Mitarbeiter, Funktionsbereiche und Hierarchieebenen mischen usw.).

- Jede Gruppe bestimmt einen Moderator oder Schriftführer, der die Arbeit in der Gruppe koordiniert und die Ergebnisse festhält. Diese Funktion sollte nicht vom höchstgestellten Gruppenmitglied übernommen werden.

- Die "blaue Gruppe" erhält die Aufgabe, eine kleine Messe- oder Firmenbroschüre bzw. einen Werbetext zu entwerfen, die den Umweltschutz im Unternehmen, die erzielten Erfolge sowie die weiteren Entwicklungen und Ziele möglichst positiv darstellt.

- Die "rote Gruppe" erhält die Aufgabe, ein Flugblatt oder einen Zeitungsartikel einer gut informierten lokalen Umweltschutzgruppe / Bürgerinitiative zu entwerfen, in dem diese auf die Unzulänglichkeiten, die Umweltbelastungen / -gefahren durch das Unternehmen und Vorkommnisse in der Vergangenheit hinweist und den Standort kritisch beleuchtet. Alternativ kann auch der kritische Bericht einer externen Unternehmensberatung entworfen werden, der die Schwachstellen des Unternehmens in Bezug auf den Umweltschutz aufzeigt.
- Die Gruppen erhalten Arbeitsmaterialien und trennen sich, um ihre jeweiligen Aufgaben zu bearbeiten. Bearbeitungszeit: ca. 45 Minuten.
- Nach Ablauf der Bearbeitungszeit kommen die Gruppen wieder zusammen, und ein oder mehrere Mitglieder jeder Gruppe stellen der jeweils anderen Gruppe in etwa 5 - 10 minütigen Präsentationen ihre Arbeitsergebnisse vor. Im Anschluß an die Präsentation sollte jede Gruppe noch einmal kurz den Verlauf der Gruppenarbeit schildern, über Konflikte und Streitpunkte berichten und aufzeigen, wie man zum vorgestellten Ergebnis gekommen ist. Nach der Präsentation können die Mitglieder der jeweils anderen Gruppe in einer Diskussionsrunde Fragen stellen oder ergänzende Anmerkungen machen.
- Abschließend sollte von der gesamten Gruppe versucht werden, Einigkeit darüber zu erzielen, welche Darstellung der Wirklichkeit näher kommt.

Umweltschutz bei uns

„Blaue Gruppe": **Messe-** bzw. **Firmenbroschüre**
oder **Werbetext**
➜ Erfolge, Stärken, Ziele, Vorhaben

„Rote Gruppe": **Flugblatt / kritischer Zeitungsartikel**
oder **Bericht Unternehmensberatung**
➜ Vorkommnisse, Schwächen, Umweltbelastungen, Gefahren

Fragestellungen zur Vorbereitung der Betriebsbegehung

Emissionen (Feststoffe, Gase, Gerüche, Strahlung, Wärme, Lärm, Schwingungen):	
Welche Emissionsquellen gibt es?	
Was wird jeweils emittiert?	
Welche Maßnahmen zur Emissionsminderung werden bereits ergriffen?	
Welche unfall- / störungsbedingten Emissionen sind möglich? Wie können sie entstehen?	
Welche Schutzeinrichtungen oder Vorbeugemaßnahmen existieren bereits?	
Welche Regelungen zum Verhalten bei Störungen oder Unfällen und zur Schadensbegrenzung sind vorhanden?	
Welche Überwachungs- oder Kontrollmaßnahmen gibt es? Sind diese ausreichend?	
Welche Aufzeichnungen werden geführt?	
Welche schriftlichen Anweisungen sind vorhanden?	
Zu allen vorangegangenen Fragen: Verbesserungsbedarf oder Mängel?	

Fragestellungen zur Vorbereitung der Betriebsbegehung

Abwasser:	
Wo fällt Abwasser an und wie wird es entsorgt? (Vorfluter, öffentliche Kanalisation, Entsorgung?)	
Welche umweltrelevanten Inhaltsstoffe oder physikalischen Eigenschaften weist es auf?	
Welche Einrichtungen / Maßnahmen zur Abwasserreinigung oder -aufbereitung sind vorhanden?	
Welche Unfall- / störungsbedingte Einleitungen sind möglich ? Wie können sie entstehen?	
Welche Schutzeinrichtungen / Vorbeugemaßnahmen sind vorhanden? Reichen sie aus?	
Welche Regelungen zum Verhalten bei Störungen oder Unfällen und zur Schadensbegrenzung existieren?	
Welche Überwachungs- oder Kontrollmaßnahmen sind vorhanden?	
Welche Aufzeichnungen werden geführt?	
Welche schriftlichen Anweisungen sind vorhanden?	
Zu allen vorangegangenen Fragen: Verbesserungsbedarf oder Mängel?	

Fragestellungen zur Vorbereitung der Betriebsbegehung

Abfall:	
Welche Abfälle entstehen? Wie erfolgt deren Entsorgung (Art der Verwertung oder Beseitigung)?	
Welche Abfälle mit besonderem Gefährdungspotential fallen an?	
Welche Einrichtungen / Maßnahmen sind vorhanden, um die Entstehung von Abfall zu vermeiden und zu vermindern?	
Welche Einrichtungen / Maßnahmen zur getrennten Abfallsammlung, Kennzeichnung und Entsorgung existieren?	
Wie sind der Verbleib und der Umgang mit Abfällen geregelt?	
Welche Überwachungs- oder Kontrollmaßnahmen existieren?	
Welche Aufzeichnungen werden geführt?	
Welche schriftlichen Anweisungen sind vorhanden?	
Zu allen vorangegangenen Fragen: Verbesserungsbedarf oder Mängel?	

Fragestellungen zur Vorbereitung der Betriebsbegehung

Gewässer- und Bodenschutz:	
Welche Substanzen mit besonderem Gefährdungspotential für Gewässer oder Erdreich werden verwendet oder gelagert?	
Ist eine Freisetzung dieser Substanzen durch Unachtsamkeit, Unfälle oder Störungen möglich? Wie kann es dazu kommen?	
Welche Schutzeinrichtungen / Vorbeugemaßnahmen sind vorhanden? Sind diese ausreichend und rechtskonform?	
Welche Regelungen zum Verhalten bei Störungen oder Unfällen und zur Schadensbegrenzung sind vorhanden?	
Welche Überwachungs- oder Kontrollmaßnahmen existieren?	
Welche Aufzeichnungen werden geführt?	
Welche schriftlichen Anweisungen sind vorhanden?	
Zu allen vorangegangenen Fragen: Verbesserungsbedarf oder Mängel?	

Fragestellungen zur Vorbereitung der Betriebsbegehung

Ressourcenverbrauch:	
Zu welchen Zwecken wird (Trink-, Regen-, Grund-, Oberflächen-) Wasser verbraucht bzw. genutzt? In welchen Mengen?	
Welche Einrichtungen / Maßnahmen zur Kontrolle und Begrenzung des Verbrauchs existieren?	
Wie erfolgt die Verbrauchserfassung?	
Welche Arten von Energie werden verbraucht? Wozu und in welchen Mengen?	
Welche Einrichtungen / Maßnahmen zur Kontrolle und Begrenzung des Verbrauchs existieren?	
Wie erfolgt die Verbrauchserfassung ?	
Welche sonstigen umweltrelevanten Roh-, Hilfs- und Betriebsstoffe werden verbraucht bzw. verwendet? In welchem Umfang?	
Wie erfolgt die Verbrauchserfassung ?	
Zu allen vorangegangenen Fragen: Sparsame Verwendung? Einsparungen oder Verbrauchssenkungen möglich? Umweltschonende Substitution möglich?	

Fragestellungen zur Vorbereitung der Betriebsbegehung

Sonstiges:	
Besteht Brand- oder Explosionsgefahr ? Wodurch ist diese gegeben?	
Welche Schutzeinrichtungen / Vorbeugemaßnahmen existieren?	
Besteht eine gesundheitliche Belastung oder Gefährdung der Mitarbeiter? Wenn ja, wodurch und unter welchen Umständen?	
Gibt es auffällige Verunreinigungen an Boden oder Einrichtungen (Verschüttungen, Flüssigkeiten o.ä.)? Was sind die Ursachen? (Leckagen, Unachtsamkeit o.ä.)	
Welche Altlasten gibt es oder wo besteht Verdacht auf Altlasten?	
Existieren Bereiche unkontrollierter Ab- oder Zwischenlagerung von z.B. Abfällen, Schrott, leeren Gebinden o.ä. ?	
Zu allen vorangegangenen Fragen: Verbesserungsbedarf oder Mängel?	

Kriterien zur Erfassung und Beurteilung der Umweltschutz-Praxis

Auswirkungen (auf die Umwelt)

- Welcher **Art** ist die Umweltbelastung bzw. die mögliche Umweltgefährdung ?
  (ggf. Stoff / Substanz, Ausbreitung, Wirkungsweise)
- Welches ist die **Ursache / Quelle** ? (Tätigkeit, Entscheidung, Ablauf, Prozeß, Anlage)
- **Umfang / Ausmaß** der Umweltbelastung?
  (*Quantitativ*: Menge, Konzentration o.ä.;
  Häufigkeit / zeitliche Einordnung: kontinuierlich, regelmäßig, gelegentlich, selten)

Umweltschutz-Maßnahmen

(Reduzierung und Überwachung der Umweltbelastung)

- Durch welche **technischen Einrichtungen** wird die Umweltbelastung reduziert / begrenzt ?
- Durch welche **organisatorischen Maßnahmen oder Regelungen** wird die Umweltbelastung reduziert / begrenzt ?
- Welche Maßnahmen zur Überwachung und Kontrolle (z.B. von umweltrelevanten Prozessen, Abläufen oder Tätigkeiten) werden durchgeführt ?
- Welche technischen Einrichtungen zur Überwachung sind vorhanden?

Risikopotentiale (mögliche Abweichungen mit Umweltwirkung)

- Sind Umweltgefährdungen / -belastungen oder andere negative Wirkungen infolge von Unfällen, Störungen, Abweichungen oder durch die mangelhafte Ausführung von Tätigkeiten möglich?
- Wodurch ? (Mögliche Ursachen für Abweichungen)
- Mit welcher Wahrscheinlichkeit ? (Höhe des Riskos)
- Mit welchen zu erwartenden Konsequenzen ? (Schwere der Folgen)

Vorbeugung (Gefahrenabwehr / Korrekturmaßnahmen)

- Wie wird der Entstehung von Abweichungen (Störungen und Unfällen) vorgebeugt ?
- Welche Sicherungsmaßnahmen (organisatorisch) und -einrichtungen (technisch) existieren ?
- Wie werden Abweichungen festgestellt? Wie erfolgt die Alarmierung?
- Welche Maßnahmen werden ergriffen, wenn Abweichungen festgestellt wurden bzw. Unfälle oder Störungen eingetreten sind ?
- Welche schriftlichen Verfahren und Regelungen (z.B. Notfallplan) gibt es dazu?
- Wie werden solche Vorfälle berichtet und ggf. dokumentiert ?

Aufzeichnungen und schriftliche Regelungen

- Welche Aufzeichnung wie Anlagentagebücher, Verbrauchslisten, Meß-, Übergabe- oder Gesprächsprotokolle werden geführt ?
- Welche schriftlichen Anweisungen, Beschreibungen oder Dokumente liegen zu den jeweiligen Tätigkeiten, Verfahren oder Anlagen vor? (Verfahrensanweisungen, Arbeitsanweisungen, Betriebsanweisungen o.ä.)
- Sind die entsprechenden Unterlagen verfügbar ?
- Wo und in welcher Form ?
- Sind diese auf einem aktuellen Stand?
- Werden diese angewendet?

Auffälligkeiten

- Verbesserungspotentiale
- Vorschläge, Anregungen, Motivation oder Eigeninitiative der MA
- Schwachstellen
- Abweichungen, Fehlverhalten
- technische oder organisatorische Mängel

- Feststellungen, Befunde und Auffälligkeiten, die keinem Prüfkriterium zuzuordnen sind
- Beobachtungen außerhalb des Prüfthemas bzw. -bereiches

Nachfragen (Information / Organisation)

- Wer ist für die Durchführung von Tätigkeiten verantwortlich ?
- Wer ist zur Durchführung der Tätigkeiten befugt bzw. qualifiziert ?
- Wie sind die Zuständigkeiten in Bezug auf Pflichten und Maßnahmen geregelt ?
- Wie erfolgt die Information der Mitarbeiter über Umweltaspekte, -vorschriften und -regelungen?
- Sind die Informationsmaßnahmen umfassend und praxisgerecht?
- Können die Mitarbeiter über ihren Bereich und ihre Tätigkeit betreffende Umweltaspekte und umweltbezogene Fragen Auskunft geben?
- Wie handhaben und beachten die Mitarbeiter bestehende Anforderungen und Vorschriften?
- Haben die Mitarbeiter bereits an umweltbezogenen Schulungen bzw. Qualifizierungsmaßnahmen teilgenommen?

ggf. Vorbereitung für einzelne Prüfbereiche / Prüforte: Rechtliche und sonstige Vorschriften

- Welche umweltrechtlichen Vorschriften wie Gesetze und Verordnungen müssen berücksichtigt werden?
- Welche umweltbezogenen Richtlinien, Normen oder internen Vorgaben müssen berücksichtigt werden?
- Existieren spezifische Genehmigungen, Erlaubnisse, Behördenauflagen o.ä., die beachtet werden (müssen) ?

Betriebsbegehung & Umweltprüfung

- ... einmal genau in jede Ecke schauen
- „Alltägliches“ gezielt hinterfragen
- Bekanntes und neue Erkenntnisse schriftlich festhalten

Protokoll Betriebsbegehung (Auszug)

Ganz & *Aehnlich*

Prüfbereich: .... Bezeichnung: ....

Prüfdatum: .... Prüfdatum: ....

Nr.	Prüfort	Umweltauswirkungen		Auffälligkeiten	Bemerkungen
		Ausstoß und Verbrauch (Luftemissionen, Abwasser, Abfall, Energie- und Wasserverbrauch)	**Umweltrisiken** (Wassergefährdung, störungsbedingte Emissionen, Brand- und Explosionsgefahr)	(Verstöße, Mängel, Schwachstellen)	
...	...	...	...	...	...
8	Laufband	Staubentwicklung bei der Bürstenreinigung	-	-	Wirkungsgrad der Absauganlage überprüfen
9	Laufband	Wasserverbrauch bei der Naßreinigung	-	-	Einsatz von Brauchwasser überprüfen
10	Entgratung	Geräuschemissionen bei der Fertigteilentgratung	-	-	Lärmpegel in und außerhalb der Prod.-Halle überprüfen
10a	Entgratung	Abfallentstehung	-	-	-
11	Sicherungskasten	-	Brandgefahr bei Funkenübersprung im Hauptsicherungskasten	Mit Holzwolle gefüllte Pappkartons lagern neben dem Hauptsicherungskasten	-
12	Zwischenlager 3	Deponierung von Sondermüll	-	-	Entsorgung der PCB-haltigen Transformatoren
13	Vorsortierung	-	-	Falscher Umgang mit den Gefahrstoffen	Fehlende Sicherheitsdatenblätter
...	...	...	...	...	...

Nr.	Prüfort	Umweltauswirkungen		Auffälligkeiten	Bemerkungen
		Ausstoß und Verbrauch (Luftemissionen, Abwasser, Abfall, Energie- und Wasserverbrauch)	**Umweltrisiken** (Wassergefährdung, störungsbedingte Emjssionen, Brand- und Explosionsgefahr)	(Verstöße, Mängel, Schwachstellen)	
...	...	...	...	...	...
14	Labor	-	Wassergefährdung, wenn das 250l mit Salzsäure gefüllte Faß ausläuft	-	-
15	Zwischenlager 4	unbekannt	unbekannt	500l Faß mit unbekanntem Inhalt lagert ungesichert	Substanz im Faß überprüfen
16	Zwischenlager 6	-	Entstehung von giftigen Gasen bei Brand der PVC-Zwischenprodukte	-	-
17	Kühlkreislauf Ammoniak	-	Störungsbedingter Austritt einer Ammoniakwolke	-	-
...	...	...	...	...	...
12	Abfallsammelstelle	-	-	Keine Trennung der verschmutzten Öllappen	Funktionsfähigkeit des Trennsystems überprüfen
13	Zwischenlager B	-	Explosionsgefahr beim Zusammenlauf	Zusammenlagerung von Säuren und Laugen im Arbeitsbereich	Schaffung entsprechender Lagerkapazitäten in der Produktion.
...	...	...	...	...	...

Nr.	Prüfort	Umweltauswirkungen		Auffälligkeiten	Bemerkungen
		Ausstoß und Verbrauch (Luftemissionen, Abwasser, Abfall, Energie- und Wasserverbrauch)	**Umweltrisiken** (Wassergefährdung, störungsbedingte Emissionen, Brand- und Explosionsgefahr)	(Verstöße, Mängel, Schwachstellen)	
...	...	...	...	...	...
14	Vulkanisation	Luftemissionen	-	-	Einhaltung der Grenzwerte aus der TA Luft und Funktionsfähigkeit der Abluftreinigungsanlage überprüfen
15	Vulkanisation	Zink- und Schwefelgehalt im Abwasser	-	-	Zink- und Schwefelbelastung des Wassers überprüfen
16	Kühlkreislauf	Entnahme von Grundwasser	-	-	Kreislaufführung prüfen
17	Reinigung	Abwasserbelastung mit Ammoniak	-	-	Ersatz der Reinigungsmittel prüfen
18	Waschbecken	Wasserverbrauch durch fehlende Perlatoren	-	-	-
19	Beleuchtung	Energieverbrauch durch ineffektive Ausleuchtung	-	-	Beleuchtung überprüfen
20	Aufenthaltsraum 2	Gasverbrauch durch unnötiges Heizen	-	Fenster sind geöffnet und die Heizung aufgedreht	-
...	...	...	...	...	...

Nr.	Prüfort	Umweltauswirkungen		Auffälligkeiten	Bemerkungen
		Ausstoß und Verbrauch (Luftemissionen, Abwasser, Abfall, Energie- und Wasserverbrauch)	**Umweltrisiken** (Wassergefährdung, störungsbedingte Emissionen, Brand- und Explosionsgefahr)	(Verstöße, Mängel, Schwachstellen)	
...	...	...	...	...	...
5	Hof	Geruchsemissionen vom Schornstein	-	Beißender Geruch der Abluft	Abluftfraktionen überprüfen
6	Abfallcontainer	-	-	Wilde Abfallentsorgung durch Fremdfirmen	-
7	Hof	Geräuschemissionen im Bereich der Produktionsanlage 1	-	-	Lärmwerte überprüfen
8	Hallenwand - Betriebshalle 2	-	Brandgefahr für die Betriebshalle, wenn die Paletten in Brand geraten	Leichtentzündliche Holzpaletten lagern an der Hallenwand	-
9	Oberflächen-entwässerung	-	Löschwasserabfluß in den Fluß kann nicht verhindert werden	Löschwasserschotten ist nicht vorhanden	-
10	Hof	Optische Einwirkung durch die Abluftfahne	-	-	Die betriebliche Abluftfahne ist weithin sichtbar
11	Bereitstellung	-	Wassergefährdung, wenn das zur Entsorgung bereitgestellte Altölfaß störungsbedingt ausläuft	-	-
...	...	...	...	...	...

Ganz & *Aehnlich*

Umweltauswirkungen

Auswertungen und Zusammenfassung der Umweltprüfung

Entstehungsort	Entstehung	Auswirkungen auf die Umwelt		Bemerkungen
Nr. aus dem Prüfprotokoll		Art	Ursache	
...	...	...	...	...
PA1 - Nr. 8	kontinuierlich	PVC- und aluminiumhaltige Staubemissionen	Durch die Bürstenreinigung der Zwischenprodukte wird der Staub in die Halle gewirbelt. Die Absaugkraft der Luftaustauschanlage ist zu gering	-
PA1 - Nr. 9	kontinuierlich	Wasserverbrauch	Naßreinigung der Fertigteile bei der Entformung	Einsatz von Brauchwasser überprüfen
PA1 - Nr. 10	diskontinuierlich	Geräuschemission in der Entgratung (erlaubte Werte)	Abnahme der Grate bei den Zwischenprodukten; Geringer Lärmschutz im Entgratungsbereich	Lärmemissionen innerhalb und außerhalb der Betriebshalle beachten
PA1 - Nr. 10a	kontinuierlich	Entstehung von PVC- und aluminiumhaltigen Abfällen	In der Entgratung werden die Grate von den Zwischenprodukten geschnitten oder geschliffen	-
PA1 - Nr. 12	bei Wartung	Deponierung von Sondermüll	PCB-haltige Transformatoren aus der PA1	-
PA1 - Nr. 14	störungsbedingt	Wassergefährdung durch Salzsäure	250l Faß mit Salzsäure läuft aus	-
PA1 - Nr. 15	einmalig	Deponierung von Sondermüll	Inhalt des 500l Fasses wurden als Altöl identifiziert	Einmalige Entsorgung
PA1 - Nr. 16	störungsbedingt	Entstehung giftiger Gase	Brand der PVC-Zwischenprodukte im Zwischenlager 6	-

Entstehungsort	Entstehung	Auswirkungen auf die Umwelt		Bemerkungen
Nr. aus dem Prüfprotokoll		Art	Ursache	
PA1 - Nr. 17	störungsbedingt	Austritt einer Ammoniakwolke	Falsche Bedienung des Ammoniak-Kühlkreislaufs	-
...	...	...	...	...
PA2 - Nr. 14	kontinuierlich	Luftemissionen aus Wasserdampf. Andere Schmutzfrachten konnten nicht gemessen werden.	Wasserdampf ist der Wärmeträger für den Vulkanisationsprozeß	Wärmerückgewinnung prüfen
PA2 - Nr. 15	kontinuierlich	Zink- und Schwefelbelastung im Abwasser	Einsatz von Zink und Schwefel in der Vulkanisation und dem Reinigungsprozeß	-
PA2 - Nr. 16	kontinuierlich	Grundwasserentnahme	Wasser wird zur Kühlung im Produktionsprozeß benötigt	-
PA2 - Nr. 17	bei Reinigung	Ammoniak im Abwasser	Reinigungsmittel enthalten Ammoniak	-
PA2 - Nr. 18	kontinuierlich	Wasserverbrauch	Fehlende Perlatoren bei den sozial genutzten Waschbecken	-
PA2 - Nr. 19	kontinuierlich	Hoher Energieverbrauch	Beleuchtung in der gesamten PA2 ist nicht effektiv. Lampen hängen entweder zu hoch oder in nicht benötigten Bereichen	-
...	...	...	...	...

Entstehungsort	Entstehung	Auswirkungen auf die Umwelt		Bemerkungen
Nr. aus dem Prüfprotokoll		Art	Ursache	
DaKo - Nr. 4	kontinuierlich	Hoher Energieverbrauch	Kompressoren laufen teilweise während der Nacht und an Wochenenden	Druckluftnetz in der Betriebshalle auf Dichtheit überprüfen
...	...	...	...	...
WS - Nr. 7	kontinuierlich	Wassergefährdung und Gefahr der Altlastenentstehung durch Öl	Bei der Umfüllung von Öl in die Maschinen tropft Öl auf den Betonboden. Der Boden ist nicht zum Erdreich hin abgesichert	-
...	...	...	...	...
GefL II	störungsbedingt	Wassergefährdung	Bei der Umfüllung von Aceton am 30.09.93 ist die gesamte Menge des Gebindes durch unsachgemäßes Vorgehen im Gefahrstofflager II ausgelaufen	-
...	...	...	...	...
TS - Nr. 2	kontinuierlich	Deponierung von Sondermüll	Benzin- und Ölabscheider müssen regelmäßig entsorgt werden	-
...	...	...	...	...

Entstehungsort	**Entstehung**	**Auswirkungen auf die Umwelt**		**Bemerkungen**
Nr. aus dem Prüfprotokoll		Art	Ursache	
Werk - Nr. 5	kontinuierlich	Abluft aus dem Schornstein	Auf dem Werksgelände riecht es beißend, wenn die Abluft des Schornsteins "herüberweht"	-
Werk - Nr. 7	diskontinuierlich	Geräuschemissionen im Bereich PA1	Während der Entgratung in der PA1 kann der Lärm im angrenzenden Wohngebiet wahrgenommen werden	-
Werk - Nr. 10	kontinuierlich	Optische Einwirkung	Abluftfahne des Schornsteins ist weithin sichtbar	-
Werk - Nr. 11	störungsbedingt	Wassergefährdung durch Altöl	Das zur Entsorgung bereitgestellte Altölfaß läuft aus	-
...	...	...	...	...

Vorschlag zum Aufbau des Umweltprüfungsberichtes

1. Methode :
(Darstellung der Vorbereitung und Durchführung der Umweltprüfung)

- Prüfung der Umweltschutz-Dokumente
- Ermittlung der anzuwendenden Rechtsvorschriften
- Abgrenzung des Standortes
- Unterteilung des Standortes in Prüfbereiche
- ggf. Orientierungsbegehung
- Prüfteams (Zusammensetzung und Einweisung)
- Durchführung der Prüfung (einschl. verwendete Materialien und Protokollierung der Ergebnisse)

2. Ergebnisse:
(Darstellung der aufbereiteten Ergebnisse)

- ggf. Aufstellung der umweltschutzbezogenen Dokumente
- Feststellungen / Befunde
- Maßnahmenkatalog
- Register der Rechtsvorschriften
- Liste der erfaßten Umweltauswirkungen
- Sonstiges

3. Zusammenfassung:
(Zusammenfassende Beschreibung)

- Praxis und Stand des betrieblichen Umweltschutzes
- Beurteilung der Erkenntnisse und Ergebnisse
- Schlußfolgerungen und weiteres Vorgehen

- Projektplanung
- Projektauftrag
- Projektmanagement

Projektstart 1

- Umweltschutzrelevante Unterlagen
- Zentrale Umweltschutzdokumentation

Umweltschutzdokumente 2
(Umweltprüfung)

- Rechtlicher Rahmen
- Einhaltung einschlägiger Umweltvorschriften
- Register der Rechtsvorschriften

Umweltschutzvorschriften 3
(Umweltprüfung)

- Stand des betrieblichen Umweltschutzes
- Stärken und Schwächen
- Mängelbeseitigung

Umweltschutzpraxis 4
(Umweltprüfung)

- **Erfassung und Beurteilung**
- **Verzeichnis der Umweltauswirkungen**

Umweltauswirkungen 5
(Umweltprüfung)

- Strategische Ausrichtung
- Gesamtziele im Umweltschutz
- Umweltleitlinien

Umweltpolitik 6

- Konkrete Umweltziele
- Maßnahmenplanung

Umweltprogramm 7

- Verfahren
- Tätigkeiten
- Handlungsweisen

Regelung der Abläufe 8

- Organisationsstrukturen
- Verantwortlichkeiten und Zuständigkeiten
- Umweltmanagement-Dokumentation

Anpassung der Aufbauorganisation 9

- Erstellung
- Verbreitung

Umwelterklärung 10

Umweltauswirkungen (Umweltprüfung)

Arbeitsprogramm

Arbeitsmaterialien

5.1 Von der Pflicht zur Kür

In diesem Abschnitt geht es um die Registrierung, Prüfung und Beurteilung der Umweltauswirkungen, die aus den Tätigkeiten des Unternehmens am Standort resultieren. Die Auswirkungen, deren besondere Bedeutung festgestellt worden ist, sollen in einem entsprechenden Verzeichnis dargestellt werden.

Die Entstehung von Umweltauswirkungen ist eine zwangsläufige Folge industrieller und gewerblicher Tätigkeiten und läßt sich nicht vollständig vermeiden. Das Ziel der Bemühungen sollte daher in einer möglichst weitgehenden Reduzierung und Minimierung dieser Auswirkungen liegen.

Ziele

Die bewußte Auseinandersetzung mit den Umweltauswirkungen dient der Schaffung von Transparenz und von fundierten Planungsgrundlagen für das Unternehmen. Diese erleichtern es dem Unternehmen, sich sinnvolle Umweltziele zu setzen und geeignete Maßnahmen zu deren Erreichung zu planen und durchzuführen. Die Einhaltung der umweltbezogenen rechtlichen Vorschriften ist dabei die *Pflicht*. In der *Kür* stellt das Unternehmen die Weichen für die Zukunft und lernt seine Potentiale und Freiräume im Umweltschutz zu erkennen und zu nutzen.

5.2 Umwelteffekte und Umweltauswirkungen

Nimmt man es ganz wörtlich, so bezeichnet der Begriff *Umweltauswirkungen* eigentlich alle Effekte und Veränderungen in Natur und Umwelt, die durch die Tätigkeiten eines Unternehmens ausgelöst oder beeinflußt werden. Allein deren Erfassung - geschweige denn deren Beurteilung - ist eine wissenschaftliche Aufgabe, welche die Möglichkeiten eines Unternehmens bei weitem übersteigt.

Umwelteffekte: Veränderungen in Natur und Umwelt

In der Praxis geht man die Sache daher von einer anderen Richtung an und betrachtet die (unmittelbaren) Schnittstellen des Unternehmens mit der Umwelt. Dabei werden die Umweltauswirkungen im wesentlichen durch den umweltbeeinflussenden *Ausstoß* eines Unternehmens (Abwasser, Emissionen und Abfälle) sowie seinen *Verbrauch* an natürlichen Ressourcen bestimmt. Im Sinne einer solchen Input-output-Betrachtung wird der Begriff *Umweltauswirkungen* im folgenden auch in diesem Ordner ver-

Umweltauswirkungen

Umwelteinwirkungen

wendet. In der DIN EN ISO 14 001 wird übrigens analog der vielleicht treffendere Begriff *Umwelteinwirkungen* benutzt. Die spektakuläreren, weil unmittelbareren und von Behörden und Öffentlichkeit stärker beachteten Umweltauswirkungen, sind jene, die dem umweltbeeinflussenden *Ausstoß* zugerechnet werden können: kontinuierliche, turnusmäßig auftretende oder unfallbedingte Emissionen im weiteren Sinne. Auch die staatliche Reglementierung bezieht sich zum überwiegenden Teil auf diesen Bereich.

Ausstoß

Verbrauch

Die Umweltauswirkungen, die aus dem *Verbrauch* an Energie und Rohstoffen resultieren, werden hingegen eher als ökonomische Einsparungspotentiale betrachtet und seltener aus der ökologischen Sicht, eben als Umweltauswirkungen. Diese Verbrauchsaspekte sind in zweierlei Hinsicht von Bedeutung: Zum einen trägt das Unternehmen durch seine Tätigkeit zum „Verbrauch" von Natur und Umwelt bei; zum anderen stellt jeder Produktionsprozeß eine Umwandlung von Stoffen und Energie dar, so daß eine Verringerung der Verbräuche in der Regel auch zu einer Senkung des (umweltbeeinflussenden) Ausstoßes führt.

Umweltrisiken sind potentielle Umweltauswirkungen

Der umweltbeeinflussende Ausstoß und der Ressourcenverbrauch sind normale Begleiterscheinungen von Produktionsprozessen, sie können aber auch die Folge von gestörten Betriebsbedingungen sein. Die Begleitfolgen und Nebenprodukte eines Prozesses sind grundsätzlich vorhersehbar und quantifizierbar. (Beispiel: Die Lackierung eines bestimmten Produktes erfordert den Einsatz einer definierten Menge eines bestimmten Lacks. Der Overspray, die Restemission an Lösungsmittel, Abwassermenge und entstehende Abfälle der Lackieranlage lassen sich berechnen.) Mögliche Unfälle stellen hingegen ein Umwelt*risiko* dar, dessen Ausmaß schwerer abzuschätzen ist. Diese Umweltrisiken sollten ebenfalls als (potentielle) Umweltauswirkungen aufgenommen und entsprechend beurteilt werden.

5.3 Aus dem Schornstein, aus dem Sinn?

Denkt man noch einmal zurück an die wörtliche Bedeutung, so kann man feststellen, daß etliche Umwelteffekte und deren Entstehungsursachen durchaus bekannt, wenn auch nicht ohne weiteres quantifizier- bzw. bewertbar, sind.

Allgemein bekannte Umwelteffekte

Es gibt Berechnungen darüber, welche natürlichen Rohstoffe oder Energieträger knapp und welche Quellen in absehbarer Zeit erschöpft sind. Man weiß, daß bestimmte Gasemissionen zum Treibhauseffekt beitragen. Es ist bekannt, welche Substanzen die Ozonschicht schädigen. Man kennt einige Faktoren, die zur Smogbildung und andere, die zur Bildung von Ozon in Bodennähe beitragen. Die Stoffe, die Trink- und Grundwasser unbrauchbar machen können, sowie die Wirkungen, die bestimmte Substanzen auf Fließgewässer und ihre Bewohner haben können, sind ebenfalls bekannt. Bei der Beurteilung der Umweltauswirkungen - ja, schon bei deren Erfassung - fließt dieses Wissen ganz selbstverständlich ein.

Arbeitsmaterial
5 - c

Auswirkungen auf die lokale Umgebung berücksichtigen

Während der Beitrag der Umweltauswirkungen eines Unternehmens auf globale oder regionale Umwelteffekte zumeist nicht wahrgenommen wird, sieht dies in der lokalen Umgebung oftmals anders aus. Hier lassen sich unmittelbare Ursache-Wirkung-Zusammenhänge leichter herstellen, wenn z. B. Anwohner durch Lärm oder Gerüche belästigt werden, Emissionen die Luftqualität mindern, Stäube sich auf Feldern oder Städten niederschlagen oder die Gewässergüte hinter einer Einleitstelle sicht- oder spürbar abnimmt. Solche Effekte auf die lokale Umgebung müssen bei der Beurteilung der Umweltauswirkungen berücksichtigt werden, soweit sie festgestellt werden können.

Ereignisse der Vergangenheit beleuchten

Die Erfassung der Umweltauswirkungen sollten Sie zu diesem Zeitpunkt im Zuge der Umweltprüfung weitestgehend abgeschlossen haben, so daß es in diesem Abschnitt vorrangig darum geht, diese zusammenzustellen, zu vervollständigen, zu beurteilen und ein Verzeichnis der besonders bedeutenden Umweltauswirkungen zu erstellen.
Arbeiten Sie in der Projektgruppe oder bilden Sie eine Arbeitsgruppe „Umweltauswirkungen". Beginnen Sie damit, sich gemeinsam Ereignisse im Zusammenhang mit Umweltauswirkungen des Unternehmens (wie erfolgreiche Maßnahmen zum betrieblichen

Umweltschutz, positive wie negative Presseberichterstattungen über das Unternehmen, aber auch Vorfälle, Unfälle oder Beschwerden) ins Gedächtnis zu rufen und aufzulisten. Sie können sich hierzu der Methoden „Brainstorming" oder „Brainwriting" bedienen. Prüfen und diskutieren Sie anschließend, inwieweit die Ursachen und Anlässe für diese Ereignisse unverändert bestehen bzw. ob diese sich auch heute noch ereignen könnten und notieren Sie ihre Erkenntnisse. Diese Aufgabe soll in erster Linie der Sensibilisierung und der Einstimmung der Arbeitsgruppe auf das Thema dienen und den Einstieg erleichtern, sie kann aber auch helfen, zusätzliche (potentielle) Umweltauswirkungen zu identifizieren.

Arbeitsmaterial
5 - c
5 - g

Umweltauswirkungen auflisten und ordnen

Soweit Sie die im Zuge der Überprüfung der Umweltschutzpraxis festgestellten Umweltauswirkungen (einschließlich Umweltrisiken) nicht schon gesondert erfaßt haben, sollten Sie diese jetzt herausfiltern und in übersichtlicher Weise auflisten. Ordnen Sie dabei die Umweltauswirkungen nach den drei Kategorien „Ausstoß", „Verbrauch" und „Umweltrisiken". Überprüfen Sie mit Hilfe der Arbeitsmaterialien die Vollständigkeit ihrer Liste der Umweltauswirkungen und ergänzen Sie diese gegebenenfalls.

Arbeitsmaterial
4 - k
5 - d

5.4 Technisch-ökologische Kriterien für die Beurteilung

Ausmaß

Das naheliegendste Kriterium zur Beurteilung einer Umweltauswirkung ist wohl deren *Ausmaß*. Das Ausmaß läßt sich durch relativ leicht ermittelbare und in der Regel ohnehin verfügbare Parameter wie z. B. Volumenströme, Verbrauchswerte, Abfall- oder Lagermengen bestimmen und kann auf alle drei Kategorien (Ausstoß, Verbrauch und Umweltrisiken) angewendet werden. Bei der Beurteilung spielen sowohl absolute als auch relative Maßstäbe, wie Branchenvergleichswerte, oder der Stand der Technik eine Rolle.

Umweltbeeinträchtigendes Potential

Stoffeigenschaften

Schwieriger zu bestimmen ist das *umweltbeeinträchtigende bzw. umweltbelastende Potential* von Umweltauswirkungen, das bei der Beurteilung des Ausstoßes und der Umweltrisiken zum Tragen kommt. Am besten läßt sich dies an der Art der emittierten, gehandhabten oder gelagerten Stoffe festmachen. Umweltrelevante Stoffe können auf sehr unterschiedliche Weise verschiedene

Umweltmedien oder Teilbereiche der Umwelt beeinflussen. So können umweltrelevante Stoffe z. B. fischtoxisch, eutrophierend, gesundheitsschädlich, ozonschädigend, giftig, explosionsgefährlich, klimawirksam (Treibhauseffekt), reizend, entzündlich, wassergefährdend und vieles andere mehr sein. Doch auch ein einzelner Stoff kann schon mehrere dieser Eigenschaften besitzen. Bei der Beurteilung der Umweltauswirkungen anhand von Stoffeigenschaften bieten die Einstufungen in den rechtlichen Vorschriften und den technischen Regelwerken Hilfe. Wassergefährdungsklassen, Gefahrstoffklassifizierungen, Richt- und Grenzwerte für Emissionen und Abwasser geben gute Anhaltspunkte für eine Beurteilung.

Klassifizierungen

Bei einer Beurteilung der Umweltrisiken sollte man zusätzlich die Risikofaktoren heranziehen: Die *Eintrittswahrscheinlichkeit* hängt wesentlich von den Sicherheitseinrichtungen und den getroffenen Vorbeugemaßnahmen ab. (Beispiel: Ist eine Zerspanungsmaschine, die mit ölhaltigem Kühlschmiermittel betrieben wird und als „Anlage zur Verwendung wassergefährdender Stoffe" gemäß WHG gelten kann mit einer entsprechenden Auffangvorrichtung ausgestattet? Wie ist ihr technischer Zustand? Werden Kontroll- und Wartungsintervalle eingehalten?).

Risikofaktoren

Ist ein Unfall oder eine Störung eingetreten, dann hat die *Wahrscheinlichkeit der (frühzeitigen) Entdeckung* oft einen großen Einfluß auf das Ausmaß, das die Umweltauswirkung annimmt. (Beispiel: In verschiedenen Fällen sind Unternehmen Kosten in fünf- bis sechsstelliger Höhe für die Sanierung von kontaminiertem Erdreich entstanden, weil ölhaltige Flüssigkeiten über längere Zeit unbemerkt ausgetreten und im Boden versickert sind. Das Maschinenpersonal hatte während all dieser Zeit fleißig Flüssigkeit nachgefüllt, ohne den Grund für den erhöhten Verbrauch zu ermitteln.) Deshalb sollte bei der Beurteilung die Wirksamkeit und Verläßlichkeit der Kontroll- und Überwachungsmechanismen abgeschätzt werden. Und schließlich sollten die Auswirkungen unter Abwägung der *Vorkehrungen und Möglichkeiten zur Schadensbegrenzung* abgeschätzt werden.

Neben den absoluten Verbrauchswerten spielt bei der Beurteilung der Umweltauswirkungen, die aus dem Verbrauch von Rohstoffen und Energie resultieren, auch die *Knappheit der Ressourcen* eine Rolle. Der Verbrauch nicht-erneuerbarer Rohstoffe und Energieträger ist gravierender zu bewerten als der Verbrauch nachwachsender Rohstoffe und erneuerbarer Energie.

Knappheit der Ressourcen

Wirkungsgrad

Ein weiteres mögliches Kriterium zur Beurteilung der Verbräuche ist der *Wirkungsgrad*, also eine Bewertung, wie rationell die Ausnutzung von Rohstoffen und der Energie erfolgt.

5.5 Umfeldkriterien

Jedes Unternehmen ist auf vielfältige Weise mit seinem Umfeld verflochten. In diesem Umfeld wird das Unternehmen beobachtet und mit Bedürfnissen und Forderungen verschiedener Gruppen (wie z. B. Kunden, Geschäftspartnern, Versicherungen und Banken, Nachbarn, Verbänden und Gemeinden) konfrontiert. Berücksichtigt man die Verflechtung des Unternehmens mit seinem Umfeld, wird die technisch-ökologische Beurteilung der Umweltauswirkungen *nicht allein* ausschlaggebend sein können. Die subjektive Einschätzung der Umweltauswirkungen durch Dritte ist oftmals von spezifischen Erfahrungen, Befürchtungen, Empfindlichkeiten und Interessen geprägt, die berücksichtigt werden sollten. Die Beurteilung sollte daher auch nach solchen Umfeldkriterien erfolgen.

Wahrnehmung von außen

Dabei wird die Wahrnehmung der einzelnen Umweltauswirkungen aus der Sicht der verschiedenen oben genannten Gruppen abgeschätzt, also die Bedeutung, welche die interessierte Öffentlichkeit, Nachbarn, Geschäftspartner und Kunden, staatliche Stellen und Behörden sowie die eigenen Mitarbeiter der jeweiligen Umweltauswirkung beimessen. Durch die Berücksichtigung der Sensibilisierung öffentlicher Kreise in bezug auf eine bestimmte Auswirkung fließen so Aspekte der subjektiven Wahrnehmung anderer in die Beurteilung ein und erhöhen deren Objektivität. Das Unternehmen kann so den Handlungsbedarf und die Dringlichkeit von Maßnahmen zusätzlich gewichten - in Hinsicht auf das Umweltimage einerseits und auf die Vermeidung oder Verringerung von Konfliktpotentialen andererseits.

Konfliktvermeidung

Beurteilung der Umweltauswirkungen

Legen Sie in der Arbeitsgruppe die Kriterien für die Beurteilung der Umweltauswirkungen fest - ggf. für jede der drei Kategorien gesondert. Führen Sie dann - jedes Gruppenmitglied zunächst für sich ! - die Beurteilung der Umweltauswirkungen durch. Jedes Gruppenmitglied sollte sich dazu Notizen machen, wie es die jeweilige Umweltauswirkung in bezug auf die verschiedenen Kriterien einschätzt und diese begründen (können). Hierzu können Sie sich auch der ABC-Analyse bedienen. Dabei müssen Sie sich zwar im Vorwege für jedes Kriterium auf eine graduelle Abstufung einigen, aber die Gruppenmitglieder brauchen bei der Beurteilung nur noch die entsprechenden Buchstaben notieren und können ihre Entscheidung mündlich erläutern. Die Beurteilung sollte weder zu formalisiert noch zu oberflächlich durchgeführt werden, sondern sich um eine ehrliche und realistische Einschätzung bemühen.

Im nächsten Schritt führen Sie die Ergebnisse auf Gruppenebene zusammen, um zu einer gemeinsam getragenen Beurteilung zu kommen. Notieren Sie die Beiträge und Ergebnisse für alle sichtbar (Flipchart, Tafel, Overhead o.ä.). Jeder sollte seine Einschätzungen einbringen und ggf. begründen, insbesondere bei abweichenden Einschätzungen. Lassen Sie Diskussionen zu, versuchen Sie aber, „Totschlag-Argumente" und „Killerphrasen" zu unterbinden!

Arbeitsmaterial
5 - e
5 - f

Verzeichniserstellung

Abschließend stellen Sie jene Umweltauswirkungen, welche von der Gruppe für die - absolut oder relativ - bedeutendsten erachtet werden zu einem Verzeichnis zusammen. Die Umweltauswirkungen in dem Verzeichnis sollten kurz schriftlich beschrieben, beurteilt und die Beurteilungen erläutert werden.

Arbeitsmaterial
5 - f

Arbeitsmaterial

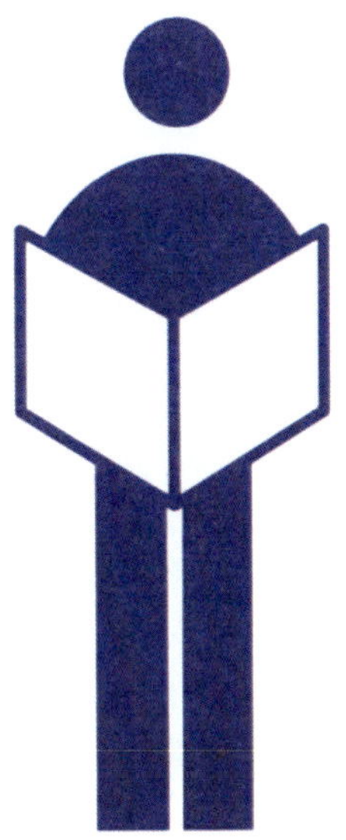

Angestrebte Ergebnisse dieses Abschnittes:

- ❑ Die Umweltauswirkungen sind beurteilt.
- ❑ Ein Verzeichnis der bedeutsamen Umweltauswirkungen ist erstellt.

Aktionsplan

1. ggf. Arbeitsgruppe „Umweltauswirkungen" bilden

2. Ereignisse der Vergangenheit beleuchten

3. Umweltauswirkungen auflisten und ordnen

4. Beurteilung der Umweltauswirkungen

5. Verzeichniserstellung

Umwelteffekte
(Beispiele für Folgen von Umweltauswirkungen)

➜ Smogbildung

➜ Bildung von bodennahem Ozon

➜ Staubniederschlag

➜ Beeinträchtigung oder Gefährdung der Gesundheit von Menschen

➜ Belästigung z.B. durch Gerüche, Betriebs- oder Fahrzeuglärm

➜ Beeinträchtigung des Landschaftsbildes z.B. durch Rohstoffabbau, Abraumhalden und Abfalldeponien

➜ Erwärmung oder Überdüngung von Gewässern

➜ Schadstofffracht in Fließgewässern

➜ Beeinträchtigung von Pflanzenbau und Tierzucht

➜ Verunreinigung oder Absenkung des Grundwassers

➜ Schädigung der Ozonschicht

➜ Klimaveränderungen

Ausstoß (Umweltauswirkungen)

- Emission von Gasen und Dämpfen
- Staubemission
- Wärmeausstoß
- Lärm und Erschütterungen
- Geruchsemission
- optische Einwirkungen
- Abwassereinleitung in die Kanalisation
- Abwassereinleitung in Oberflächengewässer
- feste Abfälle
- flüssige, pastöse Abfälle
- gefährliche Abfälle
- Abfälle zur Beseitigung
- Abfälle zur Verwertung

Verbrauch (Umweltauswirkungen)

- ➜ Wasser
- ➜ fossile Brennstoffe
- ➜ Energie
- ➜ Rohstoffe
- ➜ Hilfs- und Betriebsstoffe
- ➜ Boden (z.B. durch Flächenversiegelung)

Umweltrisiken (Umweltauswirkungen)

(Ursachen unkontrollierter Emissionen in Luft, Gewässer und Boden)

- ➜ Brände
- ➜ Explosionen
- ➜ Undichtigkeiten/ Leckagen
- ➜ Funktionsstörungen
- ➜ Fehlen oder Versagen von Kontroll- und Schutzeinrichtungen
- ➜ Fehlen von Anweisungen
- ➜ Fehlverhalten von Mitarbeitern
- ➜ Fehlverhalten von Lieferanten und Fremdfirmen

Beurteilung der Umweltauswirkungen
Ausstoß

	A	B	C
Rechtskonformität: Werden die anzuwendenden Gesetze, Vorschriften und Auflagen eingehalten?	teilweise nicht rechtskonform	gerade noch rechtskonform	vollständig rechtskonform
Stand der Technik: Entsprechen die verursachenden Anlagen / Verfahren dem Stand der Technik?	überholte Technologie	zeitgemäße Technologie	fortschrittliche Technologie
Stand der Umwelttechnik: Entspricht die eingesetzte Umwelttechnik dem Stand der Technik?	überholte Technologie	zeitgemäße Technologie	fortschrittliche Technologie
Umfeldkriterien: Gibt es Forderungen, Erwartungen, Ängste, Widerstände oder Beschwerden aus bzw. in dem Unternehmensumfeld?	sensibel	latent	unproblematisch
Quantität: Wie groß sind Ausmaß (z.B. Massen- oder Volumenströme) und Intensität (z.B. Häufigkeit und Dauer) des Ausstoßes?	groß	mittel	gering
Umwelteffekte: Wie schwerwiegend bzw. weitreichend sind die erkennbaren Folgen der Umweltauswirkung? (vgl. 5.2 „Umwelteffekte")	merklich	gering	keine

Beurteilung der Umweltauswirkungen
Verbrauch

	A	B	C
Stand der Technik: Entsprechen die verbrauchenden Anlagen, Aggregate und Prozesse dem Stand der Technik?	überholte Technologie	zeitgemäße Technologie	fortschrittliche Technologie
Effizienz bzw. Wirkungsgrad: Wie gut ist die Ausnutzung der verbrauchten Roh- und Einsatzstoffe bzw. der eingesetzten Energien und Energieträger?	mangelhaft	mittelmäßig	effizient
Umfeldkriterien: Gibt es öffentliche Bestrebungen zur Schonung dieser Ressourcen, zur sparsamen Bewirtschaftung oder zur Substitution?	Verbrauch vermeiden	sparsam verbrauchen	Verbrauch unbedenklich
Quantität: Wie groß ist das Ausmaß des Verbrauches? (Verbrauchsmengen)	erheblich	gemäßigt	gering
Umwelteffekte: Belasten Gewinnung oder Verbrauch Natur und Umwelt?	erheblich	gemäßigt	gering

Beurteilung der Umweltauswirkungen
Umweltrisiken

	A	B	C
Rechtskonformität:			
Werden die anzuwendenden Gesetze, Vorschriften und Auflagen eingehalten?	teilweise nicht rechtskonform	gerade noch rechtskonform	vollständig rechtskonform
Schadensverhütung / Vorbeugung:			
Entsprechen die Anlagen und Schutzvorrichtungen dem Stand der Technik?	überholter Sicherheitsstandard	angemessener Sicherheitsstandard	hoher Sicherheitsstandard
Schadensbegrenzung:			
Sind die Vorkehrungen für den Schadens- oder Notfall angemessen?	unzureichend	ausreichend	umfassend
Umfeldkriterien:			
Gibt es Forderungen, Erwartungen, Ängste, Widerstände oder Beschwerden aus bzw. in dem Unternehmensumfeld?	sensibel	latent	unproblematisch
Quantität:			
Wie groß sind Ausmaß (z.B. Massen- oder Volumenströme) und Intensität (z.B. Häufigkeit und Dauer) des Ausstoßes?	gravierend	mittel	gering
Umwelteffekte:			
Wie schwerwiegend sind die möglichen absehbaren Folgen eines Schadens- oder Notfalles? (vgl. 5.2 „Umwelteffekte“)	kritisch / weitreichend	mittelschwer	gering

Ganz & *Aehnlich*

Verzeichnis der Umweltauswirkungen

Umwelt-auswirkung	Entstehungs-ort	Bez. aus dem Prüfprotokoll	Erläuterung
Abfall	Entgratung Zwischenlager 3 Abwasser-behandlungsanlage Werkstatt - Kühlschmiermittel Abfallcontainer Verpackungs-maschine	(PA1 - Nr. 4) (PA1 - Nr. 12) (PA2 - Nr. 21) (WS - Nr. 6) (Werk - Nr. 6) (Vers - Nr. 2)	In unserem Werk entstehen Abfälle sowie besonders überwachungsbedürftige Abfälle. Der Großteil unseres Abfalls entsteht in der Produktion. Dabei sind die folgenden Problembereiche von quantitativer Bedeutung: • Rückstände bei der Säuberung und Entgratung der Zwischenprodukte • Klärschlamm aus der Abwasserbehandlungsanlage • Störungen im Produktionsprozeß (Füllmenge für die Formen nicht richtig eingestellt) Fehlerhafte Produkte werden über ein spezielles Recyclingverfahren wieder in unseren Produktionsprozeß eingeführt. Die Entstehung von Sonderabfall läßt sich bei uns nicht vermeiden. Trotz der relativ geringen Menge gibt es bei uns schon seit 1989 ein Programm zur Reduzierung des entstehenden Sondermülls. So konnten wir die Mengen von 1989 an stetig bis auf die heutige Menge von rund 3000 kg/Jahr um 56% reduzieren. Für die ordnungsgemäße Entsorgung unserer Abfälle haben wir ein Abfallmanagementsystem, das von unserem Abfallbeauftragten überwacht wird.
Luftemissionen Abluft	Kesselanlage Vulkanisation	(DaKo - Nr. 3) (PA2 - Nr. 14)	Ganz und Aehnlich emittiert über mehrere Schornsteine Abluft in die Umwelt: 1. Warme Abluft, die in der Dampferzeugungs- und Heizungsanlage entsteht 2. Wasserdampf der bei der Vulkanisation entsteht Die Umweltauswirkungen der Emissionen sind nach Gesprächen mit mehreren Gutachtern und den Hauptlieferanten als minimal einzustufen.
Luftemissionen Staubemissionen	Bürstenreinigung Fräse	(PA1 - Nr. 8) (PA2 - Nr. 2)	Die PVC- und aluminiumhaltigen Staubemissionen liegen innerhalb der gesetzlich erlaubten Werte. Da die Emissionen in der Halle verbleiben bestehen nur geringe Umwelteffekte.

Umwelt-auswirkung	Entstehungs-ort	Bez. aus dem Prüfprotokoll	Erläuterung
Luftemissionen Störungsbedingte Ammoniakemission	Kühlkreislauf	(PA1 - Nr. 17)	In der PA1 ist ein großer Kühlkreislauf notwendig. Dieser Kreislauf wird mit Ammoniak betrieben, das umweltfreundlicher ist, als das FCKW-haltige Kühlmittel, das hier vorher eingesetzt wurde. Die rechtlichen Vorschriften werden alle eingehalten und die Anlage entspricht dem neuesten Stand der Technik. Bei einem Störfall ist es jedoch möglich, daß Ammoniak aus der Anlage austritt. Je nach Windrichtung könnte das nahegelegene Wohngebiet betroffen werden.
Boden	Formenreinigung Bereitstellung Ölumfüllung	(PA2 - Nr. 24) (Werk - Nr. 11) (WS - Nr. 7)	Das Grundstück, auf dem das Unternehmen ansässig ist, diente vor der jetzigen Nutzung landwirtschaftlichen Zwecken. Es besteht nach betrieblichen Nachforschungen kein Grund zu der Annahme, daß sich im Boden Altlasten befinden könnten. Durch die Produktion auf einem wasserundurchlässigen Beton und besonderer Vorkehrungen für die Lagerung wassergefährdender Stoffe besteht keine Gefahr der nachträglichen Bodenkontamination. Mit den betrieblichen Parkplatzflächen und den großen Fabrikationshallen versiegeln wir knapp 3000m² Bodenfläche. Um diese Auswirkungen möglichst zu verkleinern, werden wir Graspflastersteine und eine Regenwassernutzungsanlage verwenden.
Abwasser	Naßreinigung Vulkanisation Reinigung Kesselanlage	(PA1 - Nr. 9) (PA2 - Nr. 15) (PA2 - Nr. 15) (DaKo - Nr. 4)	Ganz und Aehnlich ist Indirekteinleiter in das kommunale Abwassernetz. Die belasteten Produktionabwässer werden in einer Aufbereitungsanlage vorbehandelt. Hier wird insbesondere der Zinkanteil des Wassers unter sein erlaubtes Maß von 5mg/l reduziert. Das Zink stammt aus der Vulkanisationpaste für den Vulkanisationsprozeß. Die Zink und Schwefelwerte liegen manchmal nur sehr knapp unter den erlaubten. Nach Aussage von BL ist es in den letzten 5 Jahren zwei mal vorkommen, daß die Konzentrationen höher sind als erlaubt. Der vorgeschriebene pH-Wert des Abwassers, der bei uns durch den in der Kesselanlage verwendeten Rostschutz alkalisch ist, wird deutlich unterschritten. Wassergefährdende Stoffe werden in mehreren Produktionsbereichen eingesetzt. Alle Lagerorte und Umschlagplätze sind von den zuständigen Behörden genehmigt und werden von der betrieblichen Sicherheitsfachkraft regelmäßig überwacht.

Umwelt-auswirkung	Entstehungs-ort	Bez. aus dem Prüfprotokoll	Erläuterung
Wasserverbrauch	Naßreinigung	(PA1 - Nr. 9)	Der Verbrauch von Trinkwasser wird von uns als schwerwiegend eingeschätzt, da Trinkwasser eine zunehmend knappere Ressource wird und die Aufbereitung immer aufwendiger. Bei der Naßreinigung der Fertigteile am Laufband werden große Mengen an Trinkwasser verbraucht. Hierfür gelten zwar direkt keine rechtlichen Vorschriften, trotzdem wollen wir uns für den Einsatz von Brauchwasser in diesem Bereich einsetzen. Brauchwasser kann aber noch nicht ohne weiteres eingesetzt werden. Für eine effektive Nutzung der Ressource Wasser sind im Betrieb bereits einige Maßnahmen umgesetzt worden. So sind beispielsweise Kühlungskreisläufe für Maschinen neu entwickelt und aufgebaut worden, die Toilettenspülung in den sanitären Bereichen werden mit schon gebrauchtem Kühlwasser betrieben, Perlatoren an den Wasserhähnen sorgen für eine weitere Reduzierung des Wasserverbrauchs.
	Kühlkreislauf	(PA2 - Nr. 2)	
	Kühlk.-Grundwasser	(PA2 - Nr. 16)	
	Bohremulsionen	(WS - Nr. 4)	
	Kesselanlage	(DaKo - Nr. 1)	
Lärmemissionen	Entgratung	(PA1 - Nr. 10)	Das Unternehmen liegt in einem sogenannten Mischgebiet. Daher werden bei uns die Fenster und Türen gerade zwischen 22.00 und 6.00 Uhr geschlossen gehalten, um die nicht vermeidbare Lärmemissionen der Produktion außen zu senken. Trotzdem kam es in der Vergangenheit zu Beschwerden einiger Anwohner. Die Lärmemissionen an Arbeitsplätzen werden von den betroffenen Mitarbeitern als Belastung empfunden. Aus diesem Grund hat das Unternehmen ein Lärmkataster erstellt. Die gemessenen Werte an den Arbeitsplätzen und auch die nach außen dringenden Lärrmemissionen liegen innerhalb der gesetzlich erlaubten Werte.
	Dampfventile	(PA2 - Nr. 3)	
	Kompr.-anlage	(DaKo - Nr. 2)	
Energieverbrauch	Punktschweißgerät	(PA1 - Nr. 21)	Maßnahmen zur Senkung des Energieverbrauchs sind ein Schwerpunkt des betrieblichen Umweltschutzes. So wird z.B. die Ausleuchtung des gesamten Standorts effizienter gestaltet, die Kompressorenanlage auf Luftlecks untersucht oder Modifikationen an mehreren Maschinen vorgenommen. Durch diese Aktivitäten ist bereits ein Großteil des möglichen Einsparpotentials ausgeschöpft. Weitere Maßnahmen werden langfristig ausgerichtet sein, um mit größeren Investitionen vergleichsweise kleinere Erfolge zu erzielen. Derzeit tritt noch viel Energie in Form von warmer Abluft ungenutzt in die Atmosphäre aus. Die Dampferzeugungs- bzw. Heizungsanlage und der Vulkanisationsofen sind Bereiche in denen diese Form des Energieverlusts auftritt. Eine langfristige Maßnahme zur Behebung dieses Problems ist die Einführung einer Wärmerückgewinnungsanlage.
	Beleuchtung	(PA2 - Nr. 19)	
	Aufenthaltsraum	(PA2 - Nr. 20)	
	Kompr.-anlage	(DaKo - Nr. 4)	
	Dampferzeugung	(DaKo - Nr. 8)	
	Maschinenbetrieb	(WS - Nr. 1)	

Ideensammlung durch „Brainstorming" und „Brainwriting"

Zur Lösung von nicht zu komplexen und eindeutig beschreibbaren Problemen eignen sich kreative und intuitive Methoden. Ziel dieser Methoden ist es, Ideen „sprudeln" zu lassen, statt sie „abzuwürgen" und den Ideenreichtum der Gruppenmitglieder zu nutzen. Zwei klassische Methoden der Ideensammlung sind das Brainstorming und das Brainwriting. Für beide Methoden gelten die folgenden vier Grundregeln:

- **keine Kritik**
  Kritik ist in der Sammelphase nicht erlaubt, der Ideenfluß soll möglichst nicht unterbrochen werden, Killerphrasen blockieren den Ideenfluß.
- **Quantität vor Qualität**
  Es sollen so viele Vorschläge wie möglich entstehen, um so größer ist die Wahrscheinlichkeit, daß die richtige Lösung dabei ist.
- **freier Lauf der Assoziationen**
  Auch die Ideen und Vorschläge von Laien sind von Experten zu akzeptieren.
- **weiterentwickeln von Ideen**
  Das Aufgreifen und Weiterentwickeln von Vorschlägen ist erwünscht.

Brainstorming

Vorbereitung

Das Brainstorming ist wohl die bekannteste Methode zur Ideensammlung und kann in Gruppen bis etwa 15 Personen durchgeführt werden. Man benötigt zur Durchführung ausreichend Schreibfläche, die von allen Teilnehmern überblickt werden kann (Wandtafel, Flipcharts, Papierbahnen o.ä.) und entsprechendes Schreibgerät. Je nach Gruppengröße werden ein bis zwei Protokollanten bestimmt.

Vorgehensweise

Zunächst wird von der Gruppe die Aufgaben- bzw. Problemstellung möglichst präzise beschrieben und als Frage oder klar umrissenes Thema formuliert.
Alle Teilnehmer nennen nun hierzu frei ihre Ideen und Lösungsvorschläge, die der bzw. die Protokollant(en) für alle sicht- und lesbar ungeordnet niederschreibt. Nach einer vorher festgelegten Zeit oder wenn die Vorschläge deutlich spärlicher kommen ist die Ideensammlung beendet.

Auswertung

Zur Strukturierung der Ideen und Lösungsvorschläge können diese zu Blöcken verwandter Ideen - sogenannten "Clustern" - zusammengestellt und jeweils mit einem gemeinsamen Oberbegriff versehen werden. Dadurch lassen sich grundsätzliche Lösungswege identifizieren. Die Ergebnisse sollten in einem Protokoll festgehalten werden.

Brainwriting

Vorbereitung

Das Brainwriting eignet sich für eine Gruppengröße von 4 - 8 Personen.
Als Vorbereitung für das Brainwriting ist lediglich ein Ideensammelbogen anzufertigen.
Jedes Gruppenmitglied erhält ein Blatt (Kopie des Ideensammelbogens).

Vorgehensweise

1. Auch hier wird von der Gruppe zunächst die Aufgaben- bzw. Problemstellung möglichst präzise beschrieben und als Frage oder klar umrissenes Thema formuliert. Jeder Teilnehmer trägt gut leserlich in die erste Zeile seines Ideensammelbogens drei Lösungsvorschläge ein, hierfür sind 5 Minuten vorzusehen.

2. Danach wird das Blatt im Uhrzeigersinn an den Nachbarn weitergegeben, der Nachbar nimmt die Lösungsvorschläge seines Vorgängers zur Kenntnis und trägt darunter drei weitere Lösungsvorschläge ein. Die Lösungen sollten eine Weiterentwicklung der bestehenden Ansätze sein, es können aber auch völlig neue Vorschläge eingetragen werden. Nach 5 Minuten wird das Blatt im Uhrzeigersinn weitergereicht.

3. Die Ideensammlung ist beendet, wenn jeder Teilnehmer jedes Blatt bearbeitet hat.

Auswertung

Bei einer Gruppe von 6 Teilnehmern lassen sich in einer halben Stunde bis zu 108 (6x3x6) Vorschläge sammeln.
Alle Vorschläge werden in der anschließenden Analyse auf ihrer Verwendbarkeit überprüft. Zur Grobauswertung der Ideen werden die Blätter ein weiteres Mal in der Gruppe herumgereicht. In einem ersten Durchgang kennzeichnet jeder Teilnehmer die drei oder vier Vorschläge, ihm am erfolgversprechensten erscheinen. In weiteren Durchgängen kann die Anzahl der Vorschläge der engeren Wahl weiter reduziert werden.

Vorzüge des Brainwriting gegenüber dem Brainstorming:

- durch die schriftliche Form des Ideenfindungsprozesses werden mögliche Spannungen zwischen den Teilnehmern abgemildert;
- die Problematik der Dominanz Einzelner kommt nicht zum Tragen;
- an den Moderator werden außer der Zeitüberwachung keine hohen Anforderungen gestellt; es ist somit kein geschulter Moderator notwendig;
- aufgrund des Formulars ist kein Protokoll notwendig.

Nachteile des Brainwriting gegenüber dem Brainstorming:

- Lösungsansätze könnten für den Nachfolgenden mißverständlich sein
- jeder Teilnehmer kennt zunächst nur die Lösungsansätze des vor ihm liegenden Blattes,
- Doppelnennungen werden durch die Methode nicht ausgeschaltet.

Quelle: Knieß, M., 1995, Kreatives Arbeiten, Methoden und Übungen zur Kreativitätssteigerung, Beck-Wirtschaftsberater im dtv

Die 4 Regeln des Brainwriting

- „Alles ist erlaubt!“ (außer Kritik)
- „Viel hilft viel!“ (Quantität vor Qualität)
- „Falsch gibt es nicht!“ (freier Lauf der Assoziation)
- „Ideenklau erwünscht!“ (weiterentwickeln von Ideen)

Ideensammelbogen

Problem (präzise Formulierung)	Teilnehmer: 1. 4. 2. 5. 3. 6.

Lösungsvorschläge

1.	2.	3.	von:

Die Geschichte

Die klare Linie

Ab und zu hob Johannes Ganz, der technische Geschäftsführer, den Kopf und fragte Wagner, der ihm gegenüber saß: „Haben Sie das schon vorher gewußt?", oder er tippte mit dem Finger auf eine Textstelle und murmelte: „Da müssen wir uns aber etwas einfallen lassen". Nachdem die Umweltprüfung, die mehr Zeit beansprucht hatte, als ursprünglich geplant, schließlich abgeschlossen war, hatte Kurt Wagner die Ergebnisse zu einem Bericht zusammengestellt. Johannes Ganz überflog den Bericht gerade ein zweites Mal, als der kaufmännische Geschäftsführer Dr. Müller eintrat und sich zu ihnen setzte.

Die Umweltprüfung hatte keine alarmierenden Mißstände aufgedeckt, aber einige Defizite und diverse Verbesserungspotentiale waren dennoch zutage getreten. Oftmals waren Informations- und Organisationsmängel als die Ursachen hierfür erkannt worden. Insgesamt bewegte sich G&A zwar mehr oder weniger innerhalb des gesetzlichen Rahmens, aber es herrschte offenkundig eine gewisse Lässigkeit in bezug auf die praktischen Belange des Umweltschutzes.

„Das Thema Umweltschutz spielt im Arbeitsalltag einfach keine große Rolle", merkte Wagner an. „Die Leute verhalten sich in der Freizeit zum Teil umweltbewußter als hier im Betrieb. Zuhause trennen sie den Müll und heizen sparsam, hier kümmert sich kaum jemand um Material- oder Energieverbräuche, und der Weg zum entsprechenden Abfallcontainer scheint manch einem schon zu weit zu sein."

„Und was denken Sie, woran das liegt, Herr Wagner?", fragte der technische Geschäftsführer.

„Möglicherweise sind das nur ein paar schwarze Schafe. Aber wenn Sie mich schon nach meiner Meinung fragen, Herr Ganz: Ich glaube, die Leute wissen, daß Qualität und Umsatz wichtig für das Unternehmen sind - und damit auch für die Sicherheit ihrer Arbeitsplätze. Das sind die Prioritäten, an denen sich die Handlungen und Entscheidungen orientieren. Sie sehen aber nicht, daß aktiver Umweltschutz mittlerweile ebenfalls von gewisser Bedeutung für die Zukunft von G&A ist. Selbst wenn es ihnen jemand sagt, nehmen sie es nicht richtig ernst, weil die Erfahrungen der Vergangenheit ihnen gezeigt haben, daß Umweltschutz nur eine untergeordnete Rolle spielt. Und wenn in diesem Bereich etwas anliegt, so ist es in den Augen der meisten Kollegen meine Aufgabe, mich darum zu kümmern, nicht ihre. Letztlich verhalten sich die Leute im großen und ganzen so, wie sie annehmen müssen, daß man es von ihnen erwartet."

Dr. Müller schien mit großer Hingabe den präzisen Sitz der Verschlußkappe seines Füllfederhalters zu überprüfen und sagte dann: „Nun gut, Herr Wagner, Ihr Engagement und Ihre Arbeit in Ehren, aber die Tatsache, daß wir uns als Unternehmen unserer Mitverantwortung für den Schutz der Umwelt stellen, heißt ja nicht gleich, daß wir einen Umweltpreis gewinnen wollen. Erstens haben wir im Umweltschutz nun wirklich schon eine Menge gemacht und zweitens sind wir schließlich zunächst einmal ein Wirtschaftsunternehmen. Und dieser Aspekt interessiert mich im Moment viel mehr." Dr. Müller deutete auf den Bericht, der vor ihm auf dem Tisch lag. „Denn wenn ich das richtig sehe, scheint uns die eine oder andere Sache noch immer unnötig Geld zu kosten."

„Stimmt, und zum Teil gar nicht so wenig", schaltete sich Johannes Ganz mit ruhiger Stimme ein. „Doch ich glaube, Herr Wagner sieht das schon richtig. Es ist doch selbstverständlich, daß Umweltschutzerwägungen im Unternehmen hinter wirtschaftlichen Bestrebungen rangieren und daß wir unsere Prioritäten entsprechend setzen. Und ebenso klar ist, daß daher beim Umweltschutz manchmal gewisse Abstriche gemacht werden müssen - bei uns genauso, wie bei allen anderen. Wobei wir das, was notwendig oder gesetzlich gefordert war, stets gemacht haben und auch weiterhin tun werden. Richtig ist aber - denke ich - auch, daß der betriebliche Umweltschutz an Bedeutung zugenommen hat und heute stärker mit Ökonomie- und Marktaspekten verknüpft ist. Und ich sage ganz offen, ich weiß noch nicht genau, wie ich diese Entwicklung zu bewerten habe. Mir persönlich ist sehr an einer intakten und sauberen Umwelt gelegen - gerade auch in Hinblick auf meine Kinder - aber hier geht es zunächst um unsere Verantwortung für den Erfolg und den Fortbestand des Unternehmens."

„Genau, und das bedeutet nun einmal in allererster Linie wirtschaftliche Effizienz, Marktposition und Qualität der Produkte zu sichern", warf Dr. Müller ein.

„Ja", fuhr Ganz fort, „aber ich frage mich dennoch, ob vorausschauender, über das gegenwärtig erforderliche Maß hinausgehender Umweltschutz hierzu unbedingt im Widerspruch stehen muß. Oder ob dessen kontinuierliche Verbesserung nicht auch der wirtschaftlich vernünftigere Weg ist. Wie wir festgestellt haben, sind unsere Energie-, Abfall- und Umweltkosten höher als sie sein müßten. Trotz unserer Vorbeugemaßnahmen sind Dinge vorgefallen, die Folgekosten nach sich gezogen und uns zum Teil sogar negative Publicity beschert haben. Und gegenüber unseren Kunden und der Öffentlichkeit heben wir doch aus gutem Grund schon seit längerem auch unsere Erfolge und Aktivitäten im Umweltschutz hervor. Ich meine, der Markt und unser Umfeld erwarten das doch heute von uns. Und vor fünf oder zehn Jahren hätten wir wohl kaum dieses Umweltmanagementprojekt beschlossen. Es hat sich gegenüber früher schon einiges verändert, aber eigentlich fehlt uns noch die klare Linie. Vielleicht lohnt es sich wirklich, unsere Strategie einmal zu überdenken."

„Das bringt mich zu einer Sache, die ich in Zusammenhang mit dem Projekt noch mit Ihnen besprechen wollte", meldete sich Wagner zu Wort. „Wir brauchen eine Umweltpolitik für G&A. Und deren Erarbeitung ist als nächster Arbeitsschritt vorgesehen."

Dr. Müller kniff leicht die Augen zusammen und fragte vorsichtig: „Helfen Sie mir mal: Was hatte es damit noch gleich auf sich?"

„Na ja, erstens ist das eine Voraussetzung, wenn wir unser Umweltmanagementsystem validieren oder zertifizieren lassen wollen. Und zweitens hat es eine Menge mit dem zu tun, worüber wir eben gesprochen haben..."

- Projektplanung
- Projektauftrag
- Projektmanagement

Projektstart 1

- Umweltschutzrelevante Unterlagen
- Zentrale Umweltschutzdokumentation

Umweltschutzdokumente 2
(Umweltprüfung)

- Rechtlicher Rahmen
- Einhaltung einschlägiger Umweltvorschriften
- Register der Rechtsvorschriften

Umweltschutzvorschriften 3
(Umweltprüfung)

- Stand des betrieblichen Umweltschutzes
- Stärken und Schwächen
- Mängelbeseitigung

Umweltschutzpraxis 4
(Umweltprüfung)

- Erfassung und Beurteilung
- Verzeichnis der Umweltauswirkungen

Umweltauswirkungen 5
(Umweltprüfung)

- Strategische Ausrichtung
- Gesamtziele im Umweltschutz
- Umweltleitlinien

Umweltpolitik 6

- Konkrete Umweltziele
- Maßnahmenplanung

Umweltprogramm 7

- Verfahren
- Tätigkeiten
- Handlungsweisen

Regelung der Abläufe 8

- Organisationsstrukturen
- Verantwortlichkeiten und Zuständigkeiten
- Umweltmanagement-Dokumentation

Anpassung der Aufbauorganisation 9

- Erstellung
- Verbreitung

Umwelterklärung 10

Umweltpolitik

Arbeitsprogramm

Arbeitsmaterialien

6.1 Der „richtige" Zeitpunkt

In der Einleitung wurde schon darauf hingewiesen, daß jedes Unternehmen sich in bestimmten Grenzen entscheiden kann, wann es seine Umweltpolitik niederlegt. Des öfteren wird dieser Schritt an den Anfang des Projektes gesetzt, damit die Umweltpolitik schon von Beginn an als Orientierungshilfe und Zielsetzung für das Projekt dienen kann.

Empfehlung

Die hier empfohlene Vorgehensweise sieht hingegen vor, daß die Festschreibung der Umweltpolitik erst nach den ersten Schritten erfolgt, wenn durch die Umweltprüfung - und insbesondere die Erfassung und Beurteilung der Umweltauswirkungen - bereits eine intensive Beschäftigung mit den Themen Umweltschutz und Umweltmanagement im Unternehmen stattgefunden hat. Die Unternehmensführung und die Mitarbeiter verfügen zu diesem Zeitpunkt bereits über ein fundiertes Bild vom Stand des Umweltschutzes im Betrieb, den Stärken und Schwächen sowie den Auswirkungen auf die Umwelt. Dies sollte es dem Unternehmen erleichtern, sich bei der Formulierung der Umweltpolitik unmittelbar an den individuellen Gegebenheiten und Problemen des Standortes zu orientieren und so die eigenen Handlungsgrundsätze und Ziele realistisch und motivierend zu beschreiben.

Jedes Unternehmen sollte daher selbst entscheiden, wann es reif für diesen wichtigen Schritt ist. Wesentlich ist nur, daß die Umweltpolitik steht, bevor die Strukturen des Umweltmanagementsystems entwickelt und festgelegt werden, da das System letztlich dazu dienen soll, die Umweltpolitik im Unternehmen umzusetzen und ihre Einhaltung zu überwachen.

6.2 Was heißt hier eigentlich Umweltpolitik?

Werte, Ziele und Handlungsnormen

Im allgemeinen wird der Begriff „Politik" spontan mit „Staatspolitik" in Verbindung gebracht, also der Lenkung der Geschicke eines Staates oder Landes. Politisches Handeln folgt dabei bestimmten politischen Grundsätzen, also den Werten, Normen und Zielen der Gesellschaft bzw. des Staates. Dieses Verständnis läßt sich analog auch auf Unternehmen und ihre Unternehmenspolitik übertragen. Unternehmensführung bedeutet in diesem Sinne, die Unternehmensgeschicke entsprechend der unternehmenspolitischen Grundsätze zu lenken. Die betriebliche Umwelt-

politik ist, als ein Bestandteil der Unternehmenspolitik, die schriftliche Fixierung der Werte, Ziele und Handlungsnormen des Unternehmens, den Umgang mit der Umwelt und den Umweltschutz betreffend.
Zunächst läßt sich feststellen: Viele Unternehmen tun sich schwer mit der schriftlichen Niederlegung der Umweltpolitik. Dies liegt zum Teil an den mangelhaften Vorstellungen von Funktion und Inhalt. Deshalb hier zunächst der Versuch einer Definition:

Definition "Umweltpolitik"

Die Umweltpolitik eines Unternehmens ist die Selbstverpflichtung des Managements zur umweltorientierten Unternehmensführung und zur kontinuierlichen Verbesserung des betrieblichen Umweltschutzes über die Einhaltung aller einschlägigen Umweltvorschriften hinaus.
Sie beinhaltet die konzentrierte Darstellung des Selbstverständnisses, der Handlungsgrundsätze und der langfristigen Ziele des Unternehmens in bezug auf den Umgang mit der Umwelt und den natürlichen Ressourcen.
Sie dient damit gleichermaßen als Verhaltensrichtschnur für die Unternehmensangehörigen (Innenwirkung) wie zur Positionierung des Unternehmens in seinem Umfeld (Außenwirkung).
Die Umweltpolitik - als Bestandteil der Unternehmenspolitik - wird auf der obersten Führungsebene schriftlich niedergelegt.

Die Festlegung der betrieblichen Umweltpolitik spielt für das Umweltmanagementsystem eines Unternehmens eine zentrale Rolle und verdient besondere Aufmerksamkeit. Die obengenannte Definition enthält bereits einige zentrale Punkte, die im folgenden näher beleuchtet werden.

6.3 Entscheidungen sind gefordert!

Führungsaufgabe!

In der betrieblichen Umweltpolitik bezieht die Unternehmensführung Stellung - nach innen wie nach außen. Über eines darf daher kein Zweifel bestehen: Die Festlegung der Umweltpolitik ist eine Führungsaufgabe, die von der Geschäftsleitung bzw. dem obersten Management erledigt werden muß.
Zum einen, weil sie das Bekenntnis des Managements zur umweltorientierten Unternehmensführung zum Ausdruck bringen soll. Zum anderen, weil in ihr der zukünftige umweltpolitische Kurs des Unternehmens festgelegt wird und sie somit strategische Entscheidungen beinhaltet. Und schließlich, weil das Engagement, die Konsequenz und der Nachdruck, mit der das Management sich hinter die Umweltpolitik stellt, ihre Wirkung und

ihre Bedeutung für das Unternehmen maßgeblich beeinflussen. Effektives und erfolgreiches Umweltmanagement braucht Motivation und eine breite Basis im Unternehmen. Der Vorbildfunktion der Unternehmensleitung kommt dabei große Bedeutung zu.

Aufgabe des Managements

Sie sind jetzt an einem Punkt im Projekt angekommen, an dem Sie als Projektleiter eine Aufgabe an die Unternehmensführung „zurückgeben" müssen (zumindest, sofern Sie nicht selbst Mitglied der Geschäftsleitung sind). Dies ist essentiell für einen erfolgreichen Verlauf des Projektes. Sie haben dabei die Funktion, wenn erforderlich, darauf zu dringen, daß die Geschäftsleitung diese Aufgabe wahrnimmt, die Erarbeitung zu koordinieren und dabei nach Ihren Möglichkeiten Unterstützung zu leisten.
Dieser Abschnitt versucht, Ihnen hierzu Hinweise, Informationen und Argumente an die Hand zu geben, die Sie auch gegenüber der Geschäftsleitung verwenden können, insbesondere dann, wenn deren Bereitschaft zur Übernahme der Aufgabe und die Einsicht in die Notwendigkeit noch gering ausgeprägt sind. Hilfreich ist es sicherlich auch, wenn Sie die Geschäftsleitung dazu bewegen können, diesen Abschnitt des Ordners - vollständig oder in Auszügen - zu lesen.

Zeitaufwand

Bei guter Vor- und Nachbereitung läßt sich die Erarbeitung der Umweltpolitik in drei ungefähr eineinhalb- bis zweistündigen Sitzungen bewältigen. Diese Zeit sollte jedes Management, dem am Projekterfolg gelegen ist, aufbringen können.

6.4 Umweltschutz - warum und wie?

Inhalte der Umweltpolitik

Die Inhalte einer Umweltpolitik, die ihre verschiedenen Funktionen wirksam erfüllt, lassen sich anhand zweier Kernfragen veranschaulichen. Auf diese Fragen sollte die Umweltpolitik möglichst aussagekräftige Antworten geben:

1. „*Warum* betreiben wir Umweltschutz (und Umweltmanagement), d.h. was sind unsere Beweggründe und welches Selbstverständnis liegt unserem Handeln zugrunde?"

Dieser Teil der Umweltpolitik, der z.B. in Form einer Präambel gestaltet werden kann, sollte dazu geeignet sein, das Verständnis für die Belange des Unternehmens und das Vertrauen in seine Aktivitäten zu stärken, indem dieses sein Selbstverständnis, seine Grundeinstellungen und seine Motive glaubhaft darlegt.

Arbeitsmaterial
6 - c

2. „*Wie* wollen wir unseren Beitrag zum Schutz der Umwelt leisten, d.h. welche Gesamtziele verfolgen wir im Umweltschutz und welchen Handlungsgrundsätzen folgen wir?"
In diesem Teil sollten das Bekenntnis und die Selbstverpflichtung des Managements zur umweltgerechten Unternehmensführung deutlich zum Ausdruck kommen. Dazu sollten hier die Gesamtziele und die Handlungsgrundsätze des Unternehmens den Umweltschutz betreffend in Form von Umweltleitlinien dargestellt werden. Unter „Umweltleitlinien" werden hier die Kernaussagen der Umweltpolitik zu bestimmten Umweltthemen verstanden. Wenngleich umweltorientierte Unternehmensführung auf einheitlichen „guten Managementpraktiken" beruht und sich im allgemeinen auf ähnliche Themen konzentriert, können sich die Ziel- und Schwerpunktsetzungen von Unternehmen zu Unternehmen durchaus unterscheiden. Neben Branche und Unternehmensgröße spielen dabei die spezifische Situation des Unternehmens, sein Umfeld sowie die *Unternehmenskultur* eine Rolle.

Umweltleitlinien

6.5 Der „Stil des Hauses"

Die Unternehmenskultur ist der praktische Ausdruck der Werte, Erfahrungen und Stärken eines Unternehmens, gewissermaßen der „Stil des Hauses". Sie zeigt sich im wesentlichen an der Unternehmenspolitik, den Organisations- und Handlungsstrukturen, dem Führungsstil sowie dem Betriebsklima.

Unternehmenskultur und Umweltpolitik

Die gemeinsamen Werte und Erfahrungen haben naturgemäß einen großen Einfluß auf die Arbeits- und Verhaltensweisen der Unternehmensangehörigen. Dennoch ist das *Bewußtsein* für die eigene Unternehmenskultur vielfach gering ausgeprägt. Eine Umweltpolitik, die auf Akzeptanz stoßen und Wirkung entfalten soll, muß jedoch neben den grundlegenden Unternehmenszielen auch der Unternehmenskultur Rechnung tragen. Die Umweltpolitik kann nur dann Verhaltensweisen beeinflussen und einen Beitrag zur Motivation der Mitarbeiter und zur Stärkung ihrer Identifikation mit dem Unternehmen leisten, wenn sie mit der Unternehmenskultur im Einklang steht.

Unternehmen, die diesen Aspekt vernachlässigen, laufen Gefahr, daß zwischen äußerem Erscheinungsbild und betrieblicher Realität eine Kluft entsteht, die sich motivationshemmend auswirken kann. Für die Umweltpolitik kann dies bedeuten, daß sie vielleicht einen kurzfristigen Imagegewinn bewirkt, ihr Realitätsbezug jedoch verloren geht. Eine solche Umweltpolitik, die eher einem glänzenden Außenanstrich gleicht, wäre vermutlich mit dem Begriff „Umweltpolitur" weit treffender beschrieben. Auf längere Sicht gesehen schadet eine derartige Umweltpolitik dem Unternehmen oft mehr, als daß sie ihm nützt. Denn sie schafft Konfliktpotentiale, die dann aufbrechen können, wenn die Kluft zwischen propagierten und tatsächlichen Verhaltensweisen zutage tritt. Denkt man noch einmal an das *Risiko-Dilemma* der Unternehmensleitung *(Abschnitt 4, „Umweltschutzpraxis")* zurück, wird deutlich, daß eine solche Umweltpolitik voraussichtlich den Druck, der auf dem Management lastet, sogar noch erhöht, seine Handlungssicherheit hingegen senkt.

„Umweltpolitur"?

Präambel formulieren

Zunächst sollte der erste Teil der Umweltpolitik, die Präambel, erarbeitet werden, in der das Unternehmen sein Selbstverständnis und seine Beweggründe für Umweltschutzaktivitäten darlegt. Diese Aufgabe sollte die Unternehmensleitung gemeinsam mit dem Projektleiter bearbeiten. Sie können aber auch zusätzlich das Projektteam hinzuziehen, um auf diese Weise andere Perspektiven zu berücksichtigen und vielleicht ein breiteres Spektrum von Aussagen zu erhalten.
Führen Sie ein Brainwriting durch zu der Frage: „Warum betreiben wir Umweltschutz und Umweltmanagement?". Die einzelne Gruppe sollte nur 3 oder 4 Personen umfassen, größere Gruppen sollten entsprechend geteilt werden. Im kleinen Kreis kann statt dessen auch ein Brainstorming durchgeführt werden. In jedem Fall ist es ratsam, sich einer kreativitätsfördernden Technik zu bedienen und nicht unmittelbar mit der Formulierung von Aussagen zu beginnen. Für die weitere Bearbeitung ist es hilfreich, wenn Sie die genannten Motive anschließend an Flipcharts, an einer Tafel oder mit Hilfe von Kärtchen nach Kategorien ordnen:

1. Nutzen für das Unternehmen,
2. unternehmerische und gesellschaftliche Verantwortung und
3. Erfordernisse und äußere Anforderungen.

Protokollieren Sie die Ergebnisse. Auf der Grundlage der Ergebnisse sollte nun das Management Aussagen für den ersten Teil der Umweltpolitik formulieren und zu einem kurzen Text, der Präambel, verbinden. *Das Arbeitsmaterial 6 - e enthält beispielhaft Aussagen aus den Umwelterklärungen verschiedener Unternehmen.*

Arbeitsmaterial
5 - g
6 - c
6 - d
6 - e

6.6 Was sollen wir eigentlich wollen?

Teilnahme am EG-System

Eine weitere Schwierigkeit auf dem Weg zu einer Umweltpolitik mag für viele Unternehmen in den Vorgaben der EG-Öko-Audit-Verordnung liegen, die Beachtung finden müssen, wenn das Unternehmen eine Beteiligung an dem EG-System anstrebt. Auf der einen Seite soll die Umweltpolitik gewissermaßen den *Willen* des Unternehmens zum Ausdruck bringen. Auf der anderen Seite wird dem Unternehmen durch die EG-Öko-Audit-Verordnung - insbesondere die Abschnitte C und D des Anhangs I - vorgegeben, in welcher Richtung seine Ziele liegen und worauf diese sich beziehen sollten. Dies führt unter Umständen dazu, daß Unternehmen sich gar nicht erst die Frage stellen: *„Was wollen wir?"*, um ihre eigenen Ziele zu bestimmen, sondern unter der Fragestellung: *„Was sollen wir eigentlich wollen?"* an die Erarbeitung der Umweltpolitik herangehen.

Vorgaben der EG-Öko-Audit-Verordnung

Deshalb ist es empfehlenswert, darauf zu achten, die tatsächlichen Ziele und Einstellungen im Unternehmen zu ermitteln und diese dann mit den Vorgaben der EG-Öko-Audit-Verordnung abzugleichen und realistisch zu verknüpfen.

Visionen

Über die Berücksichtigung dieser Vorgaben hinaus, hat eine „gute" Umweltpolitik auch visionären Charakter; denn nur wer Visionen schafft, setzt Impulse für zukünftige Entwicklungen. Visionen sind nicht zwangsläufig unrealistisch, sondern erlauben nur, subjektiv empfundene Barrieren, Denkblockaden und „Sachzwänge" (zumindest vorübergehend) zu überwinden und die Sicht der Möglichkeiten zu erweitern. Visionen oder Ziele hingegen, die zur Utopie geraten, wirken eher kontraproduktiv und motivationshemmend, denn sie tragen wiederum zu der oben beschriebenen Kluftbildung bei.

Leitlinien formulieren

Die vorgegebenen Themen des Arbeitsmaterials 6 - f sind aus den Abschnitten C („Zu behandelnde Gesichtspunkte") und D („Gute Managementpraktiken") der EG-Öko-Audit-Verordnung abgeleitet und sollten in Ihrer Umweltpolitik Berücksichtigung finden. Formulieren Sie zu den einzelnen Themen jeweils Aussagen in Form von Leitlinien. Die Aussagen sollten sich an der Fragestellung: „Wie wollen wir unseren Beitrag zum Schutz der Umwelt leisten?" orientieren. Sie können gegebenenfalls auch mehrere Themen in einer Leitlinie zusammenfassen. Das Arbeitsmaterial ist als Folien- bzw. Schreibvorlage angelegt, in das die Aussagen eingetragen werden können. Die Leitlinien sollen die Gesamtziele des Unternehmens im Umweltschutz widerspiegeln, handlungsleitend für die Unternehmensangehörigen wirken und als Selbstverpflichtung der Unternehmensführung verstanden werden. Sie bilden den zweiten Teil Ihrer Umweltpolitik.

Arbeitsmaterial
6 - c
6 - f

6.7 Leuchtfeuer oder Irrlicht?

Die Umweltpolitik soll einerseits handlungsleitend und motivierend für die Unternehmensangehörigen sein und andererseits im Unternehmensumfeld Verständnis und Vertrauen fördern, indem die grundlegenden Ziele abgesteckt und offengelegt werden.

Nicht immer gelingt es Unternehmen auf Anhieb, diese schwierige Aufgabe befriedigend zu lösen. So kann es dazu kommen, daß das, was für Außenstehende oftmals auf den ersten Blick nicht zu erkennen ist (auf den zweiten oder dritten in der Regel schon!), für die meisten Mitarbeiter des Unternehmens offenkundig ist: „Umweltpolitik - gut und schön, aber in Wirklichkeit wird das bei uns doch ganz anders gesehen und gehandhabt!"

Diskrepanz zwischen Umweltpolitik und betrieblicher Realität

Eine solche übergroße Diskrepanz zwischen Umweltpolitik und betrieblicher Realität kann verschiedene Ursachen haben. Unter Umständen resultiert sie aus der Befürchtung des Managements, daß die wahren Ziele, Einstellungen und Überzeugungen des Unternehmens von anderen Interessengruppen nicht verstanden oder nicht akzeptiert werden und daß ihre Offenlegung sich demzufolge nachteilig auf das Unternehmen auswirken könnte. Kritik, Imageverlust und belastende Forderungen werden befürchtet. Das kann dazu führen, daß die propagierten Ziele stärker den *mutmaßlichen* Erwartungen anderer entspringen, als den eigenen Überzeugungen und Werten. Zwar sind dann möglicherweise die Angriffsflächen zunächst reduziert, aber der Druck lastet nach wie vor auf dem Unternehmen und wirkliche Erfolge können sich kaum einstellen. Ohne dabei auf ein gesundes Maß an Vorsicht und Skepsis zu verzichten, ist hier manchmal etwas mehr Mut zur Offenheit gefordert, damit gegenseitiges Verständnis und Vertrauen wachsen können. Aber auch, wenn ein ambitioniertes Management die Ziele unrealistisch hoch steckt und Utopien statt Visionen entwickelt, können Funktion und Nutzen der Umweltpolitik beeinträchtigt werden.

Mut zur Offenheit

Zukunftsweisend, aber realistisch

Die Umweltpolitik darf - und sollte sogar - visionär und damit zukunftsweisend sein. Ist aber die Diskrepanz zwischen Umweltpolitik und betrieblicher Realität zu groß, gerät diese leicht zum Irrlicht, obwohl sie als Leuchtfeuer dienen sollte.

Kritische Überprüfung

Um sicherzugehen, daß Ihre Umweltpolitik geeignet ist, die ihr zugedachten Funktionen zu erfüllen, sollten Sie die enthaltenen Aussagen vor der endgültigen Formulierung und Verabschiedung noch einmal kritisch prüfen. Sie können dazu das Arbeitsmaterial 6 - g benutzen. Die Überprüfung sollte nach Möglichkeit in einer gemeinsamen Sitzung von Unternehmensleitung und Projektteam erfolgen. Einerseits wird dadurch an die erste Sitzung angeknüpft, das Projektteam erfährt eine Würdigung seiner Mitwirkung und die Umweltpolitik wird von Anfang an auf eine breitere Basis im Unternehmen gestellt. Andererseits kann dieser Rahmen der Erprobung der Umweltpolitik und ihrer Innenwirkung dienen. Und schließlich bietet sich Gelegenheit, gemeinsam Ideen für geeignete Formen der Bekanntmachung und Verbreitung zu entwickeln.

Arbeitsmaterial
6 - c
6 - g

Umweltpolitik bekanntmachen

Die Umweltpolitik muß von allen Mitgliedern des Managements bzw. der Geschäftsleitung verabschiedet und unterzeichnet werden. Machen Sie die Umweltpolitik so bald wie möglich im Unternehmen bekannt. Eine interessant gestaltete Präsentation - z.B. im Rahmen einer Veranstaltung oder einer Betriebsversammlung - ist einem Aushang in den Abteilungen oder am schwarzen Brett vorzuziehen. Durch begleitende Umweltschutzaktionen kann der Aufmerksamkeitswert gegebenenfalls noch verstärkt werden. Geben Sie den Mitarbeitern Gelegenheit zur Stellungnahme und zum Feedback. Die Umweltpolitik ist nicht für alle Zeiten festgeschrieben, sondern muß Veränderungen im Umfeld und im Unternehmen angepaßt werden. Dabei können auch die Mitarbeiter mitwirken und wertvolle Anstöße geben.

Arbeitsmaterial

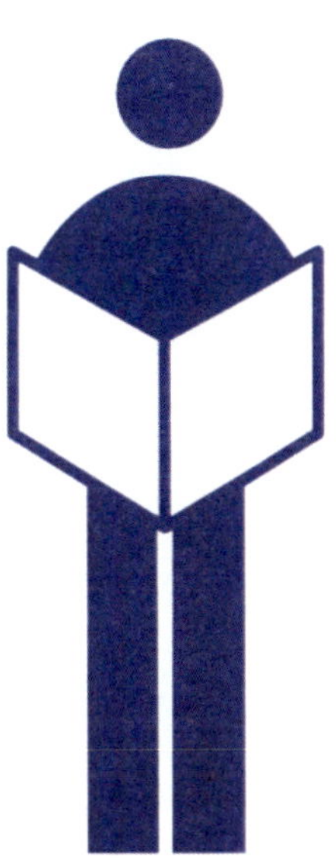

Angestrebte Ergebnisse dieses Abschnittes:

- ❑ Die Umweltpolitik ist formuliert und den Mitarbeitern bekanntgegeben.

Aktionsplan

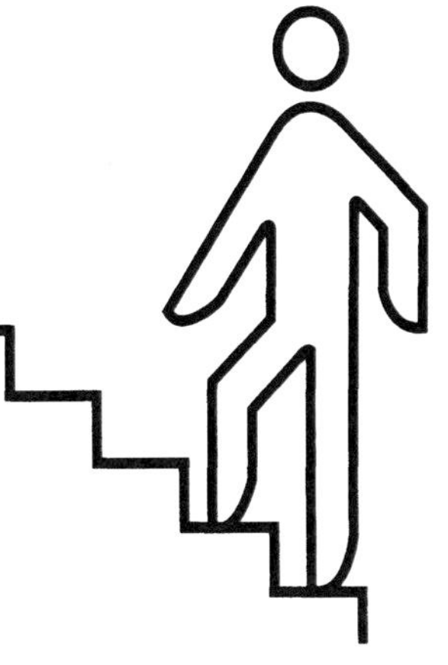

1. Aussagen zu Selbstverständnis und Beweggründen (Präambel) formulieren

2. Leitlinien formulieren

3. Kritische Überprüfung und abschließende Formulierung

4. Umweltpolitik bekanntmachen

Vorschlag für die
Struktur der Umweltpolitik

1. Präambel

„**Warum** betreiben wir Umweltschutz (und Umweltmanagement)?"

- **Aussagen des Managements:**
  - zu seinen Beweggründen,
  - zum Selbstverständnis des Unternehmens,
  - zu seinem Bezug zur Umwelt und zum Umweltschutz.

*Dieser Teil der Umweltpolitik sollte dazu geeignet sein, das Verständnis für die Belange des Unternehmens und das Vertrauen in seine Aktivitäten zu stärken, indem es sein **Selbstverständnis**, seine Grundeinstellungen und seine Motive glaubhaft darlegt.*

2. Leitlinien

„**Wie** wollen wir unseren Beitrag zum Schutz der Umwelt leisten?"

- **Aussagen des Managements:**
  - zu seinen Gesamtzielen im Umweltschutz,
  - zu seinen Handlungsgrundsätzen,
  - zu seinen Managementpraktiken.

*In diesem Teil sollten das Bekenntnis und die **Selbstverpflichtung** des Managements zur umweltgerechten Unternehmensführung deutlich zum Ausdruck kommen. Dazu sollten hier die Gesamtziele und die Handlungsgrundsätze des Unternehmens, die den Umweltschutz betreffen, in Form verbindlicher Leitlinien dargestellt werden.*

Warum betreiben wir Umweltschutz & Umweltmanagement:

➜ Nutzen?

➜ Verantwortung?

➜ Anforderungen?

Gründe für Umweltschutz und Umweltmanagement

-Beispielhafte Aussagen von Unternehmen-

„Umweltrisiken verkörpern in zunehmendem Maße Unternehmensrisiken."
(Fürstlich Fürstenbergische Brauerei KG, Donaueschingen, Umwelterklärung 1995)

„Wir wollen einen ganzheitlichen, integrierten Umweltschutz erreichen. Das bedeutet, daß der Umweltschutz kein isoliertes Eigenleben führt, sondern Bestandteil aller bisherigen Tätigkeiten - insbesondere auch im Mananagementbereich - wird."
(Hansgrohe, Schiltach, Umwelterklärung 1995)

„Eine erfolgreiche kontinuierliche Verbesserung des Umweltschutzes im Unternehmen führt in der Regel auch zu einer Verbesserung des wirtschaftlichen Ergebnisses."
(Adam Opel AG, Bochum Werk I, Umwelterklärung 1995)

„Umweltbelastungen bereits an der Quelle zu vermeiden hat für uns eindeutigen Vorrang gegenüber der nachträglichen Beseitigung entstandener Schäden. Dies kommt der Umwelt zugute und ist auch der wirtschaftlich vernünftige Weg."
(3M Deutschland GmbH, Neuss, Umwelterklärung 1994/95)

„Umweltschonung ist für die Viessmann Werke strategischer Marktfaktor des Unternehmenserfolges, basierend auf unserer technischen Innovationskraft: ausgereifte, zukunftssichere, umweltschonende Produkte sind der beste Garant für Erhaltung und Schaffung von Arbeitsplätzen, für gesundes Wachstum und Wettbewerbsfähigkeit auf internationalen Märkten."
(Viessmann Werke GmbH & Co., Allendorf, Umwelterklärung 1995)

„Für jedes Unternehmen ist es wichtig, Informationen über die Geschäftspolitik, Produkte und sonstige betriebliche Aktivitäten den Mitarbeitern und auch der Öffentlichkeit weiterzugeben. Zum einen sollen dadurch Verständnis für die Belange des Unternehmens aufgebaut werden, zum anderen dienen sie dazu, das Vertrauen zum Unternehmen und dessen Aktivitäten zu fördern."
(Canon Gießen GmbH, Umwelterklärung 1995)

„Die Gesellschaft erwartet von der Führung eines Unternehmens einen schonenden Einsatz von Ressourcen und einen sorgfältigen Umgang mit der Umwelt."
(Fürstlich Fürstenbergische Brauerei KG, Donaueschingen, Umwelterklärung 1995)

„Umweltschutz bedeutet für uns die Einbeziehung ökologischer Werte in unsere Leistungen. Wir sind überzeugt, dadurch den Erwartungen der Gesellschaft, der Kunden, der Mitarbeiter und der Anteilseigner zu entsprechen, um so auch in Zukunft als Unternehmen erfolgreich zu sein."
(Continental AG, Korbach, Umwelterklärung 1995)

„Der Umweltschutz nimmt im Denken und Handeln unserer Gesellschaft einen immer höheren Stellenwert ein. Nicht nur der Gesetzgeber, sondern auch der Markt, verlangen heute vom Unternehmer eine offensive Auseinandersetzung mit der Frage nach der Umweltverträglichkeit seiner Produktion und Produkte."
(Fürstlich Fürstenbergische Brauerei KG, Donaueschingen, Umwelterklärung 1995)

„Unser Anspruch, ein führender Anbieter auf dem Markt für Umwelttechnologie zu sein, muß auch in unserem innerbetrieblichen Handeln zum Ausdruck kommen."
(Keramchemie GmbH, Siershahn, Umwelterklärung 1995)

„Aus der Beziehung zur Natur in Form von Rohstoffen: Wasser, Gerste und Hopfen erwächst der Licher Privatbrauerei somit eine Abhängigkeit von und eine Verpflichtung gegenüber der Umwelt."
(Licher Privatbrauerei Jhring-Melchior GmbH & Co. KG, Lich, Umwelterklärung 1995)

„Die Entwicklung unserer modernen Industriegesellschaft erfordert wegen ihrer Auswirkungen auf die Umwelt neue Akzente in unserem unternehmerischen Handeln. Unser Handeln muß den Schutz der Schöpfung einschließen."
(Fa. Hipp, Pfaffenhofen, Umwelterklärung 1995)

„Da unsere Tätigkeit trotz aller Anstrengungen die Umwelt beeinträchtigt und Betriebsangehörige belastet, ist es unsere Pflicht, diese Beeinträchtigungen und Belastungen in einem kontinuierlichen Verbesserungsprozeß (KVP) ständig zu reduzieren."
(Zuckerverbund Magdeburg GmbH, Umwelterklärung 1995)

Beurteilung der Umweltauswirkungen

Um geeignete Maßnahmen zum Schutz der Umwelt ergreifen zu können, müssen die Umweltauswirkungen der Tätigkeiten bekannt sein.

Vermeidung und kontinuierliche Verringerung von Umweltauswirkungen

Die Senkung der umweltbelastenden Emissionen (Lärm, Abwasser, Luftemissionen), des Abfallaufkommens und des Ressourcenverbrauchs (Rohstoffe, Energie, Wasser) ist auch der wirtschaftlich vernünftige Weg.

Abschätzung der Umweltauswirkungen geplanter Produkte und Produktionsverfahren

Vorausschauendes Management berücksichtigt schon frühzeitig die Umweltauswirkungen zukünftiger Tätigkeiten des Unternehmens.

Einbeziehung von Vertragspartnern

Auch die Berücksichtigung der Umweltschutzpraktiken von Auftragnehmern und Lieferanten ist ein wesentlicher Bestandteil des umfassenden betrieblichen Umweltschutzes.

! Verhütung und Begrenzung von umweltschädigenden Unfällen (Risikovorsorge)

Umweltrisiken verkörpern heute in zunehmendem Maße auch Unternehmensrisiken!

! Kooperation mit den Behörden

Die Abstimmung von Vorbeugemaßnahmen und Notfallplänen mit den Behörden kann dazu beitragen, die Risiken bzw. Folgen von Unfällen zu verringern.

! Information und Ausbildung des Personals

Die Wirksamkeit der betrieblichen Umweltschutzmaßnahmen ist davon abhängig, inwieweit die Mitarbeiter die Auswirkungen ihrer Tätigkeiten und Verhaltensweisen auf die Umwelt kennen und verstehen.

! Offener Dialog mit Geschäftspartnern und mit der Öffentlichkeit über Fragen des Umweltschutzes

Eine offene Informationspolitik und Gesprächsbereitschaft können helfen, Sicherheit und Vertrauen zu schaffen.

Was zeichnet eine „gute" Umweltpolitik aus ?

	Kriterien:	Anmerkungen:
1.	**Sie ist verständlich und aussagekräftig** - für Mitarbeiter wie für Außenstehende.	
2.	**Sie ist glaubwürdig und realistisch,** d.h. sie orientiert sich an der Unternehmenswirklichkeit sowie den Möglichkeiten des Unternehmens und seiner Beschäftigten.	
3.	**Sie ist motivierend,** d.h. die Unternehmensangehörigen können dahinterstehen und sich mit ihr identifizieren.	
4.	**Sie ist handlungsleitend,** d.h. sie kann als Verhaltensrichtschnur für die Unternehmensangehörigen dienen.	
5.	**Sie gibt eine Zielrichtung vor** und kann durch konkrete Einzelziele und Maßnahmen verfolgt werden.	
6.	**Sie steht in Einklang mit den Gesamtzielen des Unternehmens** und ist ein vollwertiger Bestandteil der Unternehmenspolitik.	
7.	**Das Management steht hinter der Umweltpolitik,** d.h. sie wird von der Unternehmensleitung befürwortet, getragen und vorgelebt.	

- Projektplanung
- Projektauftrag
- Projektmanagement

Projektstart 1

- Umweltschutzrelevante Unterlagen
- Zentrale Umweltschutzdokumentation

Umweltschutzdokumente 2
(Umweltprüfung)

- Rechtlicher Rahmen
- Einhaltung einschlägiger Umweltvorschriften
- Register der Rechtsvorschriften

Umweltschutzvorschriften 3
(Umweltprüfung)

- Stand des betrieblichen Umweltschutzes
- Stärken und Schwächen
- Mängelbeseitigung

Umweltschutzpraxis 4
(Umweltprüfung)

- Erfassung und Beurteilung
- Verzeichnis der Umweltauswirkungen

Umweltauswirkungen 5
(Umweltprüfung)

- Strategische Ausrichtung
- Gesamtziele im Umweltschutz
- Umweltleitlinien

Umweltpolitik 6

- **Konkrete Umweltziele**
- **Maßnahmenplanung**

Umweltprogramm 7

- Verfahren
- Tätigkeiten
- Handlungsweisen

Regelung der Abläufe 8

- Organisationsstrukturen
- Verantwortlichkeiten und Zuständigkeiten
- Umweltmanagement-Dokumentation

Anpassung der Aufbauorganisation 9

- Erstellung
- Verbreitung

Umwelterklärung 10

Umweltprogramm

Arbeitsprogramm

Arbeitsmaterialien

7.1 Kontinuierliche Verbesserung mit System

Anders als die grundsätzlichen handlungsleitenden Gesamtziele der Umweltpolitik sollten die Umweltziele im Umweltprogramm meßbar - also möglichst quantifiziert und zeitlich bestimmt - und mit konkreten Maßnahmen verknüpft sein.

Meßbare Umweltziele

Hierzu ein Beispiel: Unternehmen A und Unternehmen B haben etwa zeitgleich ihre Umweltprogramme vorgelegt. Eines der im Umweltprogramm von Unternehmen A enthaltenen Umweltziele lautet: *„Wir wollen den Energieverbrauch an unserem Standort zukünftig deutlich senken."* Dadurch hat das Management zwar seine gute Absicht zum Ausdruck gebracht, aber hat es auch eine Vorstellung davon, in welchem Umfang Energie eingespart werden kann und wodurch dies zu erreichen ist? Unternehmen B hat im Zuge der Umweltprüfung festgestellt, daß die Energienutzung an verschiedenen Stellen im Betrieb nicht effizient ist. Deshalb und aufgrund des insgesamt hohen Verbrauchs wurde bei der Beurteilung der Umweltauswirkungen der Energieverbrauch als besonders bedeutsam eingestuft. In seiner Umwelt*politik* hat das Management daher u.a. festgelegt: *„Wir streben einen sparsamen Umgang mit Energie an. Die effiziente Energienutzung ist für uns zugleich Ausdruck unserer Mitverantwortung für den Zustand unserer Umwelt und ein Gebot wirtschaftlicher Vernunft."* Folgerichtig hat sich auch Unternehmen B ein Umweltziel gesetzt, das sich auf die Einsparung von Energie bezieht: *„Durch verschiedene wärmedämmende Maßnahmen an einigen Großverbrauchern und durch eine bedarfsgerechte Steuerung der Betriebsbeleuchtung wollen wir unseren Energieverbrauch bis Ende kommenden Jahres um 10 % reduziert haben."* Zuvor hatte Unternehmen B eine entsprechende Planung aufgestellt, aus der hervorgeht, mit welchem Zeit- und Geldaufwand die einzelnen Maßnahmen in etwa verbunden sein werden, welche Einsparungen und Verbesserungen sich im Einzelfall voraussichtlich erreichen lassen und bis wann die Arbeiten jeweils abgeschlossen sein können. Die Unternehmensleitung hat die erforderlichen Mittel freigegeben und in Abstimmung mit den Betroffenen die Verantwortlichkeiten festgelegt. Ende des folgenden Jahres wird Unternehmen B genau wissen, inwieweit das gesetzte Ziel erreicht wurde und dies eindeutig belegen können.

Beispiel

Maßnahmenplanung

Die nachfolgende Definition zeigt, daß der Maßnahmenplanung bei der Erarbeitung des Umweltprogramms große Bedeutung zukommt:

Definition „Umweltprogramm"

Das Umweltprogramm ist die schriftliche Planung der Umweltschutzaktivitäten und -projekte eines Unternehmens für einen definierten Zeitraum. Es beinhaltet die konkreten Umweltziele, die sich das Unternehmen für diesen Zeitraum gesetzt hat, und die jeweiligen konkreten Maßnahmen, mittels derer diese Ziele erreicht werden sollen.

Die Planung der Maßnahmen - einschließlich der Festlegung verantwortlicher Personen und der Bereitstellung entsprechender Mittel - ist ebenfalls Bestandteil des Umweltprogramms.

Wirkung

Ein Umweltprogramm kann sich also keinesfalls auf - wie gut auch immer gemeinte - Absichtserklärungen beschränken. Zum einen, weil der Vorteil einer systematischen Planung der Umweltschutzaktivitäten dann verloren ginge. Und zum zweiten, weil das Unternehmen sich unnötig der Gefahr aussetzen würde, eventuell gerade dadurch überzogene oder falsche Erwartungen im Unternehmensumfeld zu wecken. Von plausiblen Aussagen - und erst recht von Erfolgen, die man vorweisen kann - geht eine ungleich stärkere Wirkung aus, als von attraktiven „Versprechen" - zumindest auf längere Sicht. Dies gilt gleichermaßen für deren Imagewirkung wie für ihren Einfluß auf die Motivation der eigenen Mitarbeiter.

Nichterreichung

Die beste Basis für ein Umweltprogramm, das letztlich zu befriedigenden und meßbaren Erfolgen führt, ist daher eine Planung, die auf einer realistischen Einschätzung der eigenen Möglichkeiten beruht. Trotzdem geht eine ambitionierte, auf Fortschritt und Entwicklung ausgerichtete Zielsetzung stets auch mit dem Risiko einher, daß nicht alle Umweltziele zum gesetzten Termin vollständig erreicht werden. Abweichungen infolge unvorhergesehener Ereignisse sind normale Begleiterscheinungen des Umsetzungsprozesses. Es sollte lediglich gewährleistet sein, daß diese gegebenenfalls erkannt und korrigiert werden. Dieser Umstand sollte daher ein Unternehmen nicht davon abhalten, sich progressive und motivierende Umweltziele zu setzen.

Die Umweltziele und das Umweltprogramm müssen letztlich auf Geschäftsleitungsebene geplant und festgelegt werden. Dennoch kann die Projektgruppe (oder eine Arbeitsgruppe „Umweltprogramm") hier wichtige Vorarbeit leisten, indem sie Vorschläge erarbeitet und Informationen bereitstellt, die als Entscheidungsgrundlage für die Geschäftsleitung dienen können. Je stärker allerdings die Geschäftsleitung bereits in diesen Prozeß eingebunden ist (z. B. durch Mitarbeit bei den Teamsitzungen), desto besser.

7.2 Anknüpfungspunkte

Hat ein Unternehmen die Umweltprüfung durchgeführt und die mit seinen Tätigkeiten verbundenen Umweltauswirkungen erfaßt und beurteilt, kennt es damit auch seine Anknüpfungspunkte für Umweltziele und Maßnahmen.

Schwachstellen

Einige dieser Anknüpfungspunkte werden in technischen oder organisatorischen Mängeln bzw. Unzulänglichkeiten liegen, angefangen von leckenden Ventilen, undichten Rohrleitungen und „Müllecken", über Informationsdefizite und Fehlverhalten von Mitarbeitern, bis hin zu mangelnden Schutzvorkehrungen oder Maschinen-„Oldtimern", die schon einige Generationen vom gegenwärtigen Stand der Technik entfernt sind. Neben solchen *Schwachstellen* lassen sich zumeist diverse *Verbesserungspotentiale* identifizieren. Dies sind Prozeßabläufe, Verfahrens-, Betriebs- oder Verhaltensweisen, technische Einrichtungen oder organisatorische Regelungen, die zwar keine direkten Mängel aufweisen, bei denen sich aber durch entsprechende Maßnahmen Verminderungen der Umweltauswirkungen erreichen lassen. Zu solchen Verbesserungsmaßnahmen gehören z.B. die Veränderung von Abläufen und Betriebsweisen, die Substitution umweltgefährlicher Stoffe, die Rückführung von Roh- und Reststoffen in den Prozeß oder die effizientere Ausnutzung von Energie, Wasser und Rohstoffen. Diese Maßnahmen haben oftmals zugleich positive ökonomische Effekte zur Folge, beispielsweise durch eine Reduzierung der Energie-, Rohstoff-, Entsorgungs- oder anderer Umweltschutzkosten.

Verbesserungspotentiale

Ökonomische Effekte

Bei der Suche nach Verbesserungspotentialen und geeigneten Lösungswegen können auch die Beobachtung des Umfeldes und der Informationsaustausch mit anderen Unternehmen helfen:
Wo haben andere Unternehmen Verbesserungen und Einsparungen erzielt? Welchen Weg haben sie beschritten und mit welchem Erfolg? Wo stehen wir eigentlich im Branchenvergleich? Wer sind die Besten und wie sind sie es geworden? Ein solches „Benchmarking" ist keineswegs auf die Mitbewerber beschränkt und gerade im Umweltschutz kehren bestimmte Problemstellungen in ähnlicher Form immer wieder, so daß auch Unternehmen unterschiedlicher Branchen und Größen durchaus voneinander lernen können. Aber auch schon regelmäßiger Erfahrungsaustausch zwischen Unternehmen einer Region kann dazu beitragen, daß nicht jeder das Rad neu erfinden muß.

„Benchmarking"

Umweltthemen festlegen

Ermitteln Sie die Anknüpfungspunkte für Ihre Umweltziele und -maßnahmen und bestimmen Sie die Schwerpunktthemen Ihres Umweltprogramms. Dabei können Sie sich insbesondere orientieren an:

- den in der Umweltprüfung ermittelten Schwachstellen,
- den besonders bedeutsamen Umweltauswirkungen einschließlich der Umweltrisiken,
- Gesamtzielen und Umweltleitlinien der Umweltpolitik sowie
- Bereichen hoher Umweltkosten.

Die Problemfelder im Betrieb sind zwar zumeist ohnehin bekannt, aber gerade in Hinsicht auf Verbesserungspotentiale kann die systematische Bestimmung der Schwerpunktthemen sinnvoll sein. Mögliche Themen sind z.B. Abfallreduzierung, Energieeinsparung, Lärmschutz, Umweltbewußtsein der Mitarbeiter o.ä., aber auch standort-, produkt- oder produktionsspezifische Besonderheiten, wie Kühlschmiermittel, Geruchsbelästigung oder bestimmte signifikante Emissionen.

Arbeitsmaterial
7 - c

Mögliche Maßnahmen zusammenstellen

Sammeln Sie zu den einzelnen Schwerpunktthemen Vorschläge für Maßnahmen zur Schwachstellenbeseitigung sowie zur Nutzung von Verbesserungs- und Einsparungspotentialen. Es bietet sich an, hierzu ein oder mehrere Brainstormings im Projektteam durchzuführen und die Vorschläge auf Kärtchen oder an der Tafel bzw. am Flipchart festzuhalten.

Eine andere Möglichkeit besteht darin, alle Mitarbeiter in den Prozeß einzubeziehen, indem Sie im Unternehmen einen Vorschlagswettbewerb veranstalten. Ob diese Vorgehensweise, die zwangsläufig mehr Zeit und Aufwand erfordert, in Ihrem Unternehmen sinnvoll und erfolgversprechend ist, hängt wesentlich von der Unternehmenskultur und vom Umweltbewußtsein der Mitarbeiter ab. Unternehmen, in denen weder Umweltschutz noch Mitarbeiterbeteiligung in der Vergangenheit eine große Rolle gespielt haben, werden hier voraussichtlich nur sehr unbefriedigende Ergebnisse erzielen und sollten auf diese Methode verzichten. Unter günstigeren Voraussetzungen kann diese Vorgehensweise hingegen zusätzliche Anregungen bringen und zur Akzeptanzförderung und stärkeren Verankerung des Umweltmanagementsystems im Unternehmen beitragen.

Arbeitsmaterial
5 - g
7 - d

7.3 Effektiv, realistisch, wirtschaftlich vertretbar

Manche Maßnahmen lassen sich schnell und unbürokratisch durchführen, andere erfordern eine eingehende Planung und gegebenenfalls sogar größere Investitionen. Damit das Unternehmen in realistischer Weise geeignete Maßnahmen auswählen und konkrete Vorgehensweisen festlegen kann, ist es sinnvoll, eine Abschätzung der Effektivität von Maßnahmen sowie des damit verbundenen Aufwandes vorzunehmen. Die zentralen Gesichtspunkte sind dabei die *Wirksamkeit* („Was bringt es?"), die organisatorische und technologische *Machbarkeit* („Kriegen wir's hin?") sowie der *ökonomische Aspekt* („Wie rechnet es sich?").

Wirksamkeit

Die Wirksamkeit der Maßnahmen bezieht sich dabei auf den zu erwartenden Nutzen sowohl für die Umwelt (in der Regel Minderung oder Beseitigung von Umweltauswirkungen), als auch für das Unternehmen (erhöhte Sicherheit, verbesserte oder vereinfachte Abläufe usw.). Die verschiedenen Alternativen zur Minderung oder Beseitigung einer Umweltauswirkung können unterschiedlich starke Verbesserungen zur Folge haben. Die Wirksamkeit einer jeden möglichen Maßnahme sollte daher abgeschätzt werden. Hierbei ist es z.B. möglich, sich an den Kriterien zur Beurteilung der Umweltauswirkungen zu orientieren.

Machbarkeit

Die Abschätzung der Machbarkeit sollte sich nicht in Fragen der Finanzierbarkeit erschöpfen. Nicht jede im Grundsatz gute Idee oder Anregung wird auch ohne weiteres (sofort) umsetzbar sein. Häufig sind limitierende Faktoren auch die personellen und zeitlichen Kapazitäten, das erforderliche Fachwissen oder Schnittstellen- bzw. Kompatibilitätsprobleme. Realistische Zielsetzung beginnt bei der frühzeitigen Berücksichtigung dieser und ähnlicher Rahmenbedingungen.

Wirtschaftlichkeit

Oftmals *ist* Umweltschutz wirtschaftlich, aber nicht immer lassen sich die Vorteile in Mark und Pfennig ausdrücken. Dennoch lassen sich häufig durch Verbesserungsmaßnahmen im Umweltschutz gleichzeitig Reduzierungen der laufenden Kosten erreichen, insbesondere in den Bereichen Entsorgungskosten, umweltbezogene Abgaben, Wasser- und Energieverbrauch sowie Roh- und Hilfsstoffverbrauch. Zur realistischen Kostenbetrachtung werden für die einzelnen Maßnahmen neben dem voraussichtlichen Aufwand (also den Investitionskosten einschließlich Personal- und Zeitaufwand sowie Nebenkosten) auch die zu erwartenden Entlastungen und Kostensenkungen eingerechnet.

Maßnahmen bewerten

Bewerten Sie die möglichen Maßnahmen, um eine Entscheidungsgrundlage dafür zu schaffen, welche Maßnahmen umgesetzt und welche Ziele in das Umweltprogramm aufgenommen werden sollen. Schätzen Sie die Effektivität der einzelnen Maßnahmen unter Machbarkeits-, Wirksamkeits- und Wirtschaftlichkeitsaspekten ab und wägen Sie Alternativen gegeneinander ab. Führen Sie sich Ihre Möglichkeiten und Beschränkungen realistisch vor Augen! Dafür ist es zweckmäßig, schon bei der Beurteilung der Maßnahmen die Eckdaten der Planung abzuklären (Verantwortlichkeiten, Mittel und Termine). Um verschiedene Sichtweisen zu berücksichtigen, ist es sinnvoll, in der Gruppe zu arbeiten. Zumindest sollte Beteiligten und Betroffenen Gelegenheit zur Stellungnahme und zur Diskussion gegeben werden.

Arbeitsmaterial
7 - e
7 - f

Umweltziele, Maßnahmen und Programmplanung festlegen

Auf Grundlage der Bewertung und Grobplanung der Maßnahmen muß jetzt das Management den Planungszeitraum, die meßbaren Umweltziele für den gewählten Zeitraum und die umzusetzenden Maßnahmen festlegen.

Zur Quantifizierung der Umweltziele ordnen Sie den einzelnen Umweltzielen die jeweiligen Maßnahmen zu. Schätzen Sie anhand der zu erwartenden Beiträge der Einzelmaßnahmen zum Ziel die Verbesserung ab, die in der Summe voraussichtlich zu erreichen ist. Meßbare Umweltziele enthalten entweder prozentuale bzw. absolute Zahlenangaben, Quoten („...halbieren...", „...ein Drittel..." o.ä.) oder abgrenzende Kriterien („...alle...", „...vollständig...", „...keine...", „...überwiegend..." usw.).

Die Programmplanung einschließlich Verantwortlichkeiten, Terminen, Budget sowie die Modalitäten für Fortschrittskontrolle und Korrekturmaßnahmen sind schriftlich niederzulegen. Komplexe und aufwendige Maßnahmen können durchaus Projektcharakter haben und sollten entsprechend geplant und abgewickelt werden *(vgl. Abschnitt 1 „Projektstart")*. Ziele und Maßnahmen, die erst zu einem späteren Zeitpunkt umgesetzt werden sollen bzw. können, werden gesondert festgehalten und können in das nächste Umweltprogramm einfließen.

Arbeitsmaterial
7 - g

7.4 Wir tun was!

Das Umweltprogramm ist nicht nur die systematische Planung der Aktivitäten des Unternehmens zur kontinuierlichen Verbesserung des betrieblichen Umweltschutzes, es ist auch ein Signal an Geschäftspartner und an die Öffentlichkeit: *„Wir tun etwas - für die Zukunft unseres Unternehmens und für die Umwelt!"* Demzufolge hat normalerweise jedes Unternehmen ein besonderes Interesse an der Verbreitung seines Umweltprogramms.

Signalwirkung

Spätestens in seiner Umwelterklärung wird das Unternehmen sein Umweltprogramm einer breiteren Öffentlichkeit bekanntgeben. Dazu sollte das Programm in eine Form gebracht werden, die prägnant, leicht verständlich und nachvollziehbar ist. Da das Umweltprogramm konkreter und seine Umsetzung leichter zu überprüfen ist, als dies bei der Umweltpolitik der Fall ist, wird dem Umweltprogramm oftmals ein besonderes Interesse entgegengebracht. Denn hier zeigt sich am deutlichsten, wie ernst es dem Unternehmen mit dem Umweltschutz ist und wie es seine Grundsätze der umweltorientierten Unternehmensführung und der kontinuierlichen Verbesserung in die Tat umsetzt.
Also: Gutes tun und darüber reden!

Umwelterklärung

Umweltprogramm

Bringen Sie Ihr Umweltprogramm in eine Form, die dazu geeignet ist, einer breiten Öffentlichkeit sowie den eigenen Mitarbeitern präsentiert zu werden. Dazu bietet es sich an, zu den einzelnen Umweltzielen kurze und markante Aussagen zu formulieren. Diese sollten neben Terminen und quantitativen Angaben auch Informationen zu den geplanten Maßnahmen enthalten, ohne sich dabei zu sehr in Details zu verlieren. Der Zeitraum, für den das Umweltprogramm aufgestellt wurde, sollte deutlich herausgestellt werden. *Das Arbeitsmaterial 7 - h enthält ein Beispiel dafür, wie ein solches Umweltprogramm aufgebaut sein könnte.*

Arbeitsmaterial 7 - h

Arbeitsmaterial

Angestrebte Ergebnisse dieses Abschnittes:

- ❑ Konkrete Umweltziele sind festgelegt.
- ❑ Ein Umweltprogramm ist aufgestellt.

Aktionsplan

1. Umweltthemen festlegen

2. Mögliche Maßnahmen zusammenstellen

3. Maßnahmen bewerten

4. Umweltziele, Maßnahmen und Programmplanung festlegen

5. Umweltprogramm

Umweltthemen

Auf welche Umweltthemen wollen wir uns konzentrieren, um möglichst wirkunsvoll...

... **Schwachstellen** zu beseitigen?

... **Umweltauswirkungen** zu vermindern?

... **unsere Umweltpolitik zu** verfolgen?

...**Umweltkosten** zu senken?

Abfall

Schlammentwässerung mittels Schlammpresse
Abgabe des Klärschlamms an die Landwirtschaft
Erweiterung der Abfalltrennung in Produktion und Verwaltung
Volumenreduzierung des Folienabfalls mittels Ballenpresse
Papier beidseitig benutzen
Extruderabfälle und Ausschuß für Chargen in Farbe schwarz wieder einsetzen
Verzicht auf (bzw. Substitution von) Verpackungsfolien bei Lieferanten
Folienrücknahme durch Lieferanten
Gründung einer Arbeitsgruppe „Abfall“
kein Einweggeschirr auf Betriebsfesten

Machbarkeit von Umweltschutzmaßnahmen
(Beurteilung mittels ABC-Analyse)

A	Kompetenz und Ressourcen vorhanden; gute,kompatible Lösung	**problemlos**
B	Kompetenz und Ressourcen ausreichend; geeignete Lösung	**realistisch**
C	Kompetenz und / oder Ressourcen beschränkt; anpassungsbedürftige Lösung	**aufwendig**
0	Kompetenz und / oder Ressourcen unzureichend; unbefriedigende Lösung	**problematisch**

Wirksamkeit von Umweltschutzmaßnahmen

(Beurteilung mittels ABC-Analyse)

A	Beseitigung der Umweltauswirkung / -belastung	**hohe Wirksamkeit**
B	deutliche Minderung der Umweltauswirkung / -belastung	**gute Wirksamkeit**
C	leichte Minderung der Umweltauswirkung / -belastung	**wirksam**
O	keine Minderung der Umweltauswirkung / -belastung	**unwirksam**

! Sonderfall

Verlagerung der Umweltauswirkung:

Führt die Maßnahme insgesamt zu einer Entlastung der Umwelt und zu einer Verbesserung des betrieblichen Umweltschutzes?

Ökonomische Abschätzung von Umweltschutzmaßnahmen

(Beurteilung mittels ABC-Analyse)

A	deutliche Einsparungen und Kostensenkungen; schnelle Amortisation der Investitionen	**wirtschaftlich**
B	leichte Einsparungen und Kostensenkungen; mittelfristige Amortisation, ggf. rentabel	**kostenneutral**
C	notwendige oder sinnvolle Investition in den Umweltschutz; Kosten in akzeptabler Höhe, kein unmittelbarer wirtschaftlicher Nutzen	**wirtschaftlich vertretbar**
O	Investition verbunden mit inakzeptabel hohem finanziellen Aufwand	**wirtschaftlich nicht vertretbar**

Bewertung der Maßnahmen „Abfallreduzierung"

Ganz & *Aehnlich*

Maßnahme	Bewertung			Gesamtbeurteilung
	Machbarkeit	Wirksamkeit	Ökonomie	
1. Verzicht auf (bzw. Substitution von) Verpackungsfolien bei Lieferanten	Auf unserer Seite problemlos zu realisieren. Unklar ist nur noch, ob alle Lieferanten mitziehen	Umweltentlastung durch Reduzierung der hausmüllähnlichen Gewerbeabfälle um etwa 5-10 %	Leichte Senkung der Entsorgungskosten bei vernachlässigbar geringem Aufwand	Sinnvolle Vermeidungmaßnahme (den Maßnahmen Nr. 2 u. Nr. 3 vorzuziehen)
2. Folienrücknahme durch Lieferanten	stark abhängig von Lieferanten	keine Umweltentlastung, da Problem nur verlagert	Leichte Senkung der Entsorgungskosten	Nur als Sparmaßnahme geeignet, wenn Vermeidung nicht greift
3. Volumenreduzierung des Folienabfalls mittels Ballenpresse	problemlos	keine Entlastung der Umwelt, da lediglich Volumenreduzierung	Kostenaufwand und Amortisation noch unklar	Wenig effektive Maßnahme, eventuell mittelfristig rentabel
4. Extruderabfälle und Ausschuß für Chargen in Farbe schwarz wieder einsetzen	mit vertretbarem Aufwand technisch machbar; keine Qualitätsbeeinträchtigungen zu erwarten	Reduzierung dieser Produktionsabfälle um 30 - 40 %. Verringerung des Rohstoffverbrauch um etwa 8 %	Deutliche Einsparungen bei geringen Investitionen	Sehr effektive Maßnahme, sofern die laufenden Versuche die Machbarkeit bestätigen
5. Abgabe des Klärschlamms an die Landwirtschaft	rechtlich und organisatorisch schwierig	im Prinzip gute Wirksamkeit	Eventuell rentabel, aber der Aufwand ist schwer zu bestimmen	Zunächst genau prüfen und mit dem Landkreis rechtlich abklären
6. Schlammentwässerung mittels Schlammpresse	technisch und organisatorisch kein Problem, aber aufwendige Installation	Reduzierung der Schlammabfälle um min. 15 % bei geringfügig höherem Abwasseranfall. Effektive Umweltentlastung gering	relativ hohe Investitionskosten; eine Verringerung der Entsorgungskosten ist zu erwarten, der Umfang ist jedoch noch unklar	Maßnahme mit gegenwärtig unklarer Aufwand-Nutzen-Relation und ohne nennenswerte Umweltentlastung
7. Gründung einer Arbeitsgruppe „Abfall"	problemlos; Interesse an einer Beteiligung schwer abzuschätzen		Kostenaufwand für Arbeitsmaterial und Freistellung der MA absolut vertretbar	Sinnvoll; bei entsprechender Beteiligung umsetzen
8. Kein Einweggeschirr auf Betriebsfesten	machbar; (mit Kantinenleitung bereits abgeklärt)	Insgesamt nur leichte Umweltentlastung, aber hoher Symbolwert	kostenneutral	Sollte umgesetzt werden, aber nicht in das Umweltprogramm aufgenommen werden
9. Papier beidseitig benutzen				Wird schon in den Bereichen praktiziert, in denen es möglich ist
10. Erweiterung der Abfalltrennung in Produktion und Verwaltung	verschiedene Ansatzpunkte sind identifiziert, wo dies gut möglich ist. Schwerer abzuschätzen ist das Mitarbeiterverhalten	Umweltentlastung durch höhere Verwertungsquote zu erwarten	Senkung der Entsorgungskosten sowie ggf. Verkaufserlöse bei mäßigem finanziellen Aufwand	Sinnvolle Maßnahme; unterstützend sollten Maßnahmen zur Information und Sensibilisierung der Mitarbeiter durchgeführt werden

Umweltprogrammplanung

Ganz & *Aehnlich*

Umweltthema	Maßnahmen	verant-wortlich	Termin	Umweltziel
Abfallreduzierung	Verzicht auf (bzw. Substitution von) Verpackungsfolien bei Lieferanten	Plo	06/98	Verringerung des Abfallaufkommens um 15 % bis Dezember 1998
	Extruderabfälle und Ausschuß für Chargen in Farbe schwarz wieder einsetzen	Sa	03/98	
	Erweiterung der Abfalltrennung in Produktion und Verwaltung	Wg/Fri	10/98	
	Gründung einer Umweltarbeitsgruppe "Abfall"	Fri	01/98	
Senkung des Energieverbrauchs	Überholung und teilweise Umrüstung der Kompressoren- und Druckluftanlage	Wg	06/98	Senkung des Energieverbrauchs um 8 % bis Juni 1998
	Wärmedichtung bei den Heizpressen einbauen	Sa	03/98	
	Bedarfsgerechte Steuerung der Betriebsbeleuchtung	Lu	06/98	
Senkung des Wasserverbrauchs	Alle Wasserhähne in der Produktion mit Perlatoren ausstatten	Blo	12/97	Senkung des Trink- und Grundwasserverbrauchs um 40% bis April 1999
	Planung und Bau von Regenwasserauffangeinrichtungen	Wg/Blo	12/98	
	Regen- und Brauchwassereinsatz in der Naßreinigung	Blo	04/99	
	Wasserkühlung in PA 2 vollständig auf Kreislaufführung umstellen	Blo	05/98	
Umweltbewußtsein der Mitarbeiter	Mitarbeiterseminare zur Abfallvermeidung und Energieeinsparung	Sch/Fri	04/98	Teilnahme aller Produktionsmitarbeiter an jeweils mindestens einem internen Umweltschutzseminar bis Juni 1999
	Auszubildendenprojekt zu den Themen Abfall und Energie durchführen	Sch/Fri	01/98	
Umweltmanagement	Installation des Umweltmanagementsystems und Validierung der Umwelterklarung	Wg	06/98	Abschluß des Projektes Umweltmanagement bis Juni 1998

Umweltprogramm 1997-1999

Ganz & *Aehnlich*

- **Wir wollen unser betriebliches Abfallaufkommen bis Ende 1998 um 15 % verringern,**
  indem wir die Rohstoffausnutzung verbessern und verstärkt Maßnahmen zur Vermeidung von Verpackungsabfällen ergreifen. Darüber hinaus werden wir das bestehende Abfalltrennsystem erweitern, um den Anteil der recycelbaren bzw. stofflich verwertbaren Abfälle zu erhöhen.

- **Wir wollen unseren Gesamt-Energieverbrauch bis Ende 1998 um 8 % reduzieren.**
  Dazu werden wir durch entsprechende Investitionen und Maßnahmen die Energieeffizienz verschiedener Großverbraucher steigern und den Stromverbrauch bei der Betriebsbeleuchtung reduzieren.

- **Wir wollen unseren Trink- und Grundwasserverbrauch bis Mitte 1999 um 40 % senken.**
  Hierzu werden wir insbesondere zusätzliche Kühlwasserkreisläufe installieren und in Bereichen, in denen dies möglich ist, Regen- und Brauchwasser anstelle von Frischwasser einsetzen.

- **Wir wollen, daß alle unsere Mitarbeiter und Mitarbeiterinnen innerhalb der nächsten eineinhalb Jahre an Bildungsveranstaltungen zum betrieblichen Umweltschutz teilnehmen.**
  Neben entsprechenden Seminaren werden wir hierzu ein Auszubildendenprojekt durchführen.

- **Wir wollen die Einrichtung unseres Umweltmanagementsystems bis Mitte 1998 mit der Validierung der Umwelterklärung durch einen zugelassenen Umweltgutachter abschließen.**

Die Geschichte

Umweltmanagementdokumentation

Michael Kuhn zählte zu den zwei oder drei Mitgliedern des Projektteams, die von Anfang an zumindest eine ungefähre Vorstellung davon gehabt hatten, was auf sie zukommen würde. Kuhn hatte folgerichtig erwartet, daß man sich in dem Projekt seiner Erfahrungen und seines Sachverstandes bedienen würde. Als Qualitätsmanagement-Beauftragter von G&A kannte er sich schließlich wie kaum ein Zweiter im Unternehmen mit Managementsystemen sowie deren Dokumentation und Auditierung aus. Vor ein paar Jahren war er verantwortlich für den Aufbau und die Zertifizierung des Qualitätsmanagement-Systems gewesen und dabei durch eine harte Schule gegangen. Genaugenommen hatte er noch immer gelegentlich Kämpfe auszufechten, manches funktionierte nicht oder wurde von den Mitarbeitern einfach nicht angenommen. Und im Vorfeld der turnusmäßigen Überprüfungsaudits stand er jedesmal mit schöner Regelmäßigkeit unter massiver Anspannung. Anders als Kurt Wagner in diesem Projekt hatte er damals allerdings kein Projektteam gehabt. In Zusammenarbeit mit einer Unternehmensberatung hatte er vieles quasi im Alleingang bewältigen müssen. Oftmals mußte die Geschäftsführung intervenieren, um interne Widerstände zu überwinden und einzelne Mitarbeiter oder Abteilungen zur Kooperation zu bewegen.

Inzwischen hatte Michael Kuhn erkannt, daß zwar durchaus Gemeinsamkeiten zwischen den beiden Systemen bestanden, bei einigen Dingen - wie beispielsweise dem Register der Rechtsvorschriften und der Beurteilung der Umweltauswirkungen - konnte er allerdings kaum eine Beziehung herstellen. Der Ablauf des Umweltmanagement-Projektes unterschied sich ebenfalls deutlich von dem, was er aus dem Qualitätsmanagement kannte. Am meisten irritierte ihn, daß bisher so wenig Gewicht auf die Regelung von Abläufen und deren Dokumentation gelegt worden war. Nach seiner Erfahrung war die Dokumentation doch das Herzstück des Systems. Wieviel Zeit hatten die Berater und er damals damit zugebracht, die verschiedenen Verfahrensanweisungen, Arbeitsanweisungen und Formulare zu erstellen! So hatte er bei den letzten Projektsitzungen immer wieder auf diesen Umstand hingewiesen und sogar angeboten, selbst in größerem Umfang an der Dokumentationserstellung mitzuwirken. Kurt Wagner, der Projektleiter, hatte zwar bekräftigt, in jedem Fall auf das Angebot zurückzukommen, aber konkrete Schritte waren noch nicht gefolgt. Dabei hätte er bestimmt schon die eine oder andere Verfahrensanweisung im Entwurf erstellt haben können, wenn man ihn eine Zeitlang von den anderen Projektaufgaben entlastet hätte.

Regelverstoß

Die beiden Gitterboxen mit Werkstücken standen halb im Gang neben der Maschine. Daher konnten Michael Kuhn und Paul Blomer, der Fertigungsleiter, auf ihrem Gang durch die Halle die roten Laufzettel, welche Eilaufträge anzeigten, schon von weitem deutlich erkennen. Als sie die Maschine erreichten, tauschten sie einen kurzen Blick, denn diese arbeitete auf vollen Touren - an einem anderen, ganz normalen Auftrag. Die Regelung war eindeutig: Eilaufträge hatten absolute Priorität und mußten sofort bearbeitet werden. Das bedeutete, daß laufende Fertigungsprozesse gegebenenfalls zu unterbrechen waren, wenn sie nicht innerhalb der folgenden Viertelstunde abgeschlossen werden könnten. Paul Blomer trat an den Maschinenfahrer heran und tippte ihm leicht auf die Schulter, woraufhin dieser sich umdrehte, Blomer und Kuhn zunickte und den Gehörschutz am rechten Ohr anhob.

„Wie lange stehen die schon da?", schrie Blomer gegen den Maschinenlärm an und deutete auf die beiden Gitterboxen im Gang.

„Die? Die müssen vor so etwa zwei Stunden gekommen sein!", brüllte der Maschinenfahrer zurück.

„Und wieso fahren Sie dann hier immer noch einen anderen Auftrag? Haben Sie denn die roten Zettel nicht gesehen?"

Der Mann nickte zur Bestätigung, daß er die Laufzettel gesehen hätte und zeigte auf einen Meister, der gerade den Gang entlang kam. In dem Moment gab die Sirene der Anlage ein Signal. Der Maschinenfahrer zog entschuldigend die Schultern hoch und wendete sich der Armaturentafel zu.

Roland Karst zog die Tür des verglasten Meisterbüros hinter sich zu. Der Lärm drang jetzt nur noch gedämpft herein. Karst war seit drei Jahren Maschinenmeister in diesem Bereich und Blomer hielt große Stücke auf den noch relativ jungen Mann. Die drei Männer - Karst, Blomer und Kuhn - nahmen die Schutzhelme und den Gehörschutz ab und setzten sich.

„Was ist hier los, Roland?", platzte Blomer heraus. „Wieso steht der Eilauftrag da schon seit zwei Stunden rum, ohne daß ihr Euch darum kümmert?"

„Tja", meinte Karst und kratzte sich etwas verlegen am Kopf. „Das hängt mit den Rüstzeiten zusammen. Das ist immer ein ganz schöner Aufwand, wenn man einen Auftrag abbrechen muß, die Maschine umrüsten, den Eilauftrag fahren und dann wieder umbauen."

„Aber es gibt doch eindeutige Regelungen und die haben schließlich ihren Sinn", protestierte Kuhn. Er selbst hatte diese Regelungen mit entwickelt und die Einführung der roten Laufzettel für Eilaufträge war seine Idee gewesen.

„Ja, nur sind die manchmal ziemlich unpraktisch", entgegnete Karst vorsichtig. „Wir machen das jetzt seit etwa einem halben Jahr etwas anders und bisher klappt das sehr gut." Er schaute Blomer fragend an und der zuckte mit den Achseln und nickte stumm: Es war richtig, bisher waren ihm keine Probleme bekanntgeworden.

„Angefangen hat es damit", fuhr Karst fort, „daß sich die Leute über die ständigen Chargenwechsel beschwert haben. Arbeitsgang unterbrechen, den halbfertigen Auftrag beiseite stellen, umrüsten, den Eilauftrag fahren und wieder alles zurück. Vor allem die Maschineneinrichter kamen oftmals nicht mehr hinterher. Auf die jetzige Lösung sind wir eigentlich nur durch Zufall gekommen. Einer meiner Leute hat in der Endmontage einen Eilauftrag herumstehen sehen, den er bereits zwei Tage vorher an seiner Maschine gefahren hatte und für den er - wie üblich - hatte unterbrechen und umrüsten müssen. Es kam heraus, daß die Endmontage mit den anstehenden Eilaufträgen nicht schnell genug fertig wurde, so daß diese sich stauten. Abgesehen davon, daß die dort nicht - wie wir - ohne weiteres unterbrechen können, wenn sie ein Produkt montieren. Das muß dann häufig erst einmal durchgezogen werden. Und manchmal fehlen denen auch noch andere Teile, so daß sie den Auftrag deshalb noch nicht bearbeiten können. Kurz gesagt: Wir sind hier am Rotieren und an der nächsten Station steht das Zeug dann rum."

„Ja, das müssen wir unbedingt noch besser in den Griff bekommen", murmelte Blomer.

„Jedenfalls haben die Leute und ich uns dann zusammengesetzt und überlegt, wie man das Problem angehen könnte. Und jetzt machen wir das einfach so: Jedesmal, wenn die Arbeitsvorbereitung uns einen Eilauftrag ankündigt, fragen wir erst 'mal in der Endmontage - oder wo immer die Sachen als nächstes hingehen - nach, wann die den Auftrag in Angriff nehmen könnten. Wenn die Kapazitäten frei haben oder darauf warten, dann unterbrechen wir eben und ziehen ihn vor. Wenn die aber sowieso nicht nachkommen, dann stimmen wir einen Termin ab und fahren den laufenden Auftrag fertig. Wie gesagt: Das läuft prima und bisher gab's keine Beschwerden."

„Und bei den beiden Gitterboxen da draußen habt Ihr das auch so gemacht?", fragte Blomer.

„Genau", erwiderte der Meister. „Die Endmontage wartet noch auf Teile vom Einkauf. Die sollen wohl morgen kommen, und bis dahin haben wir den Auftrag längst durch."

„Klingt vernünftig", meinte Blomer. Kuhn schwieg.

„Aber das beste ist", meinte Karst, „ daß wir die Arbeit jetzt viel besser bewältigen können, weniger unter Druck stehen und die Leute zufriedener sind. Zumal es ihre eigene Idee war." Karst zog einen Ordner aus dem Regal, blätterte darin und legte den beiden anderen einige Aufstellungen über Produktionszahlen vor. „Und schauen Sie mal: Wir schaffen außerdem viel mehr. Unser Durchsatz ist im letzten halben Jahr um etwa 10 % gegenüber dem Halbjahr davor gestiegen und die Rüstzeiten sind an den meisten Maschinen deutlich gesunken."

Arbeitsgruppen

Alle Mitglieder des Projektteams hatten aufmerksam zugehört, als Blomer auf der nächsten Sitzung von dem Gespräch mit dem jungen Maschinenmeister erzählte.

„Die Leute sind halt einfach dichter dran", schloß er gerade seinen Bericht. „Sie kennen die Probleme und die Situation vor Ort besser und offensichtlich haben sie sogar gute Ideen, wenn man ihnen den Freiraum und die Möglichkeiten gibt, diese zu entwickeln."

„In diesem Fall mag es ja eine echte Verbesserung sein", wendete Kuhn ein. Der Qualitätsmanagement-Beauftragte dachte an die Schwierigkeiten, die es vereinzelt immer wieder mit der Einhaltung der Qualitätsverfahren gab. „doch meistens ist es wohl eher Bequemlichkeit oder Unaufmerksamkeit, wenn von den vorgegebenen Regelungen abgewichen wird. Ich denke nicht, daß man das einreißen lassen darf."

„Das ist sicherlich auch richtig", gab Blomer zu. „Aber wir sollten uns schon fragen, ob nicht manche Anweisungen ein bißchen zu theoretisch und praxisfern oder einfach schwer verständlich sind. Und erinnere Dich, was Roland Karst sagte: Es war die Idee der Leute, und das schien auch schon einen Unterschied zu machen. Sie konnten so dafür sorgen, daß ihre eigenen Interessen ebenfalls Berücksichtigung fanden. Vielleicht fällt es ihnen leichter, ihre eigenen Regelungen einzuhalten, und sie sind dann aufmerksamer und weniger bequem?"

„Ich hatte da einen ähnlichen Fall, als es um die Einführung der Abfalltrennung ging", meldete sich Wagner zu Wort. „In einem Bereich hatte ich alles organisiert. Behälter waren aufgestellt und gekennzeichnet, die Abholung und die Wiederverwendung waren geregelt und ich hatte die Leute eingewiesen. Die brauchten die Sachen im Prinzip nur noch zu den richtigen Behältern zu bringen. Und trotzdem klappte es nicht. Das System war einfach nicht richtig auf die Arbeitsabläufe abgestimmt und wurde deshalb nicht angenommen. Schließlich habe ich mich mit den Leuten zusammengesetzt, und dann haben wir das System entsprechend angepaßt. Erst wollten sie zwar nicht so recht, aber dann hatten sie sogar richtig gute Vorschläge. Jetzt läuft's seit einiger Zeit ziemlich reibungslos. Und inzwischen haben wir die Regelungen auch schriftlich fixiert."

„Also, ich brauche in der Fertigung normalerweise wirklich jeden Mann", sagte Blomer „doch irgendwie gefällt mir die Idee, daß die jeweils direkt Betroffenen ganz offiziell bei der Planung der Abläufe mitwirken. Das müßte natürlich im Rahmen bleiben, aber ich würde es trotzdem gerne ausprobieren. Beispielsweise in Arbeitsgruppen mit Mitarbeitern aus den betroffenen Abteilungen und Bereichen. So etwas in der Art war das doch bei Deiner Abfalltrennung, Kurt, und bei Karst lief es im Prinzip ähnlich."

„Ich finde, es ist den Versuch wert", meinte Wagner, „und wenn alle einverstanden sind, dann würde ich mal mit Herrn Ganz darüber sprechen ..."

- Projektplanung
- Projektauftrag
- Projektmanagement

Projektstart 1

- Umweltschutzrelevante Unterlagen
- Zentrale Umweltschutzdokumentation

Umweltschutzdokumente 2
(Umweltprüfung)

- Rechtlicher Rahmen
- Einhaltung einschlägiger Umweltvorschriften
- Register der Rechtsvorschriften

Umweltschutzvorschriften 3
(Umweltprüfung)

- Stand des betrieblichen Umweltschutzes
- Stärken und Schwächen
- Mängelbeseitigung

Umweltschutzpraxis 4
(Umweltprüfung)

- Erfassung und Beurteilung
- Verzeichnis der Umweltauswirkungen

Umweltauswirkungen 5
(Umweltprüfung)

- Strategische Ausrichtung
- Gesamtziele im Umweltschutz
- Umweltleitlinien

Umweltpolitik 6

- Konkrete Umweltziele
- Maßnahmenplanung

Umweltprogramm 7

- **Verfahren**
- **Tätigkeiten**
- **Handlungsweisen**

Regelung der Abläufe 8

- Organisationsstrukturen
- Verantwortlichkeiten und Zuständigkeiten
- Umweltmanagement-Dokumentation

Anpassung der Aufbauorganisation 9

- Erstellung
- Verbreitung

Umwelterklärung 10

Regelung der Abläufe

Arbeitsprogramm

Arbeitsmaterialien

8.1 Regelungen für einen effektiven Umweltschutz

Durch die Umweltvorschriften sind die Rahmenbedingungen für das Unternehmen festgelegt. Die betriebliche Umweltpolitik gibt Leitlinien und Handlungsgrundsätze für die Unternehmensangehörigen vor und im Umweltprogramm sind die konkreten Aktivitäten, Maßnahmen und Ziele festgelegt. Ob die Vorschriften zuverlässig eingehalten, die Politik mit Leben erfüllt und die Ziele wirklich erreicht werden, hängt letztlich vom Verhalten und von den Handlungsweisen der Mitarbeiter ab, also den Menschen, die aus ein paar Gebäuden voller Maschinen, Anlagen und Schreibtischen erst ein Unternehmen machen.

Handlungssicherheit

Menschen - und insbesondere Menschen, die zusammen auf gemeinsame Ziele hinarbeiten - brauchen Regeln; Regeln und weitgehende Einigkeit darüber, wie die gemeinsamen Ziele zu erreichen sind und was der einzelne dazu beiträgt. Regelungen sind dazu da, Handlungssicherheit zu geben und Abläufe effektiver zu machen. Existieren zu wenige Anhaltspunkte zur Orientierung, zu wenige Führungsvorgaben, dann fehlen dem einzelnen die Voraussetzungen, um sich richtig zu verhalten und im Sinne der Ziele eigenständig zu handeln.

Handlungsspielraum

Sind Regeln andererseits zu starr und zu eng gefaßt, sinkt die Flexibilität. Die Mitarbeiter sind nicht mehr in der Lage, auf unvorhergesehene und daher ungeregelte Ereignisse angemessen zu reagieren. Darüber hinaus wirkt es sich motivations- und kreativitätshemmend aus, wenn den Mitarbeitern nicht ein Mindestmaß an Handlungs- und Gestaltungsfreiräumen zur Verfügung steht. Die Identifikation mit den „gemeinsamen" Zielen und Handlungsgrundsätzen geht dann allzu leicht verloren und das Gegenteil von dem, was bezweckt werden sollte, wird erreicht.

Management

„Management means, getting things done through people". Frei übersetzt heißt das: Management bedeutet, daß man die Menschen erfolgreich dazu bringt, die Dinge zu tun, die getan werden sollen. Diese Definition läßt sich analog auf das Umweltmanagement übertragen. Versteht man also unter Umweltmanagement, die Mitarbeiter dazu zu bewegen und zu befähigen, die Dinge zu tun, die getan werden sollen, und das auf eine Weise, die den Handlungsgrundsätzen der Umweltpolitik entspricht, dann müssen verschiedene Abläufe und Tätigkeiten (neu) geregelt werden. Diese Regelungen, die in Verfahrens- und

Ansatzpunkte

Arbeitsanweisungen dokumentiert werden, sind zentrale Bestandteile des Umweltmanagementsystems. Denn vom Verhalten und Handeln aller hängt ab, ob das Unternehmen als ganzes die Umweltvorschriften einhält und seine ökonomischen, aber auch seine umweltbezogenen Ziele erreicht. Regelungen in diesem Sinne sind insbesondere für Abläufe der folgenden Bereiche erforderlich:

- den Bereich *Einkauf / Beschaffung*, weil hier über die Beschaffenheit der Stoffe entschieden wird, die in das Unternehmen hineinkommen und es als Produkte, Abfälle oder Emissionen wieder verlassen, so daß Probleme mit der Abfallentsorgung zu einem guten Teil schon hier vermieden werden können,
- die *Produktplanung*, weil hierbei entschieden wird, welche Umweltauswirkungen von den Produkten, sowohl bei ihrer Benutzung als auch ihrer Entsorgung, ausgehen werden,
- die Auswahl von *Produktionsverfahren*, weil bereits hier entschieden wird, welche Umweltauswirkungen in Zukunft vom Produktionsprozeß ausgehen werden,
- den Bereich *Gefahrenabwehr*, damit die Wahrscheinlichkeit eines Unfalls mit Umweltfolgen möglichst gering gehalten wird,
- den Bereich *Notfallplanung*, damit „im Falle eines Falles" durch die richtigen Verhaltensweisen die Auswirkungen auf die Umwelt so gering wie möglich gehalten werden,
- die *Tätigkeit von Vertragspartnern*, damit beispielsweise die Vorgaben, die zur Vermeidung von Umweltauswirkungen am Standort gelten, auch von Fremdfirmen eingehalten werden, die auf dem Gelände arbeiten,
- die *Einhaltung der Rechtsvorschriften*, damit zu jedem Zeitpunkt klar ist, welche Rechtsvorschriften auf das Unternehmen anwendbar sind,
- den Bereichen *umweltbezogene Informationen, Aus- und Weiterbildung*, weil qualifizierte und aufgeklärte Mitarbeiter eine wesentliche Voraussetzung für effektiven Umweltschutz sind,
- die externe *Umweltkommunikation*, damit die Öffentlichkeit angemessen informiert wird und das Unternehmen im Dialog mit interessierten Kreisen und Behörden Vertrauen schafft,
- die Erstellung und *Lenkung der Dokumente*, damit jederzeit und ohne großen Aufwand auf umweltrelevante Daten und Informationen zugegriffen werden kann,

- auf der *strategischen Managementebene*, damit in einem Kreislauf aus Festlegung von Zielen und deren Überprüfung im Rahmen der Umweltbetriebsprüfungen ein Prozeß der kontinuierlichen Verbesserung stattfindet
- und in bezug auf die *Handhabung und Wartung* technischer Einrichtungen und Anlagen, weil falscher Umgang mit der vorhandenen Ausrüstung die Vorteile moderner Technologie zunichte machen kann.

Es gibt also ein ganze Reihe von Punkten, an denen man ansetzen kann, um Umweltschutz effektiv zu „managen". Wenn Abläufe dann noch so angelegt sind, daß sie einander ergänzen und miteinander verknüpft sind, kommt man von punktuellen Einzellösungen nach und nach zu einem Management mit System.

Regelungsbedürftige Abläufe

Arbeiten Sie im Projektteam und ziehen Sie die Geschäftsführung hinzu. Stellen Sie gemeinsam fest, welche Abläufe in Ihrem Unternehmen direkt oder indirekt mit Umweltschutzaspekten im Zusammenhang stehen. Hierzu können Sie sich zunächst der Liste „Verfahren im Rahmen des Umweltmanagements" bedienen. Prüfen Sie, ob zu den hier genannten Abläufen und Verfahren in Ihrem Unternehmen bereits Regelungen bestehen. Ziehen Sie außerdem noch einmal die Ergebnisse der Umweltprüfung zu Rate. Die in diesem Zusammenhang entdeckten Schwachstellen oder Risikopotentiale können ebenfalls Hinweise darauf geben, welche Abläufe zu regeln oder zu überarbeiten sind. Fassen Sie alle Abläufe, die Sie als regelungsbedürftig identifiziert haben, in einer Liste zusammen.

Formulieren Sie gemeinsam mit dem Projektteam die Aufgaben für die Regelung der Abläufe und die Reihenfolge der Bearbeitung und stimmen Sie diese mit der Geschäftsführung ab. Aufgaben können z.B. Erweiterung eines bereits bestehenden Ablaufes oder aber die Regelung eines neuen Ablaufes sein. *Um welche unternehmensspezifischen Abläufe es sich dabei handeln kann und wie die Aufgaben bei G&A formuliert wurden, zeigt beispielhaft das Arbeitsmaterial 8-d.*

Arbeitsmaterial

8 - c

8 - d

8.2 Verfahrensanweisungen für den Aktenschrank?

Immer wieder findet man in Unternehmen die Situation vor, daß zwar formale Regelungen für die verschiedensten Abläufe existieren, die betriebliche Praxis aber ganz anders abläuft, als in den schriftlichen Anweisungen vorgesehen. Das liegt häufig daran, daß die Personen, welche die Abläufe planen und die Verfahrensanweisungen erstellen, mit der konkreten Situation vor Ort nicht hinreichend vertraut sind. Die Konsequenz kann dann sein, daß die Regelungen nicht beachtet und die Vorschriften nicht befolgt werden, weil sie unzweckmäßig und praxisfern sind oder schlicht nicht funktionieren. Die Regelung existiert dann zwar auf dem Papier (z.B. in Form einer Verfahrensanweisung), ist für den konkreten Ablauf aber nahezu bedeutungslos. Eine solche Verfahrensanweisung entspricht dann eher einer „Wunschliste", die beschreibt, wie der Ablauf stattfinden sollte und welcher Verhaltensweisen es bedürfte. Solche Verfahrensanweisungen belasten das Unternehmen und die Mitarbeiter mehr, als daß sie nützen.

Betroffene zu Beteiligten machen

Es liegt auf der Hand, daß ein Umweltmanagementsystem seine Wirkung nur dann entfalten kann, wenn die Regelungen praxisgerecht sind und von den Mitarbeitern verstanden, akzeptiert und befolgt werden können. Um dies zu erreichen, bietet es sich an, Regelungen in Zusammenarbeit mit den Mitarbeitern entstehen zu lassen, also die Betroffenen zu Beteiligten des Regelungsprozesses zu machen. Dazu werden Arbeitsgruppen gebildet, in denen die späteren Anwender die Abläufe selbst planen und mitgestalten. Einerseits können auf diese Weise die praktischen Erfahrungen und Kenntnisse der Mitarbeiter genutzt werden. Andererseits steigt die Akzeptanz - und damit auch die Wirksamkeit - der Ablaufregelungen. Das Management gibt dabei keineswegs die Führung aus der Hand. Es gibt den Rahmen vor, in dem es konkrete Zielvorgaben festlegt und einen entsprechenden Arbeitsauftrag erteilt. Die Mitarbeiter werden so zu einer Aufgabe verpflichtet, bei deren Erfüllung sie jedoch - im Rahmen der Vorgaben - über einen gewissen Gestaltungsfreiraum verfügen. Auch wenn nicht immer eine Arbeitsgruppe gebildet werden kann, sollte dennoch versucht werden, die Mitarbeiter so weit wie möglich einzubeziehen und nach der im folgenden dargestellten Methodik vorzugehen. Diese zielt darauf ab, Hemmnisse, Barrieren und Akzeptanzschwierigkeiten frühzeitig, also schon während der Planung des Ablaufes, zu erkennen und zu bewältigen.

8.3 Gruppenarbeit

Wenn festgelegt ist, welche Abläufe in welcher Reihenfolge bearbeitet und welche Aufgaben einzelnen Arbeitsgruppen übertragen werden sollen, können die Vorbereitungen für die Gruppenarbeit getroffen werden:

Vorbereitung

- Arbeitsgruppen werden zusammengestellt, indem die Mitglieder der einzelnen Arbeitsgruppen von der Geschäftsführung und dem Projektteam ausgewählt werden.
- Vorbesprechungen werden durchgeführt, in denen den jeweiligen Arbeitsgruppen der Arbeitsauftrag erteilt und erläutert wird.

Eine Arbeitsgruppe wird vorzugsweise aus Personen zusammengesetzt, die an dem Ablauf beteiligt oder von ihm betroffen sind. Direkt beteiligt sind jene Personen, die für die Durchführung des Ablaufes zuständig sind, Verantwortung tragen oder Kontrollfunktion haben. Darüber hinaus gibt es aber auch Personen, die von einer Regelung indirekt betroffen sind, wenn sie z.B. in nachgeschalteten Abteilungen arbeiten. Mitglieder des Projektteams können ebenfalls in den Gruppen mitarbeiten. Das erste Kriterium für die Auswahl der Teilnehmer wird in aller Regel die fachliche Kompetenz sein, die aus Erfahrungen mit dem Ablauf oder speziellen Kenntnissen resultiert. Aber auch Mitarbeiter, die sich durch ihr Interesse, ihr Engagement oder ihren besonderen Ideenreichtum auszeichnen, sollten in den Arbeitsgruppen nicht fehlen. Bei der Auswahl sollten außerdem Personen berücksichtigt werden, die Veränderungen oder Neuerungen besonders kritisch oder gar ablehnend gegenüberstehen. Durch die frühzeitige Einbindung solcher Skeptiker können aus potentiellen „Bremsern" oftmals konstruktive Kritiker werden.

Zusammensetzung der Arbeitsgruppen

Auswahlkriterien

Einbindung von Skeptikern

In Abhängigkeit von der Zahl der zu regelnden Abläufe und den vorhandenen Personalressourcen können mehrere Arbeitsgruppen parallel zueinander arbeiten. Jede dieser Arbeitsgruppen braucht eine Person, welche die Moderation übernimmt und die Arbeit koordiniert. Dieser Gruppensprecher sollte von den Gruppenmitgliedern bestimmt werden. Wenn die Gruppenmitglieder noch keine Erfahrung mit Gruppenarbeit haben, kann diese Arbeitsform anfänglich zu Verunsicherung führen, so daß der Einstieg in die Aufgabe zunächst Schwierigkeiten bereitet. Ist die Unsicherheit so groß, daß die Arbeitsfähigkeit der Gruppe erst hergestellt werden muß, kann anfänglich der Projektleiter die Moderation über-

Gruppensprecher

nehmen. Im Laufe der Arbeit sollte dieser sich nach Möglichkeit allmählich zurückziehen und die Gruppe die Aufgabe eigenständig fortführen lassen. Im Idealfall ist der Projektleiter lediglich der „Coach" der Arbeitsgruppen. Er koordiniert und strukturiert die Gruppenarbeit. Er erläutert die Aufgaben, stellt Arbeitsmaterialien zur Verfügung und gibt bei Bedarf Hilfestellungen. Bei Konflikten nimmt er unter Umständen die Rolle des Schlichters ein.

Rolle des Projektleiters

Um allen Beteiligten zu ermöglichen, sich mit der Gruppenarbeit vertraut zu machen, kann es sinnvoll sein, zunächst eine „Pilot-Arbeitsgruppe" unter der Leitung des Projektleiters einzurichten. Diese bearbeitet eine der zuvor festgelegten Aufgaben, um Erfahrungen mit dieser Arbeitsform zu sammeln. Zudem können die konkreten Ergebnisse später den anderen Arbeitsgruppen Anhaltspunkte geben und zur Orientierung dienen.

„Pilot-Arbeitsgruppe"

Arbeitsgruppen zusammenstellen

Legen Sie zusammen mit der Geschäftsführung und dem Projektteam fest, welche Personen den jeweiligen Arbeitsgruppen angehören sollen (die Gruppe sollte ca. 3 -6 Personen umfassen). Berücksichtigen Sie hierbei die am Ablauf beteiligten, aber auch die betroffenen Personen. Klären Sie ab:

- ob sich die ausgewählten Personen während der regulären Arbeitszeit für die Gruppenarbeit zusammenfinden können (mögliche Schwierigkeit, wenn im Schichtbetrieb gearbeitet wird)
- oder ob die Gruppenarbeit außerhalb der regulären Arbeitszeit stattfinden kann/muß,
- wie dieser zusätzliche Arbeitsaufwand dann ausgeglichen werden kann (z.B. durch Freizeiten).

Arbeitsauftrag und Umweltpatenschaft

Die Geschäftsführung sollte der jeweiligen Arbeitsgruppe einen schriftlichen Arbeitsauftrag erteilen. Das Beispiel der Firma G&A in den Arbeitsmaterialien zeigt, wie ein solcher Arbeitsauftrag für die Arbeitsgruppe „Einkauf / Beschaffung" aussehen könnte. Um den Zusammenhang mit der Umsetzung der Umweltpolitik zu unterstreichen, kann die Geschäftsführung der Arbeitsgruppe zusätzlich die „Patenschaft" für eine thematisch entsprechende Umweltleitlinie übertragen. Die Übertragung von Umweltpatenschaften zielt darauf ab, daß sich die Gruppenmitglieder stärker mit den entsprechenden Leitlinien identifizieren und der Praxisbezug der Umweltpolitik, also ihre Bedeutung für die eigene tägliche Arbeit, deutlicher zutage tritt. Die Notwendigkeit, daß die Mitarbeiter zur Erreichung der Unternehmensziele beitragen, wird auf diese Weise herausgestellt. Die Übertragung einer solchen Patenschaft kann die Motivation und die Verantwortungsbereitschaft der Mitarbeiter steigern und zu einer Stärkung der Innenwirkung der Umweltpolitik beitragen. Ein Beispiel dafür, wie eine Umweltpatenschaft schriftlich übertragen werden kann, finden Sie ebenfalls in den Materialien.

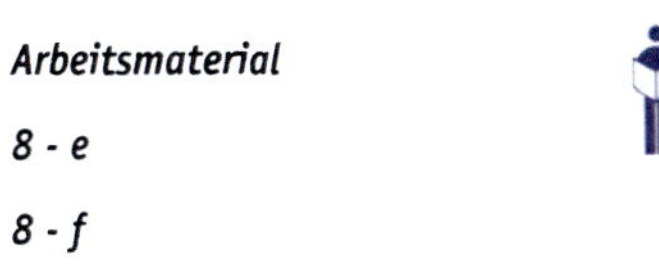

Arbeitsmaterial

8 - e

8 - f

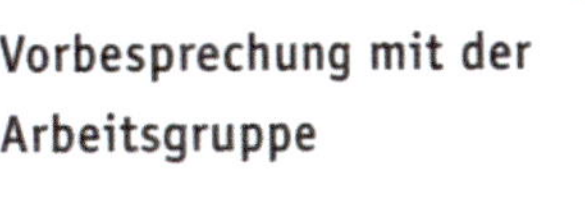

Vorbesprechung mit der Arbeitsgruppe

Gemeinsam wird von der Geschäftsführung und dem Projektleiter mit der jeweiligen Arbeitsgruppe eine Vorbesprechung durchgeführt. Dabei sollten der Arbeitsgruppe durch die Geschäftsführung die anstehende Aufgabe und das angestrebte Ziel dargelegt werden. Der Auftrag wird erteilt und ggf. kann die Patenschaft für eine Umweltleitlinie übertragen werden. Als Projektleiter können Sie bereits in der Vorbesprechung einen Überblick über die geplanten Arbeitsschritte geben. Ein entsprechende Übersicht und die Struktur der einzelnen Arbeitsschritte finden Sie in den Materialien.

Gemeinsam mit der Arbeitsgruppe sollten Termine für die Gruppensitzungen vereinbart werden. Dabei sollten die Termine einerseits nicht zu dicht aufeinander folgen (zwischenzeitlich müssen möglicherweise z.B. noch Informationen eingeholt werden), aber auch nicht so weit auseinander liegen, daß die Gruppenarbeit zur „Unendlichen Geschichte" wird. Als praktikabel haben sich etwa 14-tägige Treffen erwiesen, aber auch eine kompaktere Bearbeitung in kurzer Zeit ist unter Umständen möglich.

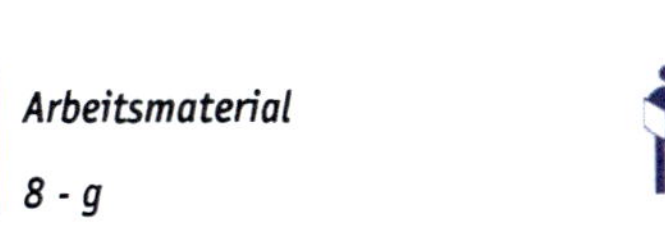

Arbeitsmaterial

8 - g

8.4 Schritt für Schritt

Die 6-Schritte-Methode

Bei der Regelung von Abläufen durch Arbeitsgruppen hat es sich als hilfreich erwiesen, eine bestimmte Reihenfolge von Arbeitsschritten zu durchlaufen. Eine Möglichkeit stellt die 6-Schritte-Methode dar, die hier kurz zusammengefaßt ist.

Nachdem zunächst die bestehende Praxis von den Gruppenmitgliedern aus ihrer jeweiligen Perspektive beschrieben und auf ihre Vor- und Nachteile hin analysiert worden ist, beginnt eine Phase der Ideensammlung, während der Anregungen und Möglichkeiten dafür zusammengetragen werden, wie der Ablauf in Zukunft gestaltet werden könnte. Auf dieser Grundlage folgt dann die konkrete Planung und anschließend wird diese Planung noch einmal überprüft. Erst am Ende dieses Prozesses steht die Dokumentation in Form einer Verfahrensanweisung.

Die sechs einzelnen Arbeitsschritte und ihre Durchführung in der Arbeitsgruppe werden im folgenden näher erläutert. Die Regelung weniger komplexer Abläufe kann mit dieser Methode in zwei bis drei Sitzungen bewältigt werden. Bei komplexeren Abläufen wird für jeden Arbeitsschritt im Durchschnitt ungefähr eine Sitzung erforderlich sein.

8.5 Erster Schritt: Praxis beschreiben

Gemeinsame Basis

Im ersten Schritt hat die Arbeitsgruppe die Aufgabe, die bestehende Praxis in bezug auf den zu regelnden Ablauf zu beschreiben. Hierbei geht es zunächst lediglich darum, daß die Mitglieder der Arbeitsgruppe aus ihrer jeweiligen Perspektive darstellen, wie der Ablauf zur Zeit stattfindet. Möglicherweise wird sich herausstellen, daß unterschiedliche Gruppenmitglieder verschiedene Sichtweisen haben. Es soll erreicht werden, daß eine gemeinsame Ausgangsbasis geschaffen wird, von der aus man weiter arbeiten kann. Bei dieser ersten Arbeitssitzung der Gruppe sollte der Projektleiter in der Regel zugegen sein, um die einzelnen Arbeitsschritte zu erläutern und gegebenenfalls Hilfestellungen zu geben.

Warum beschreiben, was man schon kennt ?
Die menschliche Wahrnehmung ist eingeschränkt. Dies kann eindrucksvoll demonstriert werden, indem man einer Gruppe von Menschen die Aufgabe stellt, innerhalb von 5 Minuten einen Gebrauchsgegenstand zu zeichnen, den jeder kennt und fast jeder besitzt: ein funktionsfähiges Fahrrad. Die Ergebnisse dieses Experiments sind immer wieder verblüffend. Bei der einen Zeichnung findet sich keine Verbindung zwischen dem großen Zahnkranz und dem angetriebenen Rad, bei der anderen weist die Gabel keinen Vorlauf auf, so daß keine Laufstabilität gewährleistet ist. Andererseits werden Details, die eher der Verkehrssicherheit als der Funktionsfähigkeit eines Fahrrades dienen (Klingel, Beleuchtung etc.) ausführlich dargestellt.

Der erste Arbeitsschritt soll unter anderem auch diesem Effekt Rechnung tragen. Darüber hinaus geht es darum, durch eine Zusammenführung und Abstimmung der - zum Teil eventuell unterschiedlichen - Sichtweisen der Beteiligten zu einer gemeinsam getragenen, weitgehend objektiven Beschreibung der Praxis zu gelangen. Diese bildet dann die Ausgangsbasis für die anschließende Analyse und die weitere Planung.

Praxis beschreiben

Im ersten Schritt soll die Arbeitsgruppe beschreiben, wie die entsprechenden Vorgänge in der Praxis gegenwärtig ablaufen. Es sollte festgehalten werden, welche konkreten (Teil-) Regelungen oder eingespielten Abläufe in der Praxis bereits existieren. Wichtig ist auch festzustellen, ob Entscheidungskriterien, Vorgehens- und Verhaltensweisen abgestimmt sind oder im Ermessen des einzelnen liegen. Wenn ein vollständig neuer Ablauf geregelt werden soll, läuft dieser erste Schritt darauf hinaus, Anknüpfungspunkte für eine Regelung zu finden.
Insgesamt sollte vermieden werden, daß die Diskussion zu sehr in Kleinigkeiten abgleitet oder späteren Arbeitsschritten vorgreift. Falls bereits Ideen für eine Neuregelung auftauchen, sollten diese zwar festgehalten, die Diskussion hierüber aber auf einen späteren Zeitpunkt (3. Arbeitsschritt) verschoben werden. Wesentlich ist, daß am Ende jedes Arbeitsschrittes ein Ergebnis vorliegt, mit dem die Gruppe weiter arbeiten kann. In den Materialien finden Sie die Ergebnisse des ersten Arbeitsschrittes bei G&A für den Ablauf „Beschaffung/ Einkauf". *(Auch für die folgenden Arbeitsschritte werden Sie solche Beispiele für Arbeitsergebnisse vorfinden.)*

Arbeitsmaterial

8 - h

8 - i

1 - o

1 - p

8.6 Zweiter Schritt: Analyse der Praxis

Spätestens mit der Formulierung der Umweltpolitik ist das Thema Umweltschutz in das Zielsystem des Unternehmens aufgenommen worden. Nun muß festgestellt werden, ob und inwieweit die bestehende Praxis mit der Umweltpolitik in Einklang steht und den festgelegten Handlungsgrundsätzen entspricht. Hierzu wird die bestehende Praxis einer kritischen Analyse unterzogen, um ihre Vor- und Nachteile herauszuarbeiten. Möglicherweise werden in diesem Zusammenhang - auch unabhängig von Umweltschutzfragen - grundsätzliche Probleme und Schwierigkeiten zur Sprache kommen. Denkbar ist zum Beispiel, daß einzelne Gruppenmitglieder ihrem Ärger über die derzeitige Praxis Luft machen, während andere an dem vertrauten und eingespielten Ablauf festhalten wollen. An dieser Stelle ist Gelegenheit, den Ursachen für Unzufriedenheit, aber auch für Beharrungswillen auf den Grund zu gehen. Sie sollte genutzt werden, um den Ablauf auch grundsätzlich zu überdenken und eventuell erforderliche Modifikationen nicht nur auf Umweltaspekte zu beschränken.

Analyse der bestehenden Praxis

Im zweiten Schritt hat die Arbeitsgruppe die Aufgabe, die bestehende Praxis kritisch zu hinterfragen. Dabei sollte insbesondere beleuchtet werden, welche Absichten ursprünglich mit dem Ablauf verfolgt wurden und welche Ursachen zur gegenwärtigen Praxis geführt haben. Um die Bearbeitung dieser Aufgabe möglichst effizient und zielgerichtet zu gestalten, kann sie sich der Methode „Die 5 Warums" bedienen. Hierdurch kann erreicht werden, daß die Diskussion sachlich, konkret und in einem angemessenen zeitlichen Rahmen verläuft. Die Ergebnisse aus der Analysephase der Arbeitsgruppe „Einkauf / Beschaffung" bei G&A sind beispielhaft in den Materialien dargestellt.

Arbeitsmaterial

8 - j

8 - k

8 - l

8.7 Dritter Schritt: Ideensammlung

Aus den Überlegungen der ersten beiden Arbeitsschritte entsteht erfahrungsgemäß bereits eine ganze Reihe von Ideen, wie der Ablauf für die Zukunft geregelt werden könnte. Unter Umständen sind während der ersten beiden Arbeitsschritte auch schon erste konkrete Möglichkeiten festgehalten worden. Nun soll der Arbeitsschritt „Ideensammlung" durchgeführt werden. Hierbei geht es darum, das kreative Potential, das jeder Mensch (wenn auch in unterschiedlich starker Ausprägung) besitzt, zu nutzen. Der Ideenreichtum der einzelnen Gruppenmitglieder, aber auch ihre positiven und negativen Erfahrungen mit dem bisherigen Ablauf, sollen dazu dienen, den Ablauf praktikabel zu gestalten. Es kommt in dieser Phase zunächst einmal darauf an, die Ideen „stürmen" zu lassen, um möglichst viele Lösungsoptionen zu sammeln. Erst zu einem späteren Zeitpunkt soll entschieden werden, was funktionieren kann und was nicht.

Im dritten Schritt führt die Arbeitsgruppe ein Brainstorming zu den Fragen des Arbeitsmaterials 8-m durch, um Ideen zur Gestaltung des künftigen Ablaufs zu sammeln. Eines solcher „Ideen-Pool" eröffnet der Arbeitsgruppe die Möglichkeit, im nächsten Arbeitsschritt einen geeigneten Lösungsvorschlag herauszuarbeiten und den Ablauf Schritt für Schritt zu planen. Wie das Ergebnis dieses kreativen Prozesses bei der Arbeitsgruppe „Einkauf / Beschaffung" der Firma G&A ausgefallen ist, können Sie in den Materialien nachlesen.

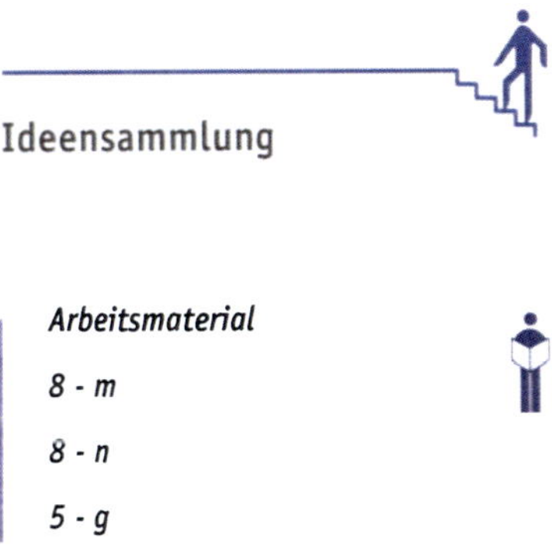

8.8 Vierter Schritt: Verfahren planen

Im Zuge der konkreten Planung werden zunächst die gesammelten Ideen und Lösungsvorschläge ausgewertet. Natürlich wird man sich in diesem Zusammenhang von einigen Ideen und Vorschlägen trennen müssen. Dabei sollte aber darauf geachtet werden, daß Vorschläge nicht einfach vom Tisch gefegt und von vornherein als undurchführbar bezeichnet werden. Jeder einzelne Vorschlag sollte ernsthaft auf seinen Wert für einen praktikablen Ablauf und auf seine Machbarkeit überprüft werden.

Ablauf planen

Im vierten Arbeitsschritt hat die Arbeitsgruppe die Aufgabe, den zukünftigen Ablauf zu beschreiben. Es soll Schritt für Schritt aufgeführt werden:

- *Was* muß gemacht werden (welche Aufgaben entstehen)?
- *Wie* und in welcher *Reihenfolge* muß es gemacht werden?
- *Wer* macht es (wer ist *verantwortlich*, wer *wirkt mit* und wer muß *informiert* werden)?
- *Was* ist außerdem *erforderlich* (z.B. die Erstellung eines Formblattes, Anschaffung von Ausrüstung, qualifizierende Maßnahmen)?

Hierzu kann die Arbeitsgruppe die Planungsmatrix aus den Materialien benutzen. Dort findet sich auch ein Beispiel, wie die Matrix bei der Fa. G&A ausgefüllt wurde.
Die Planung sollte - soweit möglich - außerdem berücksichtigen,

- wie die Überwachung und Kontrolle durchgeführt wird,
- wie Abweichungen von festgelegten Prozeduren und ihre möglichen Folgen erkannt werden,
- welche Maßnahmen ergriffen werden, um etwaige Auswirkungen zu begrenzen,
- wie die Ursachen für Abweichungen ermittelt und zukünftig ausgeschlossen werden,
- welche Aufzeichnungen und Protokolle jeweils geführt werden und wie mit diesen weiter verfahren wird.

Arbeitsmaterial
8 - o
8 - p
8 - q

8.9 Fünfter Schritt: Überprüfung der Planung

„Knackpunkte"

Ein wesentlicher Vorteil der Arbeit in der Gruppe besteht darin, daß die Planung der Abläufe von Anfang an verschiedene Perspektiven berücksichtigt und sich durch große Praxisnähe auszeichnet. Dennoch wird nicht immer alles bedacht werden können. Besonders Schnittstellen zu anderen Bereichen, Aufgaben, die Dritten übertragen werden sollen oder Voraussetzungen, die erst noch geschaffen werden müssen, sind planerische „Knackpunkte", welche die praktische Umsetzung der Planung erschweren oder gar verhindern können. Daher ist es wichtig, den geplanten Ablauf noch einmal kritisch zu überprüfen.

Gerade auch, wenn es um die Frage geht, wer die Aufgaben und die damit verbundenen Verantwortlichkeiten letztendlich übernehmen soll, stößt man typischerweise auf zwei Probleme:

1. Es werden immer dieselben Mitarbeiter mit Aufgaben „betraut". Die Folge ist dann oft, daß durch die mangelnde Verteilung der Aufgaben und der Verantwortung der Einzelne überlastet wird.
2. Verantwortlichkeiten werden Mitarbeitern „aufgedrückt", ohne daß die Voraussetzungen zur angemessenen Erfüllung, wie entsprechende Qualifikationen und Befugnisse, gegeben sind oder geschaffen werden. Die Verantwortung wird also nicht im eigentlichen Sinne delegiert.

Überforderung

Gründe für diese Probleme können sein, daß derzeit niemand hinreichend geeignet ist, die Verantwortung zu übernehmen, daß die Aufgabe unterschätzt bzw. als lästige Pflicht betrachtet wird oder, daß eine Stabsaufgabe einem Linienverantwortlichen zugedacht wird, weil er „an der Sache näher dran ist". In vielen Fällen sind die entsprechenden Personen dann im Grunde genommen gar nicht in der Lage, ihren Aufgaben wirklich nachzukommen, weil sie entweder überlastet oder überfordert sind. Damit die neu oder zusätzlich entstandenen Aufgaben angemessen wahrgenommen werden können und es nicht zu Überlastungen kommt, sollte geprüft werden, ob eine Entlastung einzelner Mitarbeiter von anderen Aufgaben und Tätigkeiten notwendig und möglich ist.

Gewinner und Verlierer

Andererseits stellen Veränderungen von Zuständigkeiten und Verantwortlichkeiten stets einen Eingriff in das soziale Gefüge des Unternehmens bzw. einer Abteilung dar. Dabei gibt es in der Regel Gewinner und Verlierer. Die Verlierer, also Mitarbeiter, die Einfluß, Befugnisse oder Privilegien einbüßen oder stärkerer Belastung ausgesetzt sind als zuvor, werden die Veränderung ablehnen und dadurch den Erfolg in Frage stellen. Die besten Voraussetzungen für wirksame Veränderungen stellen deshalb sogenannte „Win-win"-Lösungen dar, die für alle Beteiligten letztlich einen Gewinn bedeuten, indem zum Beispiel für potentielle Verlierer ein befriedigender Ausgleich geschaffen wird. Es empfiehlt sich daher, den erarbeiteten Vorschlag - gerade auch unter diesen Aspekten - noch einmal intensiv auf seine Realisierbarkeit und seine Funktionsfähigkeit zu überprüfen.

Planung überprüfen

Im fünften Arbeitsschritt sollte die Arbeitsgruppe gemeinsam mit dem Projektleiter den erarbeiteten Vorschlag anhand der Planungsmatrix noch einmal genau prüfen. Der Projektleiter sollte sich ggf. die einzelnen Ablaufschritte und die zugrunde liegenden Überlegungen erläutern lassen, damit gemeinsam festgestellt wird, ob der Ablauf in der geplanten Weise tatsächlich stattfinden kann, ob die Vorgaben aus dem Arbeitsauftrag erfüllt und ob die angestrebten Wirkungen erzielt werden. Dabei ist darauf zu achten, ob neue, erweiterte oder umverteilte Aufgaben unter den gegebenen Umständen in der geplanten Weise ausgeführt bzw. wahrgenommen werden können. Die jeweiligen Personen müssen über die dafür erforderlichen Befugnisse und Ressourcen (insbesondere zeitliche Kapazitäten und Mittel) zur Ausübung der geplanten Aufgabe sowie die entsprechenden Qualifikationen und Fähigkeiten verfügen.

Es sollten bewußt auch unangenehme Fragen thematisiert werden. Zu diesem Zeitpunkt besteht noch die Möglichkeit, Schwierigkeiten gemeinsam mit der Arbeitsgruppe auf den Grund zu gehen, sie zu bewältigen und späteren Widerständen vorzubeugen. Organisatorische oder qualifizierende Maßnahmen, die ggf. erforderlich werden, um die Mitarbeiter in die Lage zu versetzen, ihre Aufgaben und Verantwortlichkeiten wahrzunehmen, sollten notiert werden.

Arbeitsmaterial
8 - r
8 - s

Die Übertragung oder Änderung von Verantwortlichkeiten und Befugnissen kann in der Regel nicht von den Mitgliedern der Arbeitsgruppe beschlossen werden. Bedingt der geplante Ablauf derartige organisatorische Maßnahmen, werden Qualifizierungsmaßnahmen erforderlich oder müßten Mittel bereitgestellt werden, so müssen hierüber zunächst Entscheidungen der Geschäftsführung herbeigeführt werden. Solche geplanten Veränderungen und Maßnahmen müssen daher vom Projektleiter mit der Geschäftsführung abgestimmt werden, bevor die Ergebnisse der Gruppenarbeit abschließend dokumentiert und die Ablaufregelungen in Kraft gesetzt werden können.

Auf die Maßnahmen, die im Rahmen der Anpassung der Aufbauorganisation ggf. erforderlich werden (z.B. die Erweiterung von Verantwortlichkeiten und Zuständigkeiten, die Erstellung oder Änderung von Funktionsbeschreibungen und die Formulierung von Beauftragungsschreiben) wird im Abschnitt 9 noch eingegangen.

Maßnahmen abstimmen

Als Projektleiter und Koordinator der Arbeitsgruppen ist es nun Ihre Aufgabe, die Ergebnisse der Gruppenarbeit und die erforderlichen Maßnahmen der Geschäftsführung zu unterbreiten. Diese muß dann entscheiden,

- welche Qualifizierungsmaßnahmen, Schulungen und Einweisungen durchzuführen sind,
- welche Aufgaben - einschließlich hieraus resultierende Zuständigkeiten und Verantwortlichkeiten - umverteilt werden,
- ob und wann die entsprechenden Ressourcen und Mittel zur Verfügung gestellt werden.

8.10 Sechster Schritt: Verfahren festschreiben

Verfahrensanweisung

Gerade wenn im Unternehmen noch keine oder erst wenig Erfahrung mit Gruppenarbeit vorliegt, sollten die Erwartungen an die erzielten Ergebnisse nicht zu hoch gesteckt werden. So kann man nicht davon ausgehen, daß aus der Gruppenarbeit eine perfekte und druckreife Verfahrensanweisung resultiert. Die Ergebnisse werden in jedem Fall noch der weiteren Bearbeitung bedürfen.

Nachdem der Ablauf durch die Arbeitsgruppe geplant und geregelt wurde, bietet es sich in den allermeisten Fällen an, diese Regelung auch in Form einer Verfahrensanweisung zu dokumentieren. Die Formulierung der Verfahrensanweisung wird häufig nicht von der Arbeitsgruppe geleistet werden können. Diese Aufgabe sollte der Projektleiter übernehmen. Hierbei kann ein in der Erstellung von Verfahrensanweisungen erfahrener Mitarbeiter (z.B. aus dem Qualitätsmanagement) Unterstützung leisten. Alle Verfahrensanweisungen eines Unternehmens sollten, unabhängig davon, welchem System sie zuzuordnen sind, gleich oder ähnlich gestaltet sein. Dies erleichtert zudem auch eine mögliche Zusammenführung verschiedenartiger Verfahrensanweisungen in ein integriertes Managementsystem.

Ablauf / Verfahren dokumentieren

Erstellen Sie auf Grundlage der Ergebnisse aus der Gruppenarbeit - insbesondere der Planungsmatrix - die entsprechende Verfahrensanweisung. Das Arbeitsmaterial 8-u enthält hierzu weitere Informationen, Anregungen und Erläuterungen. Außerdem finden Sie in den Materialien mehrere Beispiele für Verfahrensanweisungen. Bevor die Verfahrensanweisung endgültig von der Geschäftsführung in Kraft gesetzt wird, sollten Sie gemeinsam mit der Arbeitsgruppe die Verfahrensanweisung daraufhin überprüfen, ob der Ablauf bzw. das Verfahren verständlich und der Planung entsprechend beschrieben ist. Eine solche „Freigabe" durch die Planungsgruppe steigert die Akzeptanz und die Lebendigkeit des Umweltmanagementsystems, und der Prozeß der Gruppenarbeit wird mit einem „greifbaren" Ergebnis abgeschlossen.

Arbeitsmaterial

8 - t

8 - u

8 - v

8 - w

8 - x

Information aller Betroffener

Normalerweise können die Verfahren erst in Kraft gesetzt werden, wenn die notwendigen Qualifikationsmaßnahmen durchgeführt, angemessene Mittel und Ressourcen bereitgestellt und die erforderlichen Strukturen geschaffen sind. Da in den seltensten Fällen alle betroffenen und beteiligten Mitarbeiter in der Arbeitsgruppe mitwirken können, sollte vor der Einführung eines jeden neuen Verfahrens für die jeweils Betroffenen eine Informations- bzw. Schulungsveranstaltung durchgeführt werden. In dieser können das Verfahren und Veränderungen in den Abläufen vorgestellt und erläutert werden. Es bietet sich an, daß diese Veranstaltungen entweder von dem Projektleiter oder von einem Mitglied der Arbeitsgruppe geleitet wird.

Auflösung der Arbeitsgruppe

Spätestens mit Abschluß des sechsten Arbeitsschrittes hat die Arbeitsgruppe ihre Aufgabe erfüllt und kann somit wieder aufgelöst werden. Die den Mitgliedern der Arbeitsgruppen übertragenen Patenschaften für Umweltleitlinien können im Gegensatz hierzu weiter aufrecht erhalten werden. Möglicherweise haben manche der Mitarbeiter auch Interesse, später in einem ständigen Gremium mitzuwirken und sich auf diese Weise im Sinne „ihrer" Umweltleitlinie zu engagieren. Auf die Bildung entsprechender Gremien wird im Abschnitt 9 „Anpassung der Aufbauorganisation" eingegangen.

Arbeitsmaterial

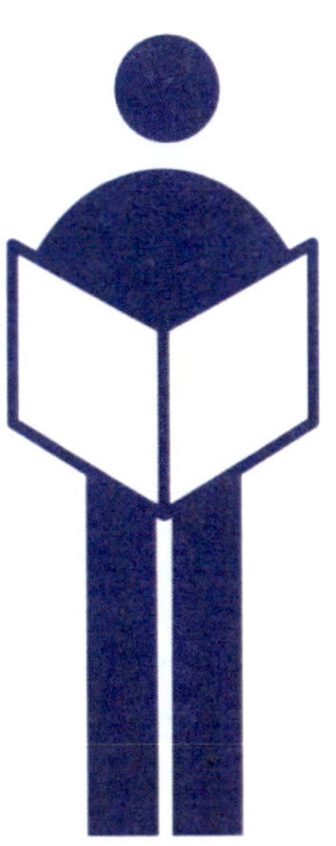

Angestrebte Ergebnisse dieses Abschnittes:

- ❑ Die erforderlichen Verfahren sind festgelegt und dokumentiert.

- ❑ Die damit verbundenen Tätigkeiten sind geregelt.

Aktionsplan

1. Regelungsbedürftige Abläufe ermitteln
2. Arbeitsgruppen zusammenstellen
3. Arbeitsauftrag und Umwelt-Patenschaften
4. Vorbesprechung mit der Arbeitsgruppe / den Arbeitsgruppen
5. Praxis beschreiben (Arbeitsgruppe)
6. Analyse der bestehenden Praxis (Arbeitsgruppe)
7. Ideensammlung (Arbeitsgruppe)
8. Ablauf planen (Arbeitsgruppe)
9. Planung überprüfen (Arbeitsgruppe)
10. Maßnahmen abstimmen
11. Ablauf / Verfahren dokumentieren

Verfahren im Rahmen des Umweltmanagements

Vorschläge in Anlehnung an:
- **EG-Verordnung Nr. 1836/93 (Öko-Audit-Verordnung)**
- **DIN EN ISO 14 001**

Umweltaspekte

Registrierung und Bewertung der Umweltauswirkungen / -einwirkungen, einschl. Aktualisierung, Pflege, Verwendung des Registers

Diese VA beschreibt, wie

- die Auswirkungen auf die Umwelt regelmäßig erfaßt werden
- und nach welchen Kriterien die Auswirkungen auf die Umwelt beurteilt werden
- ein Verzeichnis der Auswirkungen, deren besondere Bedeutung festgestellt wurde, angelegt und gepflegt wird
- das Verzeichnis und die Ergebnisse der Beurteilung verwendet werden

Beschaffung / Einkauf

Beurteilung und Auswahl unter Umweltaspekten ggf. entsprechende Ergänzung der bestehenden QVA

Diese VA beschreibt, wie

- Informationen über die Umweltstandards von Lieferanten und Auftragnehmern sowie die Umweltverträglichkeit von Technologien, Produkten, Stoffen etc. erfaßt und berücksichtigt werden
- in Bezug auf Beschaffungsvorgänge Kriterien für die Beurteilung und Auswahl festgelegt und kontinuierlich angepaßt werden
- in Bezug auf Lieferanten und Auftragnehmer Kriterien für die Beurteilung und Auswahl festgelegt und kontinuierlich angepaßt werden
- die Beurteilung und Auswahl von Technologien, Produkten, Stoffen etc. sowie Vertragspartnern nach den festgelegten Kriterien durchgeführt wird

Produktplanung (Forschung und Entwicklung)

vgl. auch UMH 4.6 ggf. entsprechende Ergänzung der bestehenden QVA "Designlenkung"

Diese VA beschreibt, wie

- bei der Produktplanung sowie ggf. der Forschung und Entwicklung Umweltaspekte und insbesondere die Umweltnormen, die Umweltpolitik sowie die Umweltziele des Unternehmens berücksichtigt werden
- die Umweltauswirkungen neuer Tätigkeiten, Produkte und Verfahren im voraus beurteilt und bei Planungen und Entscheidungen berücksichtigt werden

Auswahl und Änderung von Produktionsverfahren

ggf. entsprechende Ergänzung der bestehenden QVA „Prozeßlenkung"

Diese VA beschreibt, wie

- bei der Auswahl und Änderung von Produktionsverfahren Umweltaspekte und insbesondere die Umweltnormen, die Umweltpolitik sowie die Umweltziele des Unternehmens berücksichtigt werden
- die Umweltauswirkungen neuer oder geänderter Produktionsverfahren in voraus beurteilt und bei Planungen und Entscheidungen berücksichtigt werden
- den Umweltnormen entsprechende Arbeits- und ggf. Verfahrensanweisungen für diese neuen Produktionsverfahren erstellt werden
- ermittelt wird, ob Überwachungs- und Kontrollmaßnahmen erforderlich sind
- ermittelt wird, ob Aufzeichnungen und Protokolle erforderlich sind
- diese eingeführt und aufrechterhalten werden

Einhaltung der Rechtsvorschriften

Register: Aktualisierung, Pflege, Verwendung

Diese VA beschreibt, wie

- die auf das Unternehmen anwendbaren Rechtsvorschriften kontinuierlich erfaßt und das Register der Rechtsvorschriften gepflegt und aktualisiert werden,
  - wenn neue Rechtsvorschriften erlassen werden,
  - wenn Rechtsvorschriften sich ändern oder entfallen,
  - wenn bedeutsame Veränderungen im Unternehmen erfolgen (in Bezug auf Abläufe, Tätigkeiten, Produktionsverfahren oder -anlagen)
- die aus den Rechtsvorschriften resultierenden Anforderungen ermittelt und umgesetzt werden

Umweltbezogene Information, Aus- und Fortbildung der Mitarbeiter

Bedarfsermittlung, Planung und Durchführung, Qualifizierung und Schulung, Mitarbeiterinformation und interne Kommunikation, interne umweltbezogene Mitteilungen

ggf. entsprechende Ergänzung der bestehenden QVA „Schulung"

Diese VA beschreibt, wie

- der Schulungsbedarf in regelmäßigen Abständen ermittelt wird
- eine entsprechende Schulungsplanung erfolgt
- die erforderlichen Schulungen durchgeführt werden
- die Mitarbeiter umweltbezogene Informationen erhalten
- interne umweltbezogene Mitteilungen entgegengenommen, dokumentiert und beantwortet werden

Umweltziele und Umweltprogramme

Festlegung, Überprüfung, Anpassung

Diese VA beschreibt, wie

- Umweltziele und Umweltprogramme in regelmäßigen Abständen festgelegt und angepaßt werden
- Umweltprogramme durchgeführt werden
- die Erreichung der Umweltziele überprüft wird

Externe Umweltkommunikation

Umwelterklärung, Kommunikationskonzept, Kundenberatung, Umweltbezogene Mitteilungen

Diese VA beschreibt, wie

- die Öffentlichkeit über umweltrelevante Belange informiert wird
- eine Umwelterklärung abgefaßt und verbreitet wird, die an die Öffentlichkeit gerichtet ist und die entsprechenden Interessengruppen berücksichtigt
- externe umweltbezogene Mitteilungen entgegengenommen, dokumentiert und beantwortet werden
- Kunden über Umweltaspekte in Zusammenhang mit den Produkten informiert und beraten werden
- ein Dialog mit den Behörden geführt wird
- ein Dialog mit Vertragspartnern und ggf. anderen Interessengruppen geführt wird

Erstellung und Lenkung der Dokumente

Diese VA beschreibt, wie

- die Dokumente für das Umweltmanagementsystem in Hinblick auf die Pflege / Zuordnung gestaltet werden
- diese Dokumente erstellt und gepflegt werden
- die Dokumente verteilt und an den Stellen, an denen sie Anwendung finden, verfügbar gemacht werden
- die Dokumente aktualisiert und ungültige Dokumente entfernt werden

Tätigkeit von Vertragspartnern

Einbindung von Vertragspartnern, Vertragsgestaltung und -prüfung

Diese VA beschreibt,

- wie Vertragspartner über die ökologischen Anforderungen und die Umweltnormen des Unternehmens unterrichtet werden
- wie die Einhaltung der Umweltnormen in die Vetragsgestaltung einfließt
- wie Vertragspartner am Standort eingewiesen werden
- wie die Einhaltung der Umweltnormen durch die Vertragspartner kontrolliert wird
- welche Maßnahmen bei Verstößen gegen die Umweltnormen bzw. die vertraglichen Vereinbarungen ergriffen werden

Verfahren zu Vorbeugung, Gefahrenabwehr und Risikomanagement

ggf. mehrere VA bzw. AA

Diese VA beschreibt (beschreiben),

- wie Gefahrenpotentiale erkannt, erfaßt und beurteilt werden
- welche Maßnahmen vorgesehen und/oder durchgeführt werden, um Gefahrenpotentiale zu verringern oder zu beseitigen
- wie dem Eintritt von Vorfällen, Unfällen oder Notfällen vorgebeugt wird
- wie die Wirksamkeit dieser Maßnahmen und Verfahren überprüft wird
- wie Notfall- und Alarmpläne für das Verhalten bei umweltschädigenden Unfällen aufgestellt und gepflegt werden

Verfahren bei umweltschädigenden Unfällen (Notfall- und Alarmpläne)

ggf. mehrere VA bzw. AA

Diese VA beschreibt (beschreiben),

- wie der Eintritt umweltschädigender Vorfälle, Unfälle und Notfälle erkannt und gemeldet wird
- wie auf solche Ereignisse und Vorkommnisse reagiert wird
- welche Maßnahmen ergriffen werden, um die Umwelteinwirkungen so gering wie möglich zu halten

Umweltbetriebsprüfungen / Umwelt-Audits

Planung,
Durchführung,
Auswertung

Diese VA beschreibt, wie

- Umweltbetriebsprüfungen geplant werden
- in regelmäßigen Abständen Umweltbetriebsprüfungen durchgeführt werden
- die Umweltbetriebsprüfer qualifiziert werden
- und nach welchen Kriterien Umweltbetriebsprüfungen ausgewertet werden
- die Ergebnisse der Auswertung dokumentiert werden
- die Ergebnisse der Umweltbetriebsprüfung verwendet und der obersten Leitung berichtet werden

Review des UMS und der Umweltpolitik

Bewertung und Anpassung

Diese VA beschreibt, wie

- und nach welchen Kriterien die oberste Geschäftsführung in regelmäßigen Abständen das Umweltmanagementsystem bewertet und ggf. die Umweltpolitik anpaßt
- die oberste Geschäftsführung die für diese Bewertung erforderlichen Informationen erhält
- das Ergebnis dieser Bewertung dokumentiert wird
- die Umweltpolitik und das Umweltmanagementsystem entsprechend dieser Ergebnisse angepaßt werden

Abfallmanagement

Abfallvermeidung
Abfalltrennung und -lagerung
(Bereitstellung zur Abholung);
Verwertung;
Kennzeichnung, Entsorgung,
Überwachung,
Abfallkonzept

ggf. mehrere VA bzw. AA

Diese VA beschreibt (beschreiben),

- wie der Entstehung von Abfällen vorgebeugt wird
- wie Abfälle gehandhabt, getrennt, gesammelt und gelagert bzw. zur Verwertung oder Entsorgung bereit gestellt werden
- wie die Verwertung von Abfällen erfolgt
- wie die Kennzeichnung von Abfällen, Abfallarten und Abfallbehältern erfolgt
- wie die Abholung und Entsorgung der Abfälle veranlaßt, überwacht und dokumentiert wird
- wie Aufzeichnungen und Bilanzen über die Entstehung und die Entsorgung von Abfällen geführt und ausgewertet werden
- wie Abfallkonzepte erstellt und umgesetzt werden

Emissionsüberwachung und Erstellung von Emissionserklärungen

ggf. mehrere VA bzw. AA

Diese VA beschreibt (beschreiben),

- wie Emissionen vermieden oder, wo dies nicht möglich ist, verringert werden
- welche Maßnahmen zum Immissionsschutz ergriffen werden
- wie die unterschiedlichen Emissionen, die vom Standort ausgehen, jeweils erfaßt und überwacht werden
- wie hierüber Aufzeichnungen und Protokolle geführt werden
- ggf. wie regelmäßig Emissionserklärungen erstellt werden

Durchführung von Planungs- und Genehmigungsverfahren

ggf. mehrere VA

Diese VA beschreibt (beschreiben),

- wofür bestimmte Planungs- oder Genehmigungsverfahren behördlich oder gesetzlich vorgeschrieben oder aus anderen Gründen durchzuführen sind
- wie Planungsverfahren veranlaßt, durchgeführt und überwacht werden
- wie Genehmigungsverfahren veranlaßt, durchgeführt und überwacht werden
- wie diese Verfahren jeweils dokumentiert werden

Ganz & *Aehnlich*

Regelung von Abläufen unter Umweltaspekten (Auszug)

Um den Umweltschutz am Standort weiter zu verbessern, schlägt die Projektgruppe "Umweltmanagement" der Geschäftsführung vor, daß die folgenden Abläufe geregelt und ggf. mit Verfahrensanweisungen hinterlegt werden.
In die Auswahl der regelungsbedürftigen Abläufe gingen folgende Kriterien ein:

- Ergebnisse aus der Umweltprüfung
- Bewertung der Umweltauswirkungen
- Umsetzung der Umweltpolitik
- Anforderungen an ein Umweltmanagementsystem

Abläufe	Aufgabe	Arbeitsgruppen	Abschlußtermin	erledigt
Getrennte Sammlung und Entsorgung von Abfällen	Erarbeitung eines Verfahrens, mit dem eine sortenreine Trennung erreicht wird, so daß der Abfall nicht mehr als Mischabfall an den Entsorger gehen muß	**Arbeitsgruppe Abfall :** Hr. Petz, Fr. Döbel, Hr. Köchlin, Hr. Abel, (Hr. Wagner als Fachberater)		
Reinigung und Ölwechsel der Maschinen PU5, PU7, F	Erarbeitung eines Verfahrens, das den regelmäßigen Ölwechsel und die Sammlung und Entsorgung des Altöls sicherstellt	**Arbeitsgruppe Maschinen :** Hr. Maut, Hr. Limburg		
Bewertung der Umweltauswirkungen	Erarbeitung eines Verfahrens für die regelmäßige Erfassung und Bewertung der Umweltauswirkungen	**Arbeitsgruppe Umweltauswirkungen :** Fr. Fritsche, Hr. Ganz, Hr. Kuhn		
Einhaltung der Rechtsvorschriften	Erarbeitung eines Verfahrens für die Pflege des Registers der Rechtsvorschriften	**Arbeitsgruppe Rechtsvorschriften :** Hr. Ganz, Hr. Dr. Müller, Hr. Wagner		
Beschaffung unter Berücksichtigung von Umweltaspekten	Ergänzung der bereits existierenden Kriterien für die Beschaffung um Umweltaspekte entsprechende Überarbeitung der Richtlinie für die Beschaffung von Roh- und Hilfsstoffen hinsichtlich der Beurteilung und Auswahl unter Umweltaspekten	**Arbeitsgruppe Einkauf / Beschaffung :** Hr. Plotz, Fr. Jäckling, Fr. Libermann		

Abläufe	Aufgabe	Arbeitsgruppen	Abschlußtermin	erledigt
Verfahren bei umweltschädigenden Unfällen	Überarbeitung der vorhandenen Notfall- und Alarmpläne hinsichtlich der identifizierten möglichen (unfallbedingten) Umweltauswirkungen	**Arbeitsgruppe Umweltnotfall :** Hr. Blomer, Hr. Kahn, Hr. Pelau		
Verfahren für die Umweltbetriebsprüfungen (Audit)	Erarbeitung eines Verfahrens, das die Vorbereitung, Durchführung und Auswertung der Umweltbetriebsprüfung regelt	**Arbeitsgruppe Audit :** Hr. Ganz, Hr. Wagner, Fr. Fritsche, Hr. Kuhn		
Verfahren für die Aus- und Fortbildung	Erarbeitung eines Verfahrens zur regelmäßigen Ermittlung des Schulungsbedarfs in Umweltfragen	**Arbeitsgruppe Umweltbildung :** Fr. Schnitzler, Hr. Konrad		
...				

Arbeitsauftrag
(Arbeitsgruppe: Einkauf / Beschaffung)

Ganz & *Aehnlich*

Aufgabenstellung

1. Folgende Fragen klären:

- Nach welchen ökologischen Kriterien wollen wir Roh-, Hilfs- und Betriebsstoffe sowie andere zu beschaffende Produkte und Stoffe beurteilen?
- Wie, wann und durch wen sollen diese ökologischen Beurteilungen erfolgen?
- Wie wollen wir diese ökologischen Beurteilungen bei Auswahl- und Beschaffungsvorgängen berücksichtigen?
- Welche Tätigkeiten und Abläufe sind davon betroffen?
- Wie sollen diese Tätigkeiten und Abläufe (künftig) durchgeführt werden?

2. Hierzu ist eine schriftliche Verfahrensanweisung zu erstellen.

(Besteht bereits eine Verfahrensanweisung (z.B. QVA), so kann diese entsprechend erweitert bzw. ergänzt werden.)

Mitglieder der Arbeitsgruppe:

HR. PLOTZ

FR. LIBERMANN

FR. JÄCKLING

Umwelt-Patenschaft

Ganz &
Aehnlich

Der Arbeitsgruppe EINKAUF / BESCHAFFUNG

und ihren Mitgliedern wird die Patenschaft für die folgende Umweltleitlinie unseres Unternehmens übertragen:

„Wir streben den Einsatz umweltverträglicher Stoffe und Energieträger sowie die sparsame Nutzung natürlicher Ressourcen an."

Verbunden mit dieser Patenschaft sollen sich die Mitglieder der Arbeitsgruppe in besonderem Maße um die Umsetzung der Leitlinie in den betrieblichen Alltag bemühen.
Durch eine sorgfältige und erfolgreiche Bearbeitung der Aufgabe können sie wesentlich zur Erreichung dieses Unternehmenszieles beitragen.

Ganz ....

Geschäftsleitung

Wagner ....

Projektleitung

Übersicht Arbeitsschritte

1. Arbeitsschritt:
Praxis beschreiben

2. Arbeitsschritt:
Analyse

3. Arbeitsschritt:
Ideensammlung

4. Arbeitsschritt:
Verfahren planen

5. Arbeitsschritt:
Überprüfung

6. Arbeitsschritt:
Verfahren festschreiben

1. Arbeitsschritt:

Praxis beschreiben

- Was machen wir in dieser Hinsicht bereits?
- Welche **Regelungen oder Vorgaben** existieren hierzu?
- Wie laufen die **Vorgänge** in der Praxis ab?
- Welche **Erfahrungen** haben wir (gemacht)?

Abläufe, Erfahrungen und Beobachtungen beschreiben!

Ergebnisse des 1. Arbeitsschrittes: „Praxis beschreiben"

(Arbeitsgruppe „Einkauf / Beschaffung")

Bestehende Regelungen und Vorgaben:

- Das Bestell- und Einkaufsverfahren ist in der entsprechenden QM-Verfahrensanweisung grundsätzlich geregelt.
- Für die eigentliche Beschaffung ist die Abteilung Einkauf zuständig. Diese entscheidet bei den meisten Bestellungen über die Wahl der Lieferanten und der Produkte eigenständig auf Grundlage der Einkaufsrichtlinien.
- Die bestehenden Einkaufsrichtlinien orientieren sich an den Kriterien Preis, Lieferbedingungen, Termintreue, Qualität sowie an produktionstechnischen Vorgaben.
- Für den Einkauf existieren keine Vorgaben zur Berücksichtigung ökologischer Aspekte beim Einkauf und bei der Beschaffung.
- Eine Lieferantenbewertung hat bisher weder unter ökologischen Aspekten noch im Rahmen des Qualitätsmanagements (z. B. hinsichtlich Zuverlässigkeit und Termintreue) stattgefunden.
- Fazit: Ökologische Gesichtspunkte spielen z.Z. bei Bestellungen, beim Einkauf und der Beschaffung sowie bei der Auswahl von Lieferanten noch keine Rolle.

Gegenwärtiger Ablauf:

- Nachdem Bedarf festgestellt worden ist, erfolgt die Bestellung bei der Abteilung Einkauf mittels Materialanforderungsschein durch den Leiter der jeweiligen Abteilung.
- Der Besteller spezifiziert die benötigten Artikel lediglich nach Bezeichnung, Ausführung bzw. besonderen Produktanforderungen und Menge. In bestimmten Fällen werden Angaben zum gewünschten Liefertermin hinzugefügt.
- Bei Rückfragen wendet sich der jeweilige Sachbearbeiter im Einkauf direkt an die Besteller.

- Bei Bestellungen bis 800 DM führt der Sachbearbeiter die Bestellung eigenständig aus. Bei Bestellungen über 800 DM ist zuvor eine Freigabe durch den kaufmännischen Geschäftsführer zu erteilen. Bei Investitionen oder Anschaffungen über 20.000 DM oder anderen umfangreichen Maßnahmen wird eine Projektgruppe gebildet, die für die Abwicklung zuständig ist. Zu dieser gehören in der Regel der kaufmännische Geschäftsführer, der Leiter Einkauf, der technische Geschäftsführer und die Leiter der betroffenen Abteilungen. Die Projektgruppe ist für alle mit der Beschaffung verbundenen Maßnahmen zuständig.

- Die Abteilung Einkauf führt die Bestellung aus, indem sie telefonisch oder schriftlich an die in Frage kommenden Lieferanten herantritt, diesen die Produktspezifikationen mitteilt und hierfür Preise einholt. Bei vergleichbarer Qualität entscheidet der Preis.

- Die Bestellung erfolgt telefonisch oder per Fax und wird vom Lieferanten schriftlich bestätigt.

- Alle Anlieferungen erfolgten generell über die Warenannahme. Hier wird die Lieferung mit der Bestellung verglichen und der Einkauf wird informiert. In der Regel wird die Verpackung entfernt und dem Abfall zugeführt. Ist dies erfolgt, wird die Lieferung eingelagert bzw. der anfordernden Abteilung bereitgestellt.

2. Arbeitsschritt:

Analyse

- Welche **Vorteile** hat die gegenwärtige Praxis?
- Welche **Nachteile** hat die gegenwärtige Praxis?
- Welche **Erkenntnisse** können wir hierzu aus der Umweltprüfung ziehen?

Ziele, Ursachen und Zusammenhänge beschreiben !

„Die 5 Warums "

Den Dingen auf den Grund gehen und die wirklichen Ursachen für bestimmte Probleme, Verhaltensweisen oder Abläufe zu finden, ist nicht einfach. Nicht selten gibt man sich zu früh mit Scheinargumenten zufrieden, bohrt nicht genügend nach und beschließt dann schnell, alles beim Alten zu lassen. Es sei denn, man erhebt das „Bohren" zur Methode. Die Methode „Die 5 Warums" ist eine gute Möglichkeit, Sachverhalte und Problem- oder Konfliktsituationen bei relativ geringem Zeitaufwand systematisch zu hinterfragen und zu analysieren. Ein weiterer Vorteil: der Gefahr, sich in chaotischen, wenig konstruktiven und endlosen Diskussion zu verstricken, wirkt das strukturierte Vorgehen dieser Methode entgegen.

Vorbereitung:

- Flip-Chart oder Pinwand,
- dicke Filzstifte oder Folienstifte,
- selbsthaftende Notizzettel oder Karteikarten
- Pinwandnadeln oder Klebeband bereithalten

➜ Zu Beginn wird eine Person ausgewählt, welche die Beiträge der Gruppe notiert und ggf. anheftet.

Durchführung:

1. Problem benennen

   Wählen Sie einen konkreten Sachverhalt oder ein Problem aus. Hier einige Beispiele:
   - Trotz Anweisungen und Hinweisschildern wird der Abfall nicht sortenrein getrennt und es kommt immer wieder zu Fehlwürfen
   - Aufzeichnungen werden nicht regelmäßig geführt
   - In bestimmten Ecken bilden sich immer wieder kleine „Abfall -Zwischenlager"

2. Wiederholt hinterfragen

Stellen Sie der Arbeitsgruppe die erste Warum-Frage, z.B. „Warum kommt es immer wieder vor, daß ...?". Die Antworten der „1. Generation" (ca. 4-8 Stück) werden jeweils auf Notizzettel geschrieben und so angeheftet, daß viel Platz um die einzelnen Zettel herum vorhanden ist. Nun wird eine der Antworten ausgewählt und gefragt „Warum ist dies der Fall ...?" oder „Warum kommt es zu dieser Situation ... ?". Die Antworten der „2. Generation" werden wiederum notiert und neben ihre „Eltern" geheftet.

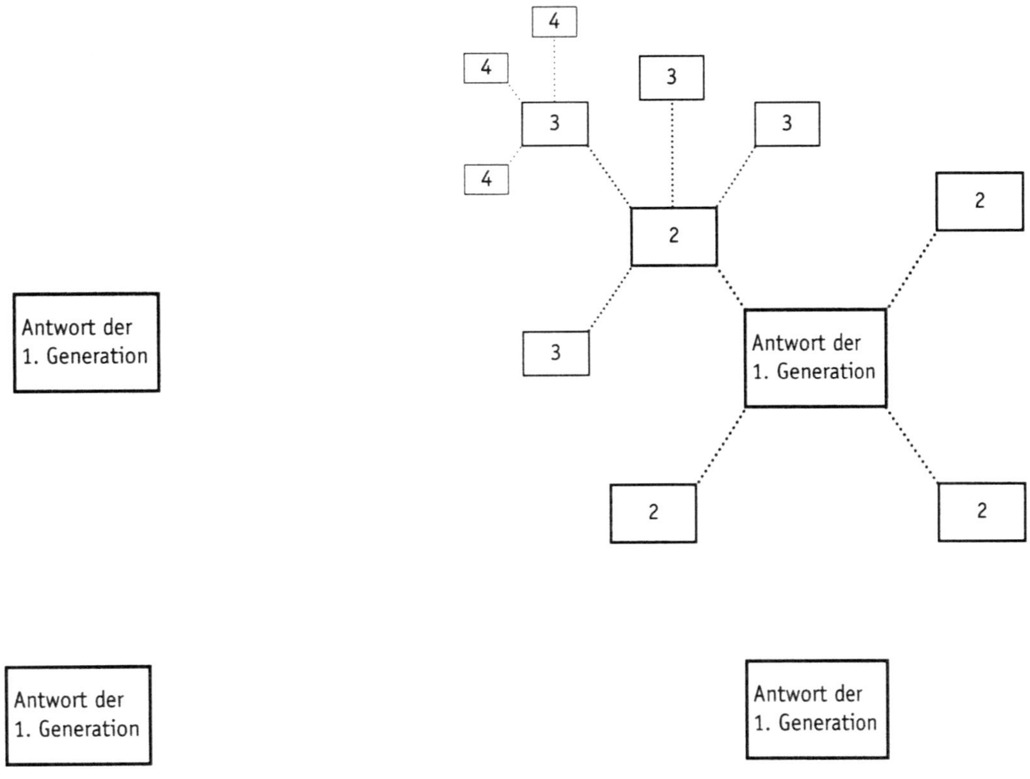

Dieser Vorgang - also die Frage nach dem „Warum" - kann bis zu fünf mal wiederholt werden. Am Ende sind bis zu fünf „Generationen" von Antworten um die ursprüngliche „Eltern"-Antwort gruppiert. Da dieser Vorgang für alle Antworten der „1. Generation" wiederholt wird, ist die Wahrscheinlichkeit hoch, den wirklichen Ursachen für das ursprüngliche Problem auf die Spur zu kommen.

Bei der Durchführung ist darauf zu achten, daß es nicht zu Schuldzuweisungen kommt. Denn wenn erst einmal die Schuld auf ein einzelnes Individuum geschoben ist, hat man keine andere Möglichkeit, als den Sündenbock zu bestrafen.

Auswertung:

Schon bei der Durchführung dieser Methode werden Sie entdecken, daß besonders die Antworten der höheren „Generationen" immer stärker ineinander übergehen. Dies kann bedeuten, daß in diesem Bereich die wirklichen Ursachen für die ursprüngliche Problematik liegen. Wenn Sie die „Warums" zu ihren Grundursachen zurückverfolgen, werden Sie oftmals feststellen, daß Sie zu Themen gelangen, die nicht nur das eigentliche „Problem" betreffen, sondern die gesamte Organisation.
Diese Methode zur systematischen Ursachenforschung kann Ihnen bei der Lösung vieler Arten von Problemen helfen.

In Anlehnung an: Senge, P. M. (et al.), Das Fieldbook zur Fünften Disziplin, 1996, Klett-Cotta

Ergebnisse des 2. Arbeitsschrittes: „Analyse"

Ganz & *Aehnlich*

(Arbeitsgruppe „Einkauf / Beschaffung")

Vorteile der gegenwärtigen Praxis:

- Die Bestellungen können meistens schnell und unkompliziert ausgeführt werden.
- Der Bestellvorgang ist gut nachzuvollziehen.
- Die Zahl der Reklamationen und Rückgaben infolge von Fehllieferungen oder unzureichender Spezifizierung ist gering.
- Die Konzentration auf die Kriterien "Qualität" und "Preis" führen zu kostengünstigem Einkauf und haben uns geholfen, Preissteigerungen abzufedern.

Nachteile der gegenwärtigen Praxis:

- Auf dem Materialanforderungsschein sind nicht immer alle relevanten Informationen für den Einkäufer vorhanden. Dies erfordert interne Nachfragen und verzögert so den Bestellvorgang.
- Eine Möglichkeit, Umwelteigenschaften zu spezifizieren oder gar ökologische Alternativen vorzuschlagen, besteht nicht.
- In der Einkaufsabteilung und in der Projektgruppe existieren weder Vorgaben noch spezifische Kenntnisse zu ökologischen Aspekten der Beschaffung.
- Bei Investitionsentscheidungen wird der Umweltbeauftragte nicht mit einbezogen.
- Bei der Einholung von Angeboten wird weder nach ökologischen Alternativen gefragt noch von den Lieferanten auf diese hingewiesen.
- Dort, wo umweltverträglichere Alternativen bestehen, sind diese oftmals zunächst teurer, so daß die preiswerteren Alternativen ausgewählt werden. Weitergehende Vergleiche werden nicht angestellt.
- Nachteile weniger umweltverträglicher Produkte oder Vorteile durch eine Reduzierung von Umweltauswirkungen, Entsorgungskosten oder erforderlichen Umweltschutzmaßnahmen werden nicht berücksichtigt.
- Es ist in der Vergangenheit mehrfach zur Bestellung von Roh-, Hilfs- und Betriebsstoffen gekommen, für die keine vorschriftsmäßigen Lagermöglichkeiten bestanden.
- Verpackungsabfälle machen einen erheblichen Teil unseres Abfallaufkommens aus.

3. Arbeitsschritt:

Ideensammlung

- Wie wünschen wir uns die zukünftige Praxis?
- Was haben andere gemacht?
- Was können wir tun?

Lösungsmöglichkeiten, Vorschläge und Ideen sammeln!

Ergebnisse des 3. Arbeitsschrittes: „Ideensammlung"

Ganz & *Aehnlich*

(Arbeitsgruppe „Einkauf / Beschaffung")

- Erweiterung der Einkaufsrichtlinie um Umweltkriterien.
- Entsprechende Erweiterung des Materialanforderungsscheins um ökologische Angaben.
- Umweltgefährliche oder -belastende Stoffe im Produktionsbereich ermitteln und Substitutionsmöglichkeiten prüfen.
- Kopien aller Sicherheitsdatenblätter in Abteilung Einkauf hinterlegen.
- Schwarze Liste erstellen, auf der umweltgefährliche und -belastende Stoffe und Artikel aufgeführt sind, die nicht bestellt werden dürfen.
- Rote Liste erstellen (Liste von Stoffen und Artikeln, für die besondere Vorschriften zu Umgang, Lagerung und Verwendung zu beachten sind oder die von besonderer Umweltrelevanz sind).
- Bei Anforderung von Rote-Liste-Material Kopie des Materialanforderungsscheins an den Umweltbeauftragten und Bestellung erst nach Prüfung und Freigabe.
- Bei Rote-Liste-Material grundsätzlich unternehmensinterne Verwendung ermitteln.
- Grundsätzlich bei allen Investitionsentscheidungen Stellungnahme des Umweltbeauftragten einholen.
- Für bestimmte Bestellartikel gezielt Angebote für ökologische Alternativen einholen.
- Bestellung von Mustern für umweltfreundlichere Produkte und Weiterleitung an die davon möglicherweise betroffenen Abteilungen bei Ganz & Aehnlich.
- Schriftliche Auskunft der Lieferanten über die umweltrelevanten Produkteigenschaften anfordern.
- Prüfung der Sicherheitsdatenblätter und der umweltrelevanten Produkteigenschaften vor Bestellung neuer Artikel.
- Umweltverträgliche Transportarten und Verkehrsträger bevorzugen.
- Bündelung der Bestellungen bei wenigen Lieferanten, um somit Transporte einzusparen.
- Rechtzeitiges Bestellen in größeren Mengen (Vermeidung von Sonder- und Einzelfahrten).
- Reduzierung und Rücknahme von Verpackungsmaterial vertraglich vereinbaren.

- Verstärkt Mehrwegverpackungen nachfragen.
- Bessere Erfassung ökologischer Daten (stofflich und energetisch) und Bewertung der eingesetzten Stoffe und Produkte, z. B. durch Umweltkennziffern-System.
- Einbeziehung der FuE-Abteilung in die Arbeitsgruppe.
- Regelmäßige Information aller Mitarbeiter von Ganz & Aehnlich über ökologische Aspekte des Einkaufs (Kosten der Verpackung, Entwicklung der Verpackungsmaterialmenge, Information über Alternativen, ...).
- Kontinuierliche Bewertung der Lieferanten in Verbindung mit Qualitätsmanagement.
- Durchführung eines Ideenwettbewerbs oder Einbeziehung in das Vorschlagswesen.
- Kleinere Ausgabemengen für Verbrauchsartikel (Handschuhe, Papier).
- Ersatz von Einweg-Batterien durch wiederaufladbare Batterien.
- Bevorzugter Einsatz von nachfüllbaren Gebinden und Arbeitsmitteln.

4. Arbeitsschritt:

Verfahren planen

- Welche Ideen oder Lösungsvorschläge wollen wir umsetzen?
- Welche Mitarbeiter, Tätigkeiten und Abläufe sind davon betroffen?
- Wie sollen diese Tätigkeiten und Abläufe (künftig) durchgeführt werden?

Lösungen entwickeln, Betroffene einbeziehen, Abläufe und Tätigkeiten (neu) gestalten!

Planungsmatrix

Ablaufschritte / Aufgaben		Abteilungen / Personen						Maßnahmen / Bemerkungen

V = Verantwortlich, M = Mitwirkung, I = Information

Ganz & *Aehnlich*

Planungsmatrix für den Ablauf: Einkauf und Beschaffung (Auszug)

	Ablaufschritte / Aufgaben	Abteilungen / Personen						Maßnahmen / Bemerkungen
		Leiter bestell. Abt.	U.-Beauftr.	Abt. Einkauf	GF			
1.	**Auslösung der Bestellung**							
1.1.	Abteilungsinterne Entscheidung über Art, Menge, und Spezifikation	V						
1.2.	Vollständiges Ausfüllen Materialanforderungsschein	V						
1.3.	Materialanforderungsschein an die Abt. Einkauf	V		I				
2.	**Prüfung und Freigabe**							
2.1.	Kontrolle des Materialanforderungsscheins auf Vollständigkeit			V				
2.1.a	Falls Korrekturen notwendig, erfolgt Rücksprache mit auslösender Abteilung	I		V				
2.2.	Überprüfen, ob der Bestell-Artikel auf der ROTEN LISTE aufgeführt ist			V				
2.2.a	Falls ja: Kopie des Materialanforderungsscheins an den U.-Beauftragten		I	V				
2.2.b	Stellungnahme / Freigabe durch U.- Beauftragten		V	I				

V = Verantwortlich, M = Mitwirkung, I = Information

Ablaufschritte / Aufgaben		Abteilungen / Personen						Maßnahmen / Bemerkungen
		Leiter bestell. Abt.	U.-Beauftr.	Abt. Einkauf	GF			
2.3.	Kontrolle des Bestellwertes			V				
2.3.a	bei Bestellung > 800DM Freigabe durch GF				V			
3.	**Angebote und Auftragserteilung**							
3.1.	Einholung von Angeboten, gestaffelt beginnend bei A-Lieferanten			V				
3.2.	Auswahl eines Angebots gemäß Einkaufsrichtlinie			V				
3.3.	Auftragserteilung			V				
4.	**Lieferung und Kontrolle**							
	...							

V = Verantwortlich, M = Mitwirkung, I = Information

5. Arbeitsschritt:

Überprüfung

- Wird es so funktionieren?
- Welche Schwierigkeiten oder Widerstände können auftreten?
- Was können wir tun, um diese zu vermeiden bzw. zu überwinden?

Lösungen abstimmen, überprüfen und ggf. anpassen!

Ganz & *Aehnlich*

Planungsmatrix für den Ablauf: Einkauf und Beschaffung (Auszug)

	Ablaufschritte / Aufgaben	Abteilungen / Personen						Maßnahmen / Bemerkungen
		Leiter Bestell. Abt.	U.-Beauftr.	Abt. Einkauf	GF	Waren-eingang		
1.	**Auslösung der Bestellung**							
1.1.	Abteilungsinterne Entscheidung über Art, Menge, und Spezifikation	V						
1.2.	Vollständiges Ausfüllen Materialanforderungsschein	V						
1.3.	Materialanforderungsschein an die Abt. Einkauf	V		I				Materialanforderungsschein um ökologische Aspekte erweitern
2.	**Prüfung und Freigabe**							
2.1.	Kontrolle des Materialanforderungsscheins auf Vollständigkeit			V				
2.1.a	Falls Korrekturen notwendig, erfolgt Rücksprache mit auslösender Abteilung	I		V				
2.2.	Überprüfen, ob der Bestell-Artikel auf der ROTEN LISTE aufgeführt ist			V				Erstellung der ROTEN LISTE (Bewertung der Bestell-Artikel unter Umwelt-Aspekten)
2.2.a	Falls ja: Kopie des Materialanforderungsscheins an den U.-Beauftragten		I	V				
2.2.b	Stellungnahme / Freigabe durch U.- Beauftragten		V	I				

V = Verantwortlich, M = Mitwirkung, I = Information

	Ablaufschritte / Aufgaben	Abteilungen / Personen						Maßnahmen / Bemerkungen
		Leiter bestell. Abt.	U.-Beauftr.	Abt. Einkauf	GF	Waren-eingang		
2.3.	Kontrolle des Bestellwertes			V				
2.3.a	bei Bestellung > 800DM Freigabe durch GF				V			
3.	**Angebote und Auftragserteilung**							
3.1.	Einholung von Angeboten, gestaffelt beginnend bei A-Lieferanten			V				
3.2.	Auswahl eines Angebots gemäß Einkaufsrichtlinie			V				
3.3.	Auftragserteilung			V				
4.	**Lieferung und Kontrolle**							
4.1.	Überprüfung anhand der Bestellunterlagen					V		
4.2.	Informationen der bestellenden Abteilung	I				V		

V = Verantwortlich, M = Mitwirkung, I = Information

6. Arbeitsschritt:

Verfahren festschreiben

- Wie beschreiben und dokumentieren wir die künftige Verfahrensweise praxisgerecht?

- Welche Anweisungen oder Unterlagen müssen außerdem angelegt oder angepaßt werden?

- Verfahrensanweisung und ggf. Arbeitsanweisungen erstellen!

Zugehörige Unterlagen erstellen bzw. anpassen !

Verfahrensanweisungen für das Umweltmanagement

(Ablauforganisation / Ablauflenkung)

Funktion von Umweltverfahrensanweisungen:

Umweltverfahrensanweisungen dienen der Regelung von Verfahren und komplexen Abläufen in Übereinstimmung mit der Umweltpolitik des Unternehmens einschließlich der gesetzlichen Vorschriften. Sie sind ein Mittel zur Organisation, Lenkung und Kontrolle von umweltrelevanten Abläufen.
Die EG-Öko-Audit-Verordnung (EG-Verordnung Nr. 1836/93) schreibt für bestimmte Abläufe im Rahmen des Umweltmanagements die Festlegung von Verfahren ausdrücklich vor. Doch auch andere Abläufe, für die diese ausdrückliche Vorgabe nicht besteht, sind in der Regel so komplex, daß die ordnungsgemäße Durchführung ohne festgelegte und dokumentierte Verfahren nicht gewährleistet werden kann. Hinzu können unternehmensspezifische Abläufe kommen, die aufgrund ihrer Komplexität und ihrer Bedeutung für den Umweltschutz ebenfalls durch festgelegte Verfahren zu regeln sind.
Somit müssen Festlegungen erfolgen, also Verfahrensanweisungen erstellt werden, für:

1. in der EG-Öko-Audit-Verordnung vorgeschriebene Verfahren,
2. komplexe, in der EG-Öko-Audit-Verordnung genannte Abläufe,
3. komplexe und umweltrelevante unternehmensspezifische Abläufe.

Berücksichtigung bestehender Verfahrensanweisungen:

Bei der Gestaltung und dem Aufbau von Verfahrensanweisungen für das Umweltmanagement kann sich an bewährten formalen Schemata orientiert werden. Existieren im Unternehmen bereits Verfahrensanweisungen (z.B. für das Qualitätsmanagement), so sollten die Verfahrensanweisungen für das Umweltmanagement in Analogie zu diesen gestaltet werden. Auch die Gliederung, Bezeichnungen sowie Regelungen zur Pflege sollten soweit wie möglich übernommen werden.

Aufbau:

Eine bewährte Möglichkeit zur Gestaltung von Verfahrensanweisungen basiert auf der Untergliederung in fünf Abschnitte:

1. Zweck

Es wird kurz umrissen, was das Verfahren regelt (Inhalt) und es wird festgelegt, wann und für welche Abläufe es durchzuführen (bzw. anzuwenden) ist.

2. Verantwortung (bzw. Zuständigkeiten)

Hier wird beschrieben, wer für die Einleitung und die Durchführung des Verfahrens bzw. der einzelnen Verfahrensteile oder -schritte verantwortlich ist. Die Verwendung von eindeutigen Funktionsbezeichnungen ist der Namensnennung vorzuziehen.

3. Beschreibung des Verfahrens (Methode)

Dies ist der zentrale und in der Regel umfangreichste Teil der Anweisung, in dem beschrieben wird, wie das Verfahren durchzuführen ist. Diese Festlegung der Vorgehensweise sollte vollständig sein, sich aber nicht in Details verlieren. Einzelheiten können in separaten Dokumenten (Arbeitsanweisungen, Richtlinien, Checklisten o.ä.) geregelt werden, auf die an dieser Stelle verwiesen wird. Oftmals ist es sinnvoll oder notwendig, das Verfahren nach Teilverfahren oder Verfahrensschritten zu untergliedern.

4. Mitgeltende Dokumente

Hier werden die Dokumente aufgeführt, die bei dem Verfahren Anwendung finden (s. 3. Beschreibung des Verfahrens) oder bei der Durchführung zu berücksichtigen sind.

5. Verteiler

Wer muß oder soll die Verfahrensanweisung erhalten? Wer muß danach vorgehen und wer soll unbedingt Kenntnis davon haben? Der Verteilerkreis sollte auf die in diesem Sinne betroffenen Personen bzw. Abteilungen begrenzt bleiben.

Je nach unternehmensspezifischen Erfordernissen oder Gepflogenheiten können abweichende Bezeichnungen der Abschnitte oder die Hinzufügung weiterer Abschnitte (wie z.B. „Geltungsbereich", „Begriffe", „Aufzeichnungen" oder „Änderungen") zweckmäßig sein. Darüber hinaus muß jede Verfahrensanweisung Angaben zur Organisation, Pflege und Gültigkeit enthalten. Diese Informationen können in entsprechend gestalteten Kopf- und Fußzeilen dargestellt werden:

- Unternehmen (Firmenlogo), Standort / Werk, (Anschrift)
- Titel der Verfahrensanweisung
- Numerierung bzw. Ordnungszahl der Verfahrensanweisung
- Aktuelle Seitenzahl und Gesamtseitenzahl der Verfahrensanweisung (z.B. „Seite 1 von 2")
- Änderungsindex
- Verfasser (unterschriftlich) und Erstellungsdatum
- ggf. Prüfer (unterschriftlich) und Prüfungsdatum
- Freigabe / in Kraft setzende Person (unterschriftlich) und Freigabedatum

Verfasser:

Wer eine Verfahrensanweisung erstellt, sollte zum einen mit dem festzulegenden Verfahren vertraut sein und zum anderen über Kenntnisse des Umweltmanagements bzw. des UMS verfügen. Idealerweise wird die Verfahrensanweisung von den zukünftigen Anwendern (diejenigen Personen, die später an der Durchführung des Verfahrens beteiligt oder dafür verantwortlich sind) und dem Umweltmanagement-Beauftragten gemeinsam erarbeitet.
Als besonders zweckmäßig hat sich die Erarbeitung von Verfahrensanweisungen, aber auch von anderen Ablaufregelungen und Arbeitsanweisungen, in temporären, aufgabenbezogenen Arbeitsgruppen erwiesen. Erstens sind die notwendigen Kenntnisse in der Regel nicht bei einer einzelnen Person vorhanden, zweitens können die Abläufe durch die Beteiligung der zukünftigen Anwender „praxisgerechter" gestaltet werden, drittens wird hierdurch in der Regel die Akzeptanz von ggf. erforderlichen Neuerungen oder Änderungen bereits bestehender Abläufe erhöht und viertens findet eine Verteilung der Aufgaben statt, die zu einer Entlastung des Projektleiters führen kann.

Hinweise:

- Funktion und Nutzen einer Verfahrensanweisung müssen verstanden und nachvollziehbar sein. Das sollte auch bei der Auswahl der Abläufe berücksichtigt werden, für die Verfahren festgeschrieben werden. Verfahren, die nur geregelt werden, „weil die Verordnung / die Norm das vorschreibt", werden in der Praxis weder zu einer Verbesserung der Abläufe noch zu mehr Handlungssicherheit führen. Zudem läuft man dabei Gefahr, einen „Papiertiger" aufzubauen, d.h. formalen Verwaltungsaufwand zu betreiben, ohne daß der Prozeß der Organisationsentwicklung unterstützt wird.

- Verfahrensanweisungen sollten aus der Praxis heraus entwickelt werden. Oftmals kann das bedeuten, daß bereits bestehende oder praktizierte Verfahren lediglich überprüft und dokumentiert werden müssen. In jedem Fall ist es wichtig, die Anwender bei der Erstellung der Verfahrensanweisung mit einzubeziehen oder diese die Anweisung selbst erstellen zu lassen („Wie macht Ihr das? Wie läuft das ab?"). Dadurch wird nicht nur weitgehend sichergestellt, daß das Verfahren praxisgerecht festgelegt ist, sondern auch die Akzeptanz bei den Benutzern und damit die konsequente Befolgung und Anwendung verbessert.

- Die Beschreibung des Verfahrens sollte in angemessener Form und verständlicher Sprache erfolgen. Es muß so präzise wie nötig, aber so knapp wie möglich beschrieben sein.

- Die Verantwortung für die Verfahrensdurchführung sollte vom Verantwortlichen akzeptiert sein und diesem nicht gegen seinen Willen „aufgedrückt" werden.

- Ist eine Änderung oder Umstellung von Abläufen erforderlich, muß auch die Verfahrensanweisung aktualisiert werden. Überholte, veraltete oder praxisferne Verfahrensanweisungen werden nicht (mehr) befolgt und können zu generellem Mißtrauen gegenüber diesem Instrument führen, also dazu, daß Verfahrensanweisungen im allgemeinen weniger ernst genommen oder gar nicht mehr beachtet werden.

Nr. Änderungsindex Seite 1 von 5	**Umweltverfahrensanweisung** **Einkauf und Beschaffung**	

1. Zweck

Diese Verfahrensanweisung beschreibt, wie die Auswahl, der Einkauf und die Beschaffung von Produkten, Materialien und Stoffen sowie Gütern und Dienstleistungen (Bestell-Aktikeln) unter Berücksichtigung von Umweltschutzaspekten durchzuführen sind.
Sie regelt den einheitlichen Ablauf aller Bestell-, Auswahl- und Beschaffungsvorgänge, die regelmäßige Bewertung der Bestell-Artikel unter Umweltschutzaspekten sowie die regelmäßige Lieferantenbeurteilung.

2. Verantwortung

Die Auslösung von Bestellungen erfolgt jeweils durch die einzelnen Abteilungen selbst.

Verantwortlich für die Beschaffung von Produkten, Material und sonstigen Stoffen ist die Abteilung Einkauf. Der jeweilige Sachbearbeiter übernimmt die interne Koordination des Bestellvorgangs sowie die externe Abwicklung mit den Lieferanten.

Verantwortlich für die Freigabe der Bestellung unter Umweltschutzgesichtspunkten sowie für die regelmäßige Beurteilung von Material, Produkten und Einsatzstoffen unter Umweltschutzaspekten ist der Umweltbeauftragte.

Verantwortlich für die Freigabe von Bestellungen mit einem Bestellwert von über DM 800,-- ist die Geschäftsführung.

Verantwortlich für die regelmäßige Lieferantenbewertung ist der Leiter der Abteilung Einkauf.

3. Beschreibung der Verfahren

3.1 Bestell-, Auswahl- und Beschaffungsvorgänge

3.1.1 Auslösung der Bestellung

Ein Mitarbeiter, der Bedarf festgestellt hat, meldet diesen an den Leiter der jeweiligen Abteilung, damit dieser Art, Umfang und Spezifikation des zu bestellenden Materials festlegen kann. Dazu wird der Materialanforderungsschein (MAS) vollständig ausgefüllt, vom Leiter der Abteilung unterzeichnet und an die Abteilung Einkauf weitergeleitet. Der gelbe Durchschlag des Materialanforderungsscheins verbleibt in der auslösenden Abteilung.

Verfasser: Erstelldatum:	Prüfer: Prüfdatum:	Freigabe Freigabedatum

Nr. Änderungsindex Seite 2 von 5	**Umweltverfahrensanweisung** **Einkauf und Beschaffung**	Ganz & Aehnlich

3.1.2 Prüfung und Freigabe der Bestellung

Der jeweilige Sachbearbeiter im Einkauf prüft bei Eingang eines jeden MAS, ob dieser korrekt und vollständig ausgefüllt ist. Sind Korrekturen oder Ergänzungen erforderlich, hält er Rücksprache mit der auslösenden Abteilung.

Der Sachbearbeiter prüft, ob ein Bestell-Artikel auf dem MAS in der Roten Liste der ökologisch bedenklichen Stoffe und Materialien aufgeführt ist. Ist dies der Fall, leitet er den roten Durchschlag des MAS an den Umweltbeauftragten (UBA) weiter.

Der UBA prüft die Berücksichtigung der ökologischen Aspekte und gibt eine schriftliche Stellungnahme ab. Hierzu kann er mit der auslösenden Abteilung Rücksprache halten und u.U. umweltverträglichere Alternativen vorschlagen. Der UBA hat die Möglichkeit, die Bestellung zu stoppen, wenn ihm dies dringend geboten erscheint.
In diesem Fall muß eine Entscheidung der Geschäftsführung erfolgen. Liegen keine wesentlichen Bedenken vor, wird die Bestellung freigegeben.

Der Sachbearbeiter prüft den Bestellwert. Bei Bestellungen von Artikeln im Wert von über DM 800,- ist vom Sachbearbeiter eine Freigabe durch die Geschäftsführung einzuholen.

3.1.3 Angebote und Auftragserteilung

Wenn alle Freigaben eingeholt und keine Änderungen mehr notwendig sind, holt der zuständige Sachbearbeiter Angebote ein. Dabei sind Anfragen zunächst an die in Frage kommenden A-Lieferanten zu richten.
Wenn Angebote neuer Lieferanten eingeholt werden, sind diese einer Bewertung gemäß 3.3 zu unterziehen.

Allen Anfragen wird das Merkblatt "Informationen zur Berücksichtigung ökologischer Aspekte bei der Beschaffung bei Ganz & Aehnlich GmbH" beigefügt. Dieses enthält in Auszügen auch die Einkaufsrichtlinien von Ganz & Aehnlich GmbH.

Verfasser: Erstelldatum:	Prüfer: Prüfdatum:	Freigabe Freigabedatum

Nr. Änderungsindex Seite 3 von 5	**Umweltverfahrensanweisung** **Einkauf und Beschaffung**	Ganz & Aehnlich

Nachdem die schriftlichen Angebote eingegangen sind, entscheidet die Abteilung Einkauf gemäß der Einkaufsrichtlinien. Um hierbei auch ausreichend Umweltaspekte zu berücksichtigen, kann der Umweltbeauftragte, und falls erforderlich weitere Personen und Informationen, herangezogen werden. Nachdem die Auswahl erfolgt ist, wird der Auftrag erteilt. Die relevanten Eigenschaften und Bedingungen, die Hinweise auf eine umweltfreundliche Lieferung und Verpackung sowie der Hinweis auf die mögliche Rücksendung zu Lasten des Lieferanten bei Nichteinhaltung der geforderten Bedingungen werden dem Lieferanten ebenfalls mitgeteilt. Eine Kopie des Auftrags wird an den Wareneingang weitergeleitet.

3.1.4 Lieferung und Kontrolle

Alle Lieferungen gelangen durch den Wareneingang auf das Betriebsgelände der Ganz und Aehnlich GmbH. Anhand der Bestellunterlagen überprüft der Wareneingang die Einhaltung der vom Lieferanten übernommen Pflichten. Sofern es hierbei zu Abweichungen kommt, sind diese umgehend der Abteilung Einkauf mitzuteilen und auf dem Lieferzettel zu dokumentieren. Die Abteilung Einkauf ist dann für die weitere Abwicklung zuständig. Wenn keine Abweichungen vorliegen, wird die Lieferung entgegengenommen und die bestellende Abteilung informiert.

3.2 Regelmäßige Bewertung von Material, Produkten und Einsatzstoffen unter Umweltschutzaspekten

Einmal jährlich führt der Umweltbeauftragte anhand der aktuellen Einkaufslisten eine Überprüfung und Bewertung aller Bestell-Artikel (Material, Produkte und Einsatzstoffe) unter Umweltschutzaspekten durch. Die Abteilung Einkauf stellt ihm alle dazu erforderlichen Unterlagen zur Verfügung und leistet Unterstützung. Die Bewertung erfolgt mit Hilfe des Bewertungsbogens Bestell-Artikel. Vor der Bewertung überprüft der UBA zunächst die Gültigkeit der Kriterien und paßt diese ggf. an. Der Anpassung muß die Geschäftsführung zustimmen.
Auf der Grundlage dieser Bewertung aktualisiert der Umweltbeauftragte die Rote Liste der ökologisch bedenklichen Stoffe und erarbeitet (ggf. gemeinsam mit den jeweiligen Abteilungen) Vorschläge zur Substitution besonders umweltrelevanter Stoffe und Materialien. Alle im Umlauf befindlichen Kopien der Roten Liste werden durch die aktualisierte Version ersetzt.

Verfasser: Erstelldatum:	Prüfer: Prüfdatum:	Freigabe Freigabedatum

Nr. Änderungsindex Seite 4 von 5	**Umweltverfahrensanweisung** **Einkauf und Beschaffung**	Ganz & *Aehnlich*

3.3 Regelmäßige Lieferantenbeurteilung

Die Abteilung Einkauf führt einmal jährlich eine Lieferantenbeurteilung durch. Die Beurteilung erfolgt zum einen unter Qualitätsaspekten (s. "Lieferantenbeurteilung: Qualitätskriterien"), zum anderen unter Umweltschutzaspekten (nach der "Lieferantenbeurteilung: Umweltschutzkriterien"). Bei Bedarf leistet der Umweltbeauftragte Unterstützung. Vor der Beurteilung überprüft der Leiter der Abteilung Einkauf zunächst die Gültigkeit der Kriterien und paßt diese ggf. an. Der Anpassung muß die Geschäftsführung zustimmen.

Auf der Grundlage dieser Bewertung aktualisiert der Leiter der Abteilung Einkauf das Verzeichnis der Lieferanten und ändert ggf. die Einstufung der jeweiligen Lieferanten. Alle im Umlauf befindlichen Kopien des Verzeichnisses der Lieferanten werden durch die aktualisierte Version ersetzt. Die Lieferanten werden über die Beurteilungskriterien, ihre jeweilige Einstufung sowie ggf. die Gründe in kurzer schriftlicher Form informiert.

4. Mitgeltende Dokumente

Musterformular: Materialanforderungsschein
Musterformular: Schriftliche Anfragen
Einkaufsrichtlinie
„Liste der Kriterien zur Stoffbewertung"
„Rote Liste" der ökologisch bedenklichen Stoffe
„Lieferantenbeurteilung: Qualitätskriterien"
„Lieferantenbeurteilung: Umweltschutzkriterien"
Verzeichnis der Lieferanten (einschließlich Lieferantenbeurteilung)
Musterformular: Auftrag
Merkblatt: Information zur Berücksichtigung ökologischer Aspekte bei der Beschaffung bei Ganz & Aehnlich GmbH

Verfasser: Erstelldatum:	Prüfer: Prüfdatum:	Freigabe Freigabedatum

Nr. Änderungsindex Seite 5 von 5	**Umweltverfahrensanweisung** **Einkauf und Beschaffung**	Ganz & *Aehnlich*

5. Verteiler

Geschäftsführung
Leiter der Abteilung Einkauf
Umweltbeauftragter
Leiter aller Abteilungen

6. Anhang

Anhang I : Lieferantenbeurteilung: Umweltschutzkriterien

Anhang II: Bewertungsbogen Bestell-Artikel

Verfasser: Erstelldatum:	Prüfer: Prüfdatum:	Freigabe Freigabedatum

Lieferantenbeurteilung Umweltschutzkriterien

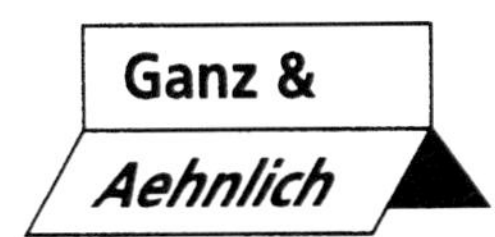

Anhang I zur Umweltverfahrensanweisung Einkauf und Beschaffung

	ja	nein	Bemerkungen
Ist der Lieferant nach anerkannten Umweltstandards (EMAS / ISO 14001) validiert / zertifiziert?			
Bekennt sich der Lieferant in seinen Unternehmensgrundsätzen (z.B. Umweltpolitik) zu einer umweltgerechten Form des Wirtschaftens ?			
Stellt der Lieferant Informationen und Auskünfte über Stoff- und Produkteigenschaften zur Verfügung?			
Berät der Lieferant seine Kunden in Hinsicht auf Umweltaspekte seiner Produkte bzw. Dienstleistungen?			
Schlägt er von sich aus ökologische Alternativen vor?			
Nimmt der Lieferant auf Grund von Nachfragen umweltgerechte Produkte in sein Angebot auf?			
Verwendet der Lieferant umweltgerechte (Transport-)Verpackungen, wie z.B. Mehrwegsysteme?			
Nimmt er Verpackungsmaterial zurück?			
Nimmt er Altprodukte bzw.-Teile zurück?			
Berücksichtigt der Lieferant Umweltschutzaspekte beim Transport?			
Verfügt der Lieferant über qualifizierte und umweltbewußte Mitarbeiter?			
Ist der Lieferant bereit, sich zur Einhaltung der bei der G&A GmbH geltenden Umweltschutzvorschriften und -grundsätze zu verpflichten und diese vertraglich festzuschreiben?			
Hat der Lieferant derartige Anforderungen oder Verpflichtungen in der Vergangenheit stets beachtet und eingehalten?			

Bewertungsbogen Bestell-Artikel

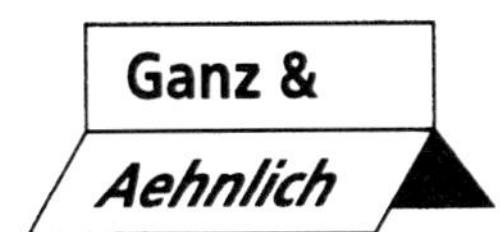

Anhang II zur Umweltverfahrensanweisung Einkauf und Beschaffung

	ja	nein	Bemerkungen
Produkte, Teile und Gebrauchsgüter			
Trägt der Artikel ein anerkanntes Umweltzeichen?			
Trägt der Artikel ein anerkanntes Sicherheitszeichen?			
Sind die Bestandteile bzw. die Grundstoffe des Artikels bekannt?			
Ist der Artikel frei von bekannten Problemstoffen (wie z.B. PVC, Asbest, Schwermetallen)?			
Ist der Artikel - soweit möglich - unter Verwendung nachwachsender Rohstoffe hergestellt?			
Ist der Artikel reparatur- und wartungsfreundlich?			
Ist der Artikel ggf. nachfüllbar?			
Zeichnet sich der Artikel durch sparsamen Verbrauch (von Energie, Einsatzstoffen o.ä.) aus?			
Ist der Artikel (bzw. sind seine Bestandteile) weitgehend recyclingfähig?			
Ist der Artikel nach Gebrauch bzw. Nutzung hinsichtlich Gefährdungspotential, Entsorgungsweg, Kosten der Entsorgung und Umweltverträglichkeit problemlos zu entsorgen?			
Wird der Artikel nach Gebrauch bzw. Nutzung vom Lieferanten zurückgenommen?			

	ja	nein	Bemerkungen
Roh-, Hilfs- und Betriebsstoffe			
Ist die Zusammensetzung des Artikels bekannt?			
Besteht der Artikel (überwiegend) aus nachwachsenden Rohstoffen?			
Ist der Artikel frei von bekannten Problemstoffen (wie z.B. PVC, Asbest, Schwermetallen)?			
Ist der Artikel ungefährlich (keine Einstufung nach GefahrstoffV)?			
Sind seine Produkte ungefährlich (keine Einstufung nach GefahrstoffV)?			
Ist der Artikel insbesondere unschädlich für die menschliche Gesundheit?			
Sind seine Produkte unschädlich für die menschliche Gesundheit?			
Verhält sich der Artikel (grund-)wasserneutral (keine Einstufung in Wassergefährdungsklassen)?			
Ist der Artikel (bzw. sind seine Bestandteile) weitgehend recyclingfähig?			
Verhalten sich seine Produkte (grund-)wasserneutral?			
Ist Umgang mit dem Artikel bzw. seine Lagerung ohne besondere Vorsichtsmaßnahmen oder Sicherheitsvorkehrungen möglich?			

Nr. Änderungsindex Seite 1 von 5	**Umweltverfahrensanweisung** **Verfahren bei umweltschädigenden Unfällen (Notfall- und Alarmpläne)**	

1. Zweck

Dieses Kapitel beschreibt die Schnittstellen des Umweltmanagementsystems zu den bestehenden Notfall- und Alarmplänen sowie die spezifischen Verfahrensweisen bei umweltschädigenden Vor- und Unfällen.

Insbesondere wird beschrieben,

1. welche Maßnahmen zu ergreifen sind, um dem Eintritt umweltschädigender Vor- und Unfälle vorzubeugen, (Vorbeugung)
2. wie im Falles des Eintrittes zu handeln ist (Schadensbekämpfung)
3. und welche Schritte einzuleiten sind, um Korrekturen vorzunehmen, mit denen das Risiko und das Ausmaß zukünftiger Vor- und Unfälle reduziert wird. (Korrekturen)

Die dabei zu berücksichtigenden aufbau- und ablauforganisatorischen Regelungen sollen Gefahren für Mensch und Umwelt verhindern sowie die mit Störungen verbundenen Auswirkungen minimieren.

2. Verantwortung

Am Standort werden Maßnahmen ergriffen, um die Umweltbeeinträchtigungen bei Störungen zu minimieren. Die Geschäftsführung ist hierfür verantwortlich. Sie wird dabei von dem Leiter der Abteilung Sicherheit und dem Umweltschutzbeauftragten unterstützt.

2.1 Verantwortlich für die Vorbeugung gegenüber umweltschädigenden Störungen ist der Umweltschutzbeauftragte.

2.2 Die Verantwortung für Maßnahmen zur Schadensbekämpfung bei Notfällen ist in den jeweiligen Notfall- und Alarmplänen geregelt. Bei Notfällen, in denen eine Beeinträchtigung der Umwelt gegeben oder zu befürchten ist, liegt die Verantwortung für die Ergreifung entsprechender Maßnahmen bei dem Umweltbeauftragten.

2.3 Für die Analyse der Ursachen und Einleitung von Korrekturen nach Störungen des Normalbetriebs ist der Umweltschutzbeauftragte verantwortlich.

Jeder Mitarbeiter hat darüber hinaus die Umweltauswirkungen festgestellter Abweichungen oder Störungen durch Einhaltung der für diesen Fall vorgesehenen Vorschriften zu minimieren. Die vorgeschriebenen Verfahren sind unbedingt einzuhalten.

Verfasser: Erstelldatum:	Prüfer: Prüfdatum:	Freigabe Freigabedatum

Nr. Änderungsindex Seite 2 von 5	**Umweltverfahrensanweisung** **Verfahren bei umweltschädigenden Unfällen (Notfall- und Alarmpläne)**	Ganz & Aehnlich

3. Beschreibung des Verfahrens

3.1 Vorbeugung

Der Umweltschutzbeauftragte hat vorbeugende Maßnahmen zu veranlassen. Durch regelmäßige Information und Kontrolle hat er Gefahrenpotentiale zu ermitteln, zu erfassen und zu bewerten. Sich ergebende Schwachstellen sind zu analysieren und vorbeugende Maßnahmen zu veranlassen. Diese Maßnahmen sind in den Notfall- und Alarmplänen zu berücksichtigen.
In mindestens jährlichen Abständen hat jede Abteilung die für sie geltenden Regelungen auf Schwachstellen zu untersuchen und zu bewerten. Die regelmäßige Durchführung liegt in der Verantwortung des jeweiligen Abteilungsleiters und wird vom Umweltschutzbeauftragten koordiniert und überwacht. Der Umweltschutzbeauftragte und die Sicherheitsfachkraft leisten bei der praktischen Durchführung Unterstützung. Sich ergebende Korrekturen sind in den Notfall- und Alarmplänen zu berücksichtigen. Der Umweltschutzbeauftragte organisiert gemeinsam mit der Sicherheitsfachkraft vierteljährliche Sicherheitskonferenzen aller Umwelt- und Sicherheitsverantwortlichen des Standortes. Diese Treffen dienen der vorbeugenden Maßnahmenplanung, der Planung von Schulungsmaßnahmen und Notfall-Übungen sowie dem Informations- und Erfahrungsaustausch. Die Konferenz verfaßt einen kurzen Statusreport (einschließlich Maßnahmenvorschlägen) an die Geschäftsführung. Nach Prüfung und Entscheidung durch die Geschäftsführung stellt diese die notwendigen personellen und finanziellen Ressourcen zur Verfügung.

3.2 Alarmierung bei umweltschädigenden Vorfällen

Alle nachfolgend beschriebenen Situationen haben gemeinsam, daß es sich um Abweichungen vom ordnungsgemäßen Betrieb handelt, die mit schädlichen Auswirkungen auf die Umwelt verbunden sein können. Je nach Art und Umfang sind unterschiedliche Verfahren festgelegt und dokumentiert. Diese Verfahren beschreiben die einzuleitenden Schritte und sind unbedingt einzuhalten.
(Auf diese jeweils mitgeltenden Unterlagen wird im jeweiligen Zusammenhang verwiesen. Der Standort ist im Kapitel 4. „Mitgeltende Unterlagen" genannt. Abweichungen sind sofort an den Verantwortlichen zu melden.)

Verfasser: Erstelldatum:	Prüfer: Prüfdatum:	Freigabe Freigabedatum

Nr. Änderungsindex Seite 3 von 5	**Umweltverfahrensanweisung** **Verfahren bei umweltschädigenden Unfällen (Notfall- und Alarmpläne)**	

3.2.1 Feueralarm

Wenn Feuer festgestellt wird, ist dies sofort dem Pförtner mitzuteilen. Von jedem Telefon des Standorts kann die Feuermeldung über die interne zentrale Notrufnummer „22" erfolgen. Dabei ist zu melden: Wo brennt es? Was brennt? Gibt es Verletzte? Welche Bereiche sind gefährdet und befinden sich dort mögliche zusätzliche Gefahrenquellen?

Der Pförtner setzt die Meldekette gemäß Alarmplan in Gang, benachrichtigt die Geschäftsleitung und informiert den Umweltschutzbeauftragten direkt über Art und Ort des Brandes.
Der Arbeitsvorgang ist zu unterbrechen. Sofern dies möglich erscheint, ist der Brand mit den Handfeuerlöschern zu bekämpfen, bis die Feuerwehr kommt. Falls dies nicht möglich ist, muß der Arbeitsort zügig verlassen werden. Dabei ist den Notfallbeschilderungen zu folgen. Diese weisen den Weg zu den zentralen Sammelstellen.

Näheres regeln der NOTFALLPLAN (Feueralarm) und die BETRIEBS- und ARBEITSANWEISUNGEN der betroffenen Abteilungen.

3.2.2 Gasalarm

Wenn Gasalarm festgestellt wird, ist dies sofort dem Pförtner mitzuteilen. Von jedem Telefon des Standorts kann die Gasalarmmeldung über die interne zentrale Notrufnummer „22" erfolgen. Es ist darauf zu achten, daß der Entstehungsort, der Umfang sowie mögliche Gefahrenquellen mitgeteilt werden.
Der Pförtner setzt die Meldekette gemäß Alarmplan in Gang, benachrichtigt die Geschäftsleitung und auf Anweisung weitere Personen oder Stellen.
Der Arbeitsvorgang ist sofort zu stoppen und alle möglichen Zündquellen auszustellen. Hierfür kommen besonders Motoren, Feuerarbeiten und Wärmequellen in Frage. Daraufhin ist der Ort zügig zu verlassen. Dabei hat die Flucht immer quer zur Windrichtung zu erfolgen, um damit gesundheitliche Beeinträchtigungen zu vermeiden. Im Zweifelsfalle ist den Anweisungen der Werkfeuerwehr Folge zu leisten.

Näheres regeln der NOTFALLPLAN (Gasalarm), die BETRIEBS- und ARBEITSANWEISUNGEN der betroffenen Abteilungen sowie das MERKBLATT ZUM VERHALTEN BEI GASALARM AUS H_2S-SCHULUNG.

Verfasser: Erstelldatum:	Prüfer: Prüfdatum:	Freigabe Freigabedatum

Nr. Änderungsindex Seite 4 von 5	**Umweltverfahrensanweisung** **Verfahren bei umweltschädigenden Unfällen (Notfall- und Alarmpläne)**	Ganz & *Aehnlich*

3.2.3 Unfall

Im Falle eines Unfalls hat die Versorgung der Verletzten Vorrang. Im Falle eines oder mehrerer Verletzter hat die erste Meldung nicht über den Pförtner zu erfolgen, sondern über die Rettungsleitstelle des Landkreises. Bei der Meldung ist darauf zu achten, daß der Entstehungsort, der Umfang sowie die genaue Anzahl der Verletzten sowie das Ausmaß der Verletzungen mitgeteilt werden. Diese ist über die einheitliche externe Rufnummer "2222" zu erreichen und von jedem Telefon des Standortes anzutelefonieren. Die Rettungsleitstelle veranlaßt dann alles weitere, indem sie den Pförtner und die Geschäftsleitung informiert und die erforderlichen Maßnahmen (Krankenwagen, Sanitäter ...) in Gang setzt.

3.2.4 Umweltalarm

Nach dem Erkennen von Umweltgefährdungen oder -schädigungen sind der Umweltschutzbeauftragte oder sein Vertreter zu informieren. Diese setzen, sofern dies erforderlich ist, die weiteren Meldeketten in Gang.
Sofern dies möglich erscheint, sind Sofortmaßnahmen einzuleiten, um weitere Umweltbeeinträchtigungen zu minimieren:
Beim Austreten wasser-, boden- oder luftverunreinigender Substanzen sind Maßnahmen zu ergreifen, die das Ausmaß der Störung reduzieren. Dazu ist es erforderlich, die Ursache der Störung abzustellen und die Folgen der Störung gering zu halten. Die weitere Zufuhr der umweltbeeinträchtigenden Stoffe ist zu unterbinden, indem Zuläufe durch Schieber geschlossen werden und die ursächlichen Anlagen oder Anlagenteile - soweit möglich - abgeschaltet werden.
Um weitere Umweltbeeinträchtigungen zu vermeiden, sind beispielsweise Kanalisationszugänge abzudecken, ausgelaufene Flüssigkeiten aufzunehmen oder andere erforderlich erscheinende Maßnahmen zu ergreifen.
Dabei sind die für den Arbeitsplatz geltenden Anweisungen zu berücksichtigen. Zu diesen zählen insbesondere die Umweltarbeitsanweisungen (UAA). In diesen wird auch auf die Sicherheitsdatenblätter zum Umgang mit Gefahrstoffen näher eingegangen und Sofortmaßnahmen beschrieben. Aus diesen ergeben sich die jeweiligen einzuleitenden Maßnahmen.

Verfasser: Erstelldatum:	Prüfer: Prüfdatum:	Freigabe Freigabedatum

<table>
<tr><td>Nr.

Änderungsindex
Seite 5 von 5</td><td>Umweltverfahrensanweisung
Verfahren bei umweltschädigenden Unfällen
(Notfall- und Alarmpläne)</td><td>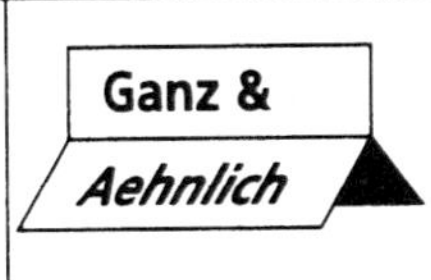</td></tr>
</table>

3.3 Korrekturen

Nach einer Störungen des Normalbetriebs mit unweltschädigenden Folgen hat der Umweltschutzbeauftragte die Ursachen der Störung zu analysieren und dafür zu sorgen, daß Maßnahmen zur Verbesserung der Vorbeugung und der Schadensbekämpfung eingeleitet werden. Hierzu kann er Einsicht in alle Unterlagen und Dokumente, die mit der Ursache in Verbindung stehen können, nehmen. Wo ihm dies erforderlich erscheint, kann er die Betroffenen persönlich befragen.
Die in der Analyse ermittelten Ursachen, Schwachstellen und notwendigen Korrekturen sind in einem Bericht zu dokumentieren. Dieser ist der Geschäftsleitung vorzulegen. Eine Kopie ist an den Leiter der Abteilung Sicherheit und dem Leiter der betroffenen Abteilung zur Stellungnahme weiterzuleiten.
Die Geschäftsleitung hat über die einzuleitenden Maßnahmen zu entscheiden.

4. Mitgeltende Unterlagen

a) Arbeitsordnung (Büro der Arbeitssicherheitsfachkraft, Leiter der Abteilung)
b) Notfallpläne (Büro der Arbeitssicherheitsfachkraft, Leiter der Abteilung)
c) Arbeitsanweisungen der Abteilung (Büro des Leiters der Abteilung)
d) Unfallverhütungsvorschriften (In der Nähe jedes Arbeitsplatzes)
e) Merkblätter und Informationsbroschüren (Büro des Umweltbeauftragten bzw. Büro der Arbeitssicherheitsfachkraft)

5. Verteiler

a) Geschäftsleitung
b) Umweltschutzbeauftragter
c) Sicherheitsfachkraft
d) Abteilungsleiter

Verfasser: Erstelldatum:	Prüfer: Prüfdatum:	Freigabe Freigabedatum

Nr. Änderungsindex Seite 1 von 6	**Umweltverfahrensanweisung** **Umweltbetriebsprüfung / Umwelt-Audit**	Ganz & *Aehnlich*

1. Zweck

In dieser Verfahrensanweisung wird beschrieben, wie Umweltbetriebsprüfungen geplant, in regelmäßigen Abständen durchgeführt, nach welchen Kriterien die Prüfungen ausgewertet und dokumentiert sowie der obersten Geschäftsführung berichtet werden.

Das grundsätzliche Ziel der Umweltbetriebsprüfung (Audit) ist die Überprüfung und Bewertung des betrieblichen Umweltmanagementsystems.
Die speziellen Ziele sind dabei:

- die Überprüfung, ob die Unternehmenstätigkeit mit der betrieblichen Unternehmenspolitik und dem Umweltprogramm für den Standort im Einklang steht
- die Überprüfung der Wirksamkeit und Effektivität des Umweltmanagementsystems
- die Überprüfung, ob das Umweltmanagementsystem in Einklang mit den einschlägigen Rechtsvorschriften und Normen steht (einschließlich EG Verordnung 1836/93 bzw. ISO 14000 ff)

2. Verantwortung

Die Gesamtverantwortung für die regelmäßige Durchführung der Umweltbetriebsprüfung liegt bei der Geschäftsleitung. Sie veranlaßt die Vorbereitung, Durchführung und Auswertung der Prüfung gemäß dem folgenden Verfahren.

Verfasser: Erstelldatum:	Prüfer: Prüfdatum:	Freigabe Freigabedatum

Nr. Änderungsindex Seite 2 von 6	**Umweltverfahrensanweisung** **Umweltbetriebsprüfung / Umwelt-Audit**	Ganz & *Aehnlich*

3. Beschreibung des Verfahrens

Im folgenden wird beschrieben, wie bei der Firma Ganz & Aehnlich das Verfahren der Umweltbetriebsprüfung durchzuführen ist. Das Hauptaudit findet alle drei Jahre statt, wobei jährlich bestimmte themenbezogene Zwischenaudits nach dem gleichen Schema stattfinden sollen.

3.1 Ablaufschema Umweltbetriebsprüfung

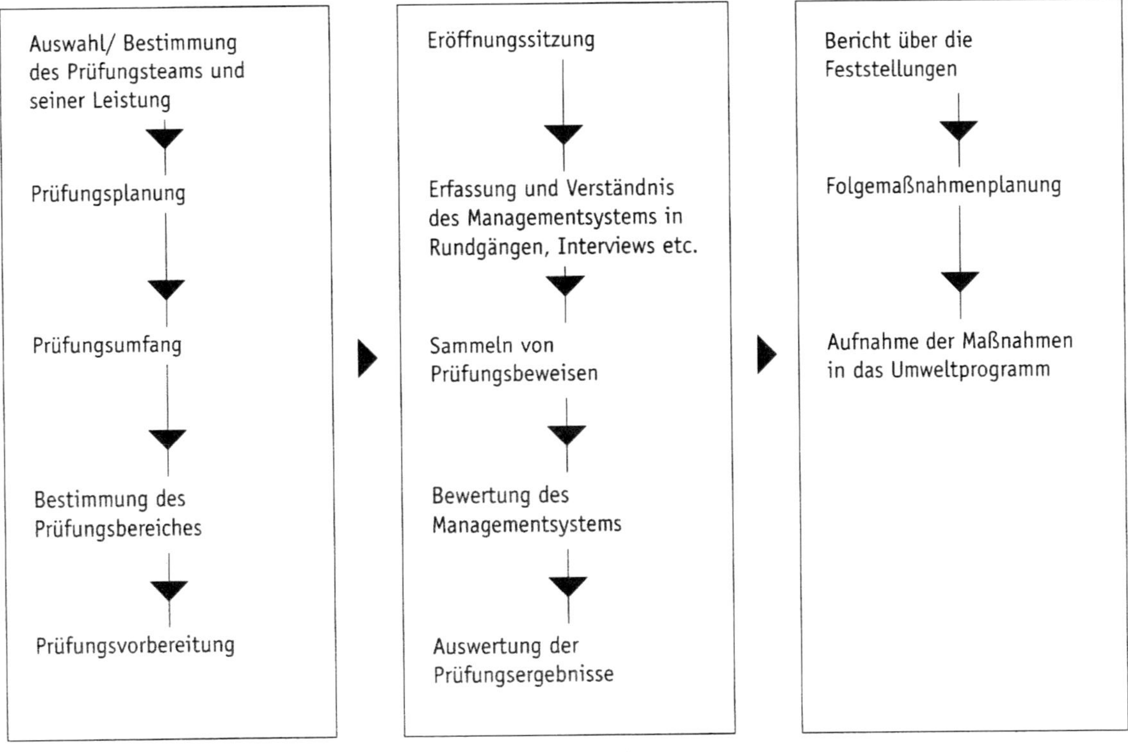

Verfasser: Erstelldatum:	Prüfer: Prüfdatum:	Freigabe Freigabedatum

Nr. Änderungsindex Seite 3 von 6	**Umweltverfahrensanweisung** **Umweltbetriebsprüfung / Umwelt-Audit**	Ganz & *Aehnlich*

3.2 Vorbereitungsphase

3.2.1 Zusammensetzung des Prüfteams und Leitung der Prüfung

Die regelmäßigen Umweltbetriebsprüfungen werden von den betrieblichen Umweltbetriebsprüfern durchgeführt. Die Leitung des Prüfteams wird vom Umweltschutzbeauftragten übernommen. Das Prüfteam besteht aus einem festen Kreis von sechs Mitgliedern:

- einem Mitglied der Geschäftsführung,
- dem Betriebsleiter,
- dem Einkaufsleiter,
- dem Umweltschutzbeauftragten,
- einem Betriebsratsmitglied und
- der Fachkraft für Arbeitssicherheit

Je nach Themenstellung und Prüfungsumfang wird das Prüfteam um weitere Mitarbeiter oder externe Fachleute erweitert.

3.2.2 Prüfungsplanung

Umweltauditplanung

Der Umweltschutzbeauftragte erstellt und verwaltet die betriebliche Umweltauditplanung, in der alle Prüfungen des Unternehmens dokumentiert sind.

Prüfungsumfang

Vor jeder Umweltbetriebsprüfung legt der Umweltbeauftragte in Abstimmung mit der Geschäftsleitung den Umfang der betrieblichen Überprüfung fest. Dazu erstellt er einen Audit-Plan, der

1. den zu prüfenden Standort,
2. die Prüfbereiche,
3. die Prüforte,
4. die zu prüfenden Tätigkeiten und Inhalte,
5. das Prüfteam und
6. den Termin

für die Überprüfung bestimmt.

Verfasser: Erstelldatum:	Prüfer: Prüfdatum:	Freigabe Freigabedatum

<table>
<tr><td>Nr.

Änderungsindex
Seite 4 von 6</td><td>Umweltverfahrensanweisung
Umweltbetriebsprüfung / Umwelt-Audit</td><td></td></tr>
</table>

Prüfungsvorbereitung

Der Umweltschutzbeauftragte sorgt anhand entsprechender Maßnahmen (Aushänge, Informationsgespräche in den Abteilungen) dafür, daß alle Beteiligten des Unternehmens über ihre Rolle und Aufgabe im Rahmen der Betriebsprüfung informiert sind und diese verstehen. Aus gegebenem Anlaß kann hierzu auch eine gesonderte Informationsveranstaltung durchgeführt werden.
Der Umweltschutzbeauftragte prüft, welche Mittel für die Umweltbetriebsprüfung (Managementdokumentationen, Meßgeräte, Polaroid-Kamera, Checklisten, Prüfprotokolle, etc.) benötigt werden und sorgt für deren Bereitstellung. Zusätzlich zu beschaffende Hilfs- und Arbeitsmittel oder erforderliche Finanzmittel werden auf Vorschlag des Prüfteams von der Geschäftsleitung zur Verfügung gestellt.

3.3 Durchführungsphase

3.3.1 Eröffnungssitzung

Der Umweltschutzbeauftragte stellt dem Prüfteam Ziele, Umfang, Inhalt und Ablauf der Prüfung vor. Er beschreibt das betriebliche Umweltmanagementsystem und weist auf besonders zu beachtende Umstände hin. Der jeweils zu prüfende Bereich wird von den Verantwortlichen zum besseren Verständnis in Bezug auf das Umweltmanagementsystem, die Einhaltung der rechtlichen Vorschriften und die Umweltauswirkungen vorgestellt.

3.3.2 Betriebsbegehung

1. Das Prüfteam überprüft im Rahmen der Begehung die festgelegten Bereiche und Tätigkeiten anhand des vorbereiteten Prüfplans
2. Die umweltrelevanten Dokumenten werden eingesehen und auf Vollständigkeit und Aktualität geprüft
3. Mit Mitarbeitern in Schlüsselpositionen werden vor Ort Interviews zur Praxis der Abläufe und Verfahren durchgeführt
4. Mit einer Polaroid-Kamera werden während der Rundgänge Prüfbeweise gesammelt
5. Die festgestellten Befunde werden im Prüfprotokoll dokumentiert

Verfasser: Erstelldatum:	Prüfer: Prüfdatum:	Freigabe Freigabedatum

Nr. Änderungsindex Seite 5 von 6	**Umweltverfahrensanweisung** **Umweltbetriebsprüfung / Umwelt-Audit**	

3.3.3 Auswertung

Die Prüfergebnisse (Prüfprotokolle) werden dem Umweltschutzbeauftragten übergeben, der diese zusammen mit dem Prüfteam auswertet. Dabei sollen insbesondere die folgenden Fragen beantwortet werden:

1. Inwieweit werden die betriebliche Umweltpolitik, die Umweltziele und das Umweltprogramm am Standort umgesetzt?
2. Wie hoch ist die Qualität des Umweltmanagementsystems und seiner Instrumentarien?
3. Zeigt das betriebliche Umweltmanagementsystem Wirkung in Hinsicht auf eine Reduzierung der Umweltauswirkungen unseres Unternehmens?
4. Sind Schwachstellen identifiziert worden?
5. Gibt es Vorschläge oder Empfehlungen zur Behebung von Schwachstellen?
6. Zeigen bereits umgesetzte Maßnahmen Wirkung?
7. Wo sind Maßnahmen und Ziele anzupassen?
8. Was sind die jeweiligen Ursachen für die Verfehlung von Umweltzielen?

3.4 Nachbereitungsphase

3.4.1 Bericht über die Feststellungen

Der Umweltschutzbeauftragte verfaßt einen Betriebsprüfungsbericht, der die Ergebnisse der Umweltbetriebsprüfung zusammenfaßt. Der Bericht dient der vollständigen und nachvollziehbaren Dokumentation der Feststellungen und Schlußfolgerungen aus der Umweltbetriebsprüfung. Aus dem Umweltbetriebsprüfungsbericht muß insbesondere hervorgehen:

1. Prüfungsumfang
2. Einschätzung des bisher erreichten Grades an Übereinstimmung des Umweltmanagementsystems mit der Umweltpolitik des Unternehmens
3. Auflistung der bisher erreichten umweltbezogenen Fortschritte am Standort
4. Einschätzung der Wirksamkeit und Verläßlichkeit des Umweltmanagementsystems in Bezug auf die Überwachung der Umweltauswirkungen am Standort
5. Auflistung der gegebenenfalls erforderlichen Korrekturmaßnahmen

Verfasser: Erstelldatum:	Prüfer: Prüfdatum:	Freigabe Freigabedatum

Nr. Änderungsindex Seite 6 von 6	**Umweltverfahrensanweisung** **Umweltbetriebsprüfung / Umwelt-Audit**	

Der vollständige Betriebsprüfungsbericht wird vom Prüfteam verabschiedet und anschließend von der Geschäftsleitung freigegeben. Der Bericht dient der Geschäftsleitung als Bewertungsgrundlage für das betriebliche Umweltmanagementsystem.

3.4.2 Folgemaßnahmen

Im Anschluß an die Umweltbetriebsprüfung und die Erstellung des Berichts werden Maßnahmen zur Behebung der identifizierten Schwachstellen ausgearbeitet und geplant. Die Planung übernimmt der Umweltschutzbeauftragte.
Das Umweltprogramm und die Umweltziele werden gemäß der Verfahrensanweisung „Umweltziele und -programme" entsprechend angepaßt.
Die Umweltpolitik und das Umweltmanagementsystem werden gemäß der Verfahrensanweisung „Review des UMS und der Umweltpolitik" entsprechend angepaßt.

4. Mitgeltende Dokumente

1. Formular Umweltauditplanung
2. Verfahrensanweisung „Umweltziele und -programme"
3. Verfahrensanweisung „Review des UMS und der Umweltpolitik"
4. Umweltprüfungsplanung
5. Prüfprotokolle Umweltprüfung
6. Bericht und Protokolle vorhergegangener Umweltbetriebsprüfungen

5. Verteiler

Herr Ganz
Herr Wagner
Hr. Plotz
Hr. Kuhn
Herr Dr. Müller
Frau Fritsche

Verfasser: Erstelldatum:	Prüfer: Prüfdatum:	Freigabe Freigabedatum

- Projektplanung
- Projektauftrag
- Projektmanagement

Projektstart 1

- Umweltschutzrelevante Unterlagen
- Zentrale Umweltschutzdokumentation

Umweltschutzdokumente 2
(Umweltprüfung)

- Rechtlicher Rahmen
- Einhaltung einschlägiger Umweltvorschriften
- Register der Rechtsvorschriften

Umweltschutzvorschriften 3
(Umweltprüfung)

- Stand des betrieblichen Umweltschutzes
- Stärken und Schwächen
- Mängelbeseitigung

Umweltschutzpraxis 4
(Umweltprüfung)

- Erfassung und Beurteilung
- Verzeichnis der Umweltauswirkungen

Umweltauswirkungen 5
(Umweltprüfung)

- Strategische Ausrichtung
- Gesamtziele im Umweltschutz
- Umweltleitlinien

Umweltpolitik 6

- Konkrete Umweltziele
- Maßnahmenplanung

Umweltprogramm 7

- Verfahren
- Tätigkeiten
- Handlungsweisen

Regelung der Abläufe 8

- Organisationsstrukturen
- Verantwortlichkeiten und Zuständigkeiten
- Umweltmanagement-Dokumentation

Anpassung der Aufbauorganisation 9

- Erstellung
- Verbreitung

Umwelterklärung 10

Anpassung der Aufbauorganisation

Arbeitsprogramm

Arbeitsmaterialien

9.1 Stäbe und Linien

Betriebliche Funktionen im Umweltschutz sind zumeist als Stabsstellen angelegt und dafür gibt es gute Gründe. Umweltbeauftragte nehmen in der Regel Querschnittsfunktionen wahr, die sich auf sehr unterschiedliche Bereiche und Ebenen des Unternehmens erstrecken. Eine direkte Weisungsbefugnis könnte einerseits zu Irritationen bei Mitarbeitern und zu „Kompetenzgerangel" mit deren Linienvorgesetzten führen. Andererseits könnten Umweltbeauftragte, die in dieser Funktion in der Linie eingebunden sind, bei der Wahrnehmung ihrer Pflichten erheblich behindert werden, da es hier zu Interessen- und Zielkonflikten zwischen Stabs- und Linienaufgaben kommen kann.

Querschnittsfunktion

Jemand, der im Unternehmen Umweltschutzaufgaben wahrnehmen soll, muß für deren effektive Erfüllung hierarchisch hinreichend unabhängig sein und jederzeit an maßgeblicher Stelle Gehör finden. Für Beauftragte, die aufgrund einer rechtlichen Vorschrift, wie Bundes-Immissionsschutzgesetz (BImSchG), Wasserhaushaltsgesetz (WHG) oder Kreislaufwirtschafts- und Abfallgesetz (KrWG/AbfG), bestellt werden, sind deren Rechte und Pflichten, die Bestellungsvoraussetzungen und die organisatorische Einbindung dort entsprechend geregelt. Aber auch für "freiwillige" Umweltbeauftragte sowie andere Umweltschutz- und Umweltmanagementfunktionen sind angemessene qualifikatorische und organisatorische Voraussetzungen notwendig, damit diese ihren Aufgaben gerecht werden können.

Organisatorische Einbindung

9.2 Umweltschutz „managen"

Genauso, wie betrieblicher Umweltschutz nur effektiv praktiziert werden kann, wenn alle Mitarbeiter mitziehen, funktioniert er nur, wenn er „ganz oben" im Unternehmen aufgehängt ist und von dort aus konsequent verfolgt und umgesetzt wird. Für die Organisation des Umweltschutzes bedeutet dies, daß die Unternehmensleitung oder ein Mitglied daraus - der Managementvertreter - die *operative* Verantwortung für den Umweltschutz übernimmt (juristisch verantwortlich ist das gesamte Management ohnehin). Auch für eine solche Regelung gibt es in Teilbereichen rechtliche Vorschriften (z. B. § 52a, BImSchG), doch unabhängig davon ist die Funktion des Managementvertreters essentiell für den effektiven strategischen Umweltschutz.

Operative Verantwortung

Diese Konstruktion läßt sich analog auch auf das Umweltmanagement übertragen. Hier kommt der Rolle des Managements eine noch größere Bedeutung zu, da viele Abläufe und Aufgaben unmittelbar auf die strategische Ausrichtung und Lenkung des Unternehmens abzielen. Die EG-Öko-Audit-Verordnung schreibt daher die Bestellung eines Managementvertreters als Gesamtverantwortlichen für die Anwendung und Aufrechterhaltung des Umweltmanagementsystems verbindlich vor.

Managementvertreter

Ausgehend von dieser operativen Gesamtverantwortung kann dann geprüft werden, inwieweit Aufgaben und Verantwortung zweckmäßiger Weise delegiert werden. Verantwortlich dafür, daß regelmäßig Umweltbetriebsprüfungen durchgeführt werden, ist der Managementvertreter. Aber wer plant die Audits, bereitet sie vor und koordiniert die Durchführung? Umweltpolitik und Umweltziele werden von der Geschäftsführung festgelegt und gegebenenfalls angepaßt. Aber wer liefert die notwendigen Informationen, und wer organisiert die praktische Umsetzung der Maßnahmen des Umweltprogramms? Wer pflegt die Dokumentation, und wer aktualisiert Verfahrensanweisungen? Wer sorgt für die interne Verbreitung von Informationen, und wer kümmert sich um die Qualifizierung und Schulung der Mitarbeiter? Kurz: Wer nimmt all die Aufgaben wahr, die zur Aufrechterhaltung und kontinuierlichen Verbesserung des Umweltmanagementsystems erforderlich sind?

Umweltmanagement-Beauftragter

Zumeist bietet es sich an, diese Aufgaben - oder zumindest die meisten davon - zu einer *Funktion* zusammenzufassen, z. B. zu der des Umwelt*management*-Beauftragten. Diese kann beispielsweise dem bisherigen Projektleiter übertragen werden, da er voraussichtlich mit den geschilderten Aufgaben am besten vertraut ist. Doch wer immer diese Funktion übernimmt, er (oder sie) sollte unmittelbar im Auftrag der Unternehmensleitung arbeiten und an den Managementvertreter berichten. Sind Eingriffe in Linienfunktionen oder -abläufe erforderlich, werden diese vom Managementvertreter kraft seiner Weisungsbefugnis auf dem Weg der Linie vorgenommen. Ein solcher Umweltmanagement-Beauftragter erhält direkte (Weisungs-) Befugnisse nur aufgaben- oder projektbezogen, soweit dies zur Erfüllung seiner Pflichten erforderlich ist.

9.3 Umweltschutz auf breiter Basis

Zur Verbesserung des Informationsflusses und um das Umweltmanagementsystem stärker im Unternehmen zu verankern, kann es sinnvoll sein, Aufgaben breiter zu verteilen. Dazu bietet sich beispielsweise die Benennung von Ansprechpartnern für Umweltschutzfragen in den Abteilungen (vergleichbar mit Arbeitssicherheitsbeauftragten) an. Logisch, aber leider nicht immer selbstverständlich ist, daß die formale Übertragung solcher Funktionen oder Aufgaben nicht ausreicht. Aufgabe des Managements ist es, dafür zu sorgen, daß jeder, der eine neue Aufgabe übernimmt, über die zu ihrer Erfüllung erforderliche Qualifikation sowie über die notwendigen Mittel und Rahmenbedingungen verfügt. Das kann im Zweifelsfall bedeuten: Einweisungen oder Schulungen durchführen, ausgleichende Entlastung einzelner durch Umverteilung von Aufgaben oder Bereitstellung von Arbeitsmitteln und Kommunikationsstrukturen. Im übrigen gilt: Freiwilligkeit vor Zwang. Wer eine Aufgabe nur widerwillig übernimmt, wird diese in aller Regel auch nur nach dem Prinzip „Dienst nach Vorschrift" ausfüllen. Manche Aufgaben müssen einfach erledigt werden, und nicht immer findet man Freiwillige, die motiviert sind, diese zu übernehmen. Aber je höher eine Aufgabe im Unternehmen wertgeschätzt wird und je besser die Bedingungen zu ihrer Wahrnehmung sind, desto größer wird auch die Bereitschaft zur aktiven Mitwirkung in der Belegschaft sein. Für einen „verlorenen Posten" oder eine „Schwarzer-Peter"-Aufgabe wird sich hingegen schwerlich ein Freiwilliger finden lassen.

Ansprechpartner für Umweltschutzfragen

Freiwilligkeit vor Zwang

„Verlorene Posten"

Neben der geschilderten Zusammenfassung von Aufgaben zu Funktionen, die durch einzelne Mitarbeiter wahrgenommen werden und der Behandlung von Umweltschutzthemen in den bestehenden Besprechungsrunden, gibt es die Möglichkeit, ein spezielles Gremium - z. B. einen Umweltausschuß - einzurichten, das turnusmäßig oder aufgabenbezogen zusammentritt und sich gezielt mit Fragen des Umweltschutzes und des Umweltmanagements befaßt. Oftmals stellt das Projektteam bereits eine gute Basis für ein solches Gremium dar. In jedem Fall sollte es aber bereichsübergreifend und interdisziplinär zusammengesetzt sein. So sollten - neben den verschiedenen Umwelt- und Betriebsbeauftragten - beispielsweise auch die Sicherheitsfachkraft, der Qualitäts(management)beauftragte, der Werksarzt, ein Mitglied des Betriebsrates und Vertreter der wichtigsten Abteilungen vertreten sein. Die Aufgaben eines solchen Gremiums können die regelmäßige Behandlung von Umweltthemen, die Abstimmung,

Umweltausschuß

Zusammensetzung

Aufgaben

Entwicklung und Koordination von Lösungen bei Umweltschutzproblemen, die Vorbereitung und Planung von Umweltschutzaktivitäten, die Planung und Vorbereitung von Umweltbetriebsprüfungen im Team oder die Unterstützung der Geschäftsführung bei Entscheidungen mit Bezug zu Umweltaspekten sein. Mit relativ wenig Aufwand kann so ein wirkungsvolles Instrument zur kontinuierlichen Verbesserung des betrieblichen Umweltschutzes geschaffen werden. Welche organisatorischen Anpassungen im einzelnen Unternehmen sinnvoll, notwendig und auch realisierbar sind, muß jeweils individuell entschieden werden. Die ausdrückliche Übernahme operativer Verantwortung durch die Unternehmensleitung ist die Grundvoraussetzung. Wie weit diese dann heruntergebrochen und auf anderen Ebenen verankert werden kann, ist stark abhängig von der Organisationsform, der Größe, der Mitarbeiterzahl und der Art des Unternehmens.

Funktionen einrichten und beschreiben

Prüfen Sie, welche (zusätzlichen) Umweltschutz- und Umweltmanagementaufgaben in Ihrem Unternehmen wahrgenommen werden müssen bzw. sollen und ob diese durch die bestehenden Funktionen hinreichend abgedeckt werden können. Die meisten dieser Aufgaben haben Sie bei der Regelung der Abläufe bereits erfaßt. Mit Hilfe der Planungsmatrizen sowie Ihrer Aufzeichnungen und Notizen können Sie sich die Aufgabe jetzt deutlich erleichtern. Wenn Sie die wahrzunehmenden Aufgaben zusammengestellt und strukturiert haben, muß die Unternehmensleitung entscheiden, welche zusätzlichen Funktionen (Beauftragte, Ansprechpartner, Gremien usw.) eingerichtet werden sollen und die entsprechenden Voraussetzungen schaffen. Beschreiben Sie alle wichtigen Funktionen im Umweltschutz und im Umweltmanagement in schriftlicher Form. Das beinhaltet vor allem die eindeutige Abgrenzung von Aufgaben, Zuständigkeiten, Befugnissen sowie Kommunikationswegen und erstreckt sich auch auf bereits bestehende Funktionen, wie z. B. die des Umweltbeauftragten. Solche offiziellen *Funktionsbeschreibungen* sorgen für klare Verhältnisse auf allen Seiten und werden später wichtige Hilfsmittel zur Beschreibung des Systems in der Umweltmanagement-Dokumentation sein. Anhand dieser Beschreibungen kann auch der Umweltgutachter den Aufbau und die Wirkungsweise des Systems besser nachvollziehen. Für besonders verantwortungsvolle Funktionen, wie die gegenüber den Behörden benannten Umweltbeauftragten, sollten Sie zusätzlich persönliche *Bestellungsverträge* aufsetzen, die mit dem jeweils Betroffenen abgestimmt sind.

9.4 Die organisationale Struktur

Die *Ablauforganisation* (vgl. Abschnitt 8) regelt Art und Abfolge der Arbeitsschritte sowie das Zusammenwirken der Beteiligten bei der Abwicklung komplexer Aufgaben. Sie stellt also gewissermaßen die „Software" der Unternehmensorganisation dar. Die *Aufbauorganisation* ist dagegen das Grundgerüst aus funktionalen Einheiten (der „Hardware") und deren Beziehungen untereinander (quasi dem „Betriebssystem"), mittels derer die Programme zum Laufen gebracht werden müssen. Oder anders ausgedrückt: Die Aufbauorganisation eines Unternehmens ist dessen organisationale Struktur. Durch sie ist festgelegt, wer für welche Aufgaben zuständig und verantwortlich ist, wer was entscheidet, wer wem unterstellt bzw. vorgesetzt ist und welche Informationswege und Berichtspflichten bestehen.

Aufbauorganisation

Die übliche Form, die Aufbauorganisation eines Unternehmens im Überblick darzustellen, ist das Organigramm. Dabei werden alle funktionalen Einheiten des Unternehmens, wie Management, Geschäfts- und Produktionsbereiche, Abteilungen, aber auch spezielle Aufgabenbereiche und Stabsfunktionen, in hierarchischer Gliederung graphisch abgebildet. Anhand des Organigramms lassen sich die Organisationsform, die funktionalen Strukturen, die hierarchischen Beziehungen und - mit Einschränkungen - die Kommunikationsstrukturen des Unternehmens relativ schnell erfassen. Die meisten mittelständischen Unternehmen - zumindest ab einer gewissen Größe - verfügen heute über ein solches Organigramm.

Organigramm

Organigramm anpassen

Wenn Ihr Unternehmen über ein Organigramm verfügt, passen Sie dieses an, indem Sie die wichtigsten Funktionen im Umweltschutz und im Umweltmanagement in Übereinstimmung mit den Funktionsbeschreibungen einfügen. Das Mindeste, was Sie tun sollten, ist, den Managementvertreter (Umweltschutz /Umweltmanagement) zu kennzeichnen. Darüber hinaus ist in der Regel auch die Aufnahme entsprechender Stabsfunktionen in das Organigramm sinnvoll. Wenig zweckmäßig ist es hingegen, Nebenfunktionen und Zusatzaufgaben, wie Ansprechpartner in den Abteilungen, anzuführen. Wenn Sie diese ebenfalls darstellen möchten, sollten Sie im Hinblick auf die Dokumentation des Umweltmanagementsystems erwägen, zusätzlich eine separate (grafische) Darstellung der Organisationsstruktur des Umweltschutzes im Unternehmen zu erstellen.

9.5 Verknüpfung von Funktionen und Abläufen

Aufbauorganisation und Ablauforganisation sind eng miteinander verknüpft. Recht gut läßt sich diese Verknüpfung anhand einer *Verantwortungsmatrix* (Beispiel in den Arbeitsmaterialien) darstellen. Während sich die Ablauforganisation auf die *Verfahren und Prozesse* bezieht, stehen bei der Aufbauorganisation die *Funktionen* im Vordergrund.

Verantwortungsmatrix

Trägt man in einer Matrix die wichtigsten Abläufe und Aufgaben im Rahmen des Umweltmanagement (vgl. auch Abschnitt 8) gegen die relevanten Funktionen auf, kann man die oben angeführte Verknüpfung deutlich machen. Zu den relevanten Funktionen gehören - neben den Umweltschutz- und Umweltmanagementfunktionen - die zentralen Linienfunktionen (wie z. B. Einkauf, Personal, Produktion, Entwicklung usw.) sowie ggf. Qualitätsmanagement, Arbeitssicherheit, Betriebsrat und andere. Nach Eintrag der entsprechenden Vermerke (z. B.: E = Entscheidung, V = Verantwortung, M = Mitwirkung, I = Information) an den Schnittstellen beider Achsen läßt sich nun auf einen Blick erkennen, welche Funktionen und Abteilungen maßgeblich an welchen Abläufen beteiligt sind. In der anderen Richtung lassen sich zudem die wichtigsten Verantwortlichkeiten und Zuständigkeiten der einzelnen Funktionen und Abteilungen in bezug auf Abläufe und Verfahren im Umweltschutz ablesen.

Handlungssicherheit und Transparenz

Wie für die anderen Mittel zur Festlegung und Darstellung der Aufbauorganisation gilt auch hier: Im Vordergrund steht das Ziel, durch eine klare und umfassende Organisation die Kompetenzen eindeutig zu regeln und dadurch die Handlungssicherheit der Unternehmensangehörigen zu erhöhen. In zweiter Linie ist auch die Verantwortungsmatrix wiederum ein Mittel, um mehr Transparenz für Außenstehende, wie z. B. den Umweltgutachter, zu schaffen.

Verantwortungsmatrix erstellen

Erstellen Sie auf die angegebene Weise eine Verantwortungsmatrix für den Umweltschutz und das Umweltmanagement Ihres Unternehmens. Auf diesem Wege haben Sie gleichzeitig die Möglichkeit, zu überprüfen, ob Ihre Umweltschutzorganisation vollständig und eindeutig ist. Eventuell auftretende Probleme oder Unstimmigkeiten deuten darauf hin, daß hier noch Defizite oder Klärungsbedarf bestehen. Die fertige Verantwortungsmatrix ist wiederum ein wesentlicher Bestandteil Ihrer Umweltmanagementdokumentation.

***Arbeitsmaterial* 9 - c**

9.6 Die Umweltmanagementdokumentation

Hat ein Unternehmen die bisherigen Arbeitsschritte erfolgreich abgeschlossen, wird es an dieser Stelle in der Regel feststellen können, daß seine Umweltmanagement-Dokumentation zu diesem Zeitpunkt bereits nahezu vollständig ist. Bei einem strukturierten Aufbau des Systems ist die Dokumentation ein zwangsläufiges Produkt des Prozesses. Die wichtigsten Anleitungen für umweltgerechtes Handeln sind erarbeitet, die Verankerung von Zielen und Normen ist erfolgt und durch die Anpassung der Aufbauorganisation und deren Darstellung ist bereits ein wesentlicher Beitrag zur Veranschaulichung des Systems geleistet.

Produkt des Prozesses

Obwohl weder die EG-Verordnung Nr. 1836/93 (Öko-Audit-Verordnung) noch die DIN EN ISO 14001 ein „Handbuch", sondern lediglich eine Dokumentation des Umweltmanagementsystems fordern, hat es sich - analog zum Qualitätsmanagement - eingebürgert, für die Dokumentation des Systems ein Umweltmanagement-Handbuch anzulegen. Was hat es also mit dem *Handbuch* auf sich und was ist der Zweck der Umweltmanagementdokumentation?

„Handbuch" oder Dokumentation?

Systematisches Handeln im Unternehmen erfordert klare Instruktionen. Sind komplexe Aufgaben auszuführen, muß klar sein, wer was wie tut. Dazu ist es notwendig, daß schriftliche Regelungen bestehen - daß man eine Anleitung *zur Hand nehmen* kann, die verbindliche Vorgaben und Orientierungshilfen enthält. Diese *Handbuch-Funktion* der Umweltmanagement-Dokumentation dient dem ersten Zweck: der *Anleitung*.

1. Zweck: Anleitung

Vereinbarungen wie Normen, Ziele und Verträge stehen auf wackeligen Beinen, wenn sie nicht schriftlich niedergelegt sind. Und oftmals sind Protokolle und Aufzeichnungen erforderlich, um die Einhaltung dieser Vereinbarungen überwachen (und ggf. belegen) zu können. Diese Bestandteile des Systems erhalten ihre Verbindlichkeit dadurch, daß sie fixiert werden. Der zweite Zweck der Umweltmanagement-Dokumentation ist demnach die *Verankerung*.

2. Zweck: Verankerung

Möchte ein Unternehmen seine Umweltschutzaktivitäten und -vorkehrungen publik machen, sollte es dies in einer Weise tun, die Außenstehende nachvollziehen können. Strebt das Unternehmen eine Validierung oder Zertifizierung an, muß es den Umweltgutachter in die Lage versetzen, sich ein umfassendes Bild von

3. Zweck: Veranschaulichung

der Wirkungsweise und der Wirksamkeit des Umweltmanagementsystems zu machen, damit dieser es überprüfen kann. Aufgabe der Umweltmanagementdokumentation ist in diesem Zusammenhang, die Nachvollziehbarkeit und die Überprüfbarkeit zu gewährleisten. Ihr dritter Zweck ist also die *Veranschaulichung*.

Unnötigen Aufwand vermeiden!

Gerade kleine und mittelständische Unternehmen sollten *unnötigen* Aufwand bei der Dokumentation vermeiden, der oftmals weder angemessen noch zweckmäßig ist. Für die „Lebendigkeit" - also die Funktionsfähigkeit und die Effektivität - eines Umweltmanagementsystems ist ausschlaggebend, daß Politik und Ziele realistisch und motivierend sind, daß Abläufe und Verfahren praxisnah und alltagstauglich sind und daß der Umweltschutzgedanke seinen Platz in den Köpfen aller Mitarbeiter findet. Erst dann können sich auch die Handlungsweisen im Unternehmen nachhaltig ändern. Wird dies nicht erreicht, kann auch eine noch so umfangreiche Dokumentation keine Wunder vollbringen. Etliche Unternehmen haben bereits beim Aufbau des Qualitätsmanagementsystems leidvolle Erfahrungen mit einem ein sinnvolles Maß übersteigenden Dokumentationsaufwand gemacht. Ist die Dokumentation zu umfangreich, dann läuft man Gefahr, daß ihre

„Verregelung"

Bedeutung für die Unternehmenspraxis sinkt, anstatt zusätzliche Handlungssicherheit zu geben. Dieser Effekt der „Verregelung" wurde von den Betroffenen oftmals mit der Formulierung umschrieben, daß das System „nicht richtig gelebt" werde. Liegen allerdings bereits positive Erfahrungen mit dem Qualitätsmanagement vor, so bietet sich die Chance, sich bei der Anlage der Umweltmanagementdokumentation in Teilen an der Qualitätsmanagementdokumentation zu orientieren, wie dies viel-

Integrierte Managementdokumentation

leicht bereits bei der Systematik und der Gestaltung der Verfahrensanweisungen (Abschnitt 8) geschehen ist. Zum einen kann dies die Akzeptanz des „neuen" Managementsystems erhöhen, zum anderen wird so die mögliche Zusammenführung beider Dokumentationen zu einer gemeinsamen („integrierten") Managementdokumentation erleichtert.

Benutzerfreundliche Strukturierung

Bei der Anlage und der Gestaltung der Dokumentation ist eine benutzerfreundliche Strukturierung, einschließlich der Erarbeitung von Übersichten und Querverweisen, die das Auffinden einzelner Dokumente erleichtern, zu empfehlen (z. B. eine Liste der Verfahrensanweisungen). Auch die Ergänzung um Unterlagen aus der *Zentralen Umweltschutzdokumentation* (z. B. Lagepläne, Kata-

Form und Gestaltung

ster, Behördenbescheide, Verbrauchsaufstellungen und ggf. Öko-Bilanzen) ist empfehlenswert. Die Wahl einer geeigneten Form (z.B. Handbuch) und weitere Ergänzungen, wie eine *verbale*

Beschreibung der Funktionsweise des Systems oder eine Unternehmens- und Tätigkeitsbeschreibung, sind hingegen in das Ermessen des einzelnen Unternehmens gestellt, wenn das Umweltmanagementsystem anhand der Dokumentation insgesamt nachvollziehbar und überprüfbar ist. Die EG-Öko-Audit-Verordnung und die DIN EN ISO 14001 fordern dazu in der Hauptsache eine Beschreibung der (wesentlichen) Elemente des Managementsystems und ihrer Wechselwirkungen. Ob die Dokumentation auf Papier oder in elektronischer Form (EDV) erfolgt, ist ebenfalls jedem selbst überlassen.

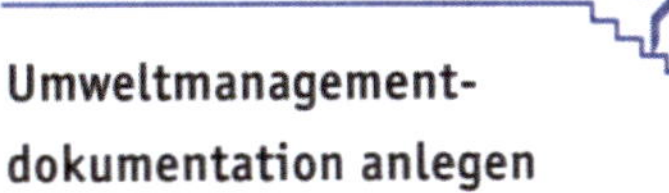

Umweltmanagement-dokumentation anlegen

Legen Sie Ihre Umweltmanagementdokumentation an, indem Sie die im Prozeß erarbeiteten Dokumente zusammenführen und strukturieren. Dies sind im wesentlichen:

- Auszüge der Zentralen Umweltschutzdokumentation,
- Register der Rechtsvorschriften,
- Verzeichnis der Umweltauswirkungen (ggf. einschl. Öko-Bilanzen und Verbrauchsaufzeichnungen),
- Umweltpolitik,
- Umweltprogramm einschl. Zielen und Maßnahmenplan,
- Verfahrens-, Arbeitsanweisungen und mitgeltende Unterlagen,
- Darstellung und Beschreibungen zur Organisationsstruktur (Funktionsbeschreibungen, Organigramm, Verantwortungsmatrix).

Überprüfen Sie die Vollständigkeit der Dokumentation und ergänzen Sie diese durch entsprechende Erläuterungen und Beschreibungen, Übersichten und Querverweise sowie gegebenenfalls durch Dokumente aus Ihrer Zentralen Umweltschutzdokumentation (Abschnitt 2). Wählen Sie eine für Ihr Unternehmen geeignete Form hinsichtlich Anlage, Umfang und Gestaltung. Berücksichtigen Sie dabei - im Sinne der Corporate Identity - auch eine unter Umständen vorhandene Qualitätsmanagement-Dokumentation. *Die Aufstellung in den Arbeitsmaterialien gibt Ihnen einen umfassenden Überblick darüber, welche Informationen aus der Umweltmanagementdokumentation hervorgehen sollten.* Stellen Sie sicher, daß jeder im Unternehmen an seinem Arbeitsplatz über die für ihn relevanten Dokumente verfügt und leichten Zugang zu den übrigen, ihn betreffenden Teilen der Dokumentation hat. Dies sollte im Zuge der Ablaufregelung „Lenkung der Dokumente" bereits weitgehend erfolgt sein.

Arbeitsmaterial
9 - d

Arbeitsmaterial

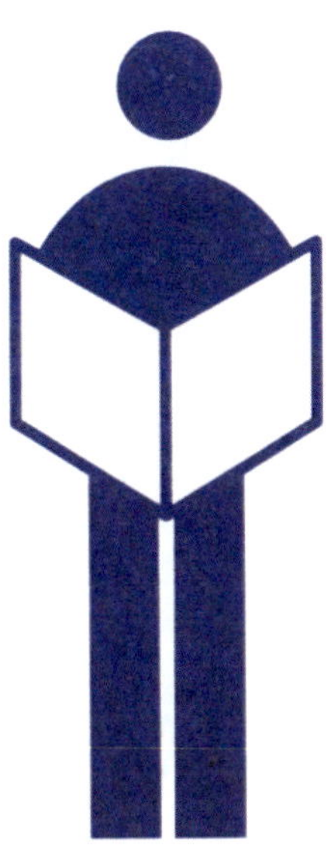

Angestrebte Ergebnisse dieses Abschnittes:

- ❑ Die umweltschutzbezogenen Funktionen sind beschrieben.

- ❑ Verantwortlichkeiten und Zuständigkeiten sind festgelegt.

- ❑ Eine strukturierte Umweltmanagementdokumentation ist angelegt.

Aktionsplan

1. Funktionen einrichten und beschreiben

2. Organigramm anpassen

3. Verantwortungsmatrix erstellen

4. Umweltmanagementdokumentation anlegen

Ganz & *Aehnlich*

Verantwortungsmatrix Umweltschutz / Umweltmanagement

Abläufe	Abteilungen / Personen								
	Geschäftsführung	Management-vertreter	Umweltausschuß	Betriebs-beauftragter für Immissionschutz / Umwelt-management-Beauftragter	Betriebs-beauftragter für Gewässerschutz	Ansprechpartner für den Umweltschutz	Einkauf / Materialwirtschaft	Personal / Verwaltung	...
Anforderung, Bestellung, Beschaffung von Roh-, Hilfs- und Betriebstoffen				M/I	I		V		
Pflege des Register der Rechtvorschriften	I	I	I	V	I	I	I	I	
Durchführung der Umweltbetriebsprüfung	I	V	M	M	M	M			
Managementreview und Anpassung des Umwelt-managementsystems und der Umweltpolitik	V	M	I	I	I	I			
Festlegung, Überprüfung und Anpassung der Umweltziele und des Umweltprogramms	V	M	M	M	M	M	I	I	
...									

V = Verantwortlich, M = Mitwirkung, I = Information

Informationen, die der Umweltmanagementdokumentation zu entnehmen sein sollten:

in Anlehnung an DIN EN ISO 14 001 und EG-Verordnung Nr. 1836/93 (Öko-Audit-Verordnung)

1. Umweltmanagementsystem

- Ziel, Funktion und Wirkungsweise des Umweltmanagementsystems
- ggf. Grundlagen (z.B. EG-Verordnung Nr. 1836/93 ; DIN EN ISO 14 001)
- ggf. Darstellung (Abdruck) der Unternehmenspolitik

2. Umweltpolitik

- Darstellung (Abdruck) von Umweltpolitik und Umweltleitlinien
- Art und Weise der Umsetzung und Aufrechterhaltung der Umweltpolitik
- ggf. Art und Weise der Bekanntgabe an die Mitarbeiter
- ggf. Art und Weise der öffentlichen Verbreitung

3. Planung

3.1 Umweltaspekte

- Ermittlung, Erfassung, Kontrolle und Beurteilung/Bewertung der (relevanten) Auswirkungen auf die Umwelt, die von den Tätigkeiten am Standort ausgehen (Art und Weise)
- Ermittlung, Erfassung, Kontrolle und Beurteilung/Bewertung der Umweltaspekte von Produkten (und ggf. Dienstleistungen) sowie der Nutzung von Rohstoffen und natürlichen Ressourcen (Art und Weise)
- Berücksichtigung der Umweltauswirkungen und -aspekte bei Planungen und unternehmerischen Entscheidungen (Lenkung und Einflußnahme)
- Kriterien für die Beurteilung/Bewertung und Berücksichtigung sowie eigene Umweltnormen

3.2 Gesetzliche und andere Forderungen

- Ermittlung und Zugänglichkeit von Rechtsvorschriften und gesetzlichen Forderungen
- Andere Forderungen aus Vereinbarungen oder (Selbst-)Verpflichtungen
- Sicherstellung der Einhaltung gesetzlicher und anderer Forderungen

3.3 Zielsetzungen und Einzelziele

- Methodik zur Festlegung von Umweltzielen
- Kriterien für die Festlegung von Umweltzielen
- Aufrechterhaltung, Überprüfung und Anpassung von Umweltzielen

3.4 Umweltprogramme

- Methodik zur Aufstellung von Umweltprogrammen
- Festlegung von Verantwortlichkeiten und Zeitrahmen für die Durchführung
- Bereitstellung von Mitteln
- Aufrechterhaltung, Überprüfung und Anpassung von Umweltprogrammen

4. Implementierung und Durchführung

4.1 Organisationsstruktur und Verantwortlichkeit

- Darstellung der umweltschutzbezogenen Organisationsstruktur (Aufbauorganisation) mit Aufgaben, Verantwortlichkeiten und Befugnissen (einschließlich Managementvertreter und Umweltmanagementbeauftragter), z.B. durch:
  - Organigramm
  - Verantwortlichkeitsmatrix
  - Schnittstellenplan
  - Aufgaben- und Funktionsbeschreibungen etc.
- Betriebsinterne Kommunikationsstruktur einschließlich Berichtswesen/ Berichterstattung an die oberste Leitung
- Bereitstellung von Mitteln (Personal, Finanzmittel, Know-how, Technologie etc.) zur Aufrechterhaltung des Umweltmanagementsystems

4.2 Schulung, Bewußtsein und Kompetenz

- Kontinuierliche Ermittlung des Schulungsbedarfs
- Planung und Durchführung von Schulungen
- Planung und Durchführung von Maßnahmen zur Bewußtseinsbildung bei allen Mitarbeitern insbesondere bezüglich:
  - tatsächliche und potentielle Auswirkungen der eigenen Tätigkeit auf die Umwelt
  - mögliche Folgen eines Abweichens von vorgeschriebenen Abläufen
  - Inhalt und Bedeutung von Umweltpolitik und Umweltzielen
  - Aufgabe und Funktionsweise des Umweltmanagementsystems
- Sicherstellung der erforderlichen Kompetenz der Mitarbeiter zur Erfüllung der jeweiligen Aufgaben unter Einhaltung der Umweltpolitik

4.3 Kommunikation

- Interne Kommunikation zwischen den verschiedenen Ebenen und Funktionen insbesondere:
  - Vermittlung umweltrelevanter Informationen, Verhaltensregeln und Anweisungen an die Mitarbeiter
  - Weiterleitung und Bearbeitung umweltrelevanter Informationen, Mitteilungen und Anregungen der Mitarbeiter einschließlich betriebliches Vorschlagswesen
- Externe Kommunikation, insbesondere:
  - Entgegennahme, Dokumentation, Bearbeitung und Beantwortung externer Mitteilungen und Anregungen
  - Unterrichtung der Öffentlichkeit über die Umweltaspekte der Tätigkeiten am Standort einschließlich Umweltberichte und Umwelterklärungen
  - Dialog mit interessierten Kreisen
  - Dialog und ggf. Kooperation mit den Behörden in Bezug auf Notfallvorsorge, Maßnahmenplanung und andere relevante Themen

4.4 Dokumentation des Umweltmanagementsystems

- Aufbau und Struktur der UMS-Dokumentation, z.B.

  1. Ebene: Umweltmanagement-Handuch (UMH),
  2. Ebene: Umweltverfahrensanweisungen (UVA), Notfall- und Alarmpläne
  3. Ebene: Arbeitsanweisungen (AA), Betriebsanweisungen

- Aufzeichnungen, Register und weitere Dokumente bzw. Systemelemente
- Ablagesystem und Auffindbarkeit der Dokumente

4.5 Lenkung der Dokumente

- Erstellung und Änderung der Dokumente
- Form, Kennzeichnung und Zuordnung der Dokumente
- Regelmäßige Überprüfung und ggf. Überarbeitung der Dokumente
- Verteilung und Austausch der Dokumente
- Entfernung und Kennzeichnung bzw. Vernichtung ungültiger Dokumente

4.6 Ablauflenkung

- Ermittlung von umweltrelevanten Tätigkeiten und Verfahren
- Lenkung dieser Tätigkeiten und Verfahren in Übereinstimmung mit der Umweltpolitik (Planung, Einführung und Aufrechterhaltung dokumentierter Verfahren und Anpassung bestehender Verfahren)
- Festlegung von betrieblichen Vorgaben und Kriterien für Leistungen im Umweltschutz
- Systematische Berücksichtigung von Umweltaspekten bei allen Planungs- und Entscheidungsprozessen (Beurteilung der Umweltaspekte / -auswirkungen neuer Tätigkeiten, neuer Produkte und neuer Verfahren im voraus)

4.7 Notfallvorsorge und Maßnahmenplanung

- Ermittlung von möglichen Vorfällen, Unfällen und Notfällen, die sich auf die Umwelt auswirken können
- Vorbeugung gegen den Eintritt von Vorfällen, Unfällen und Notfällen
- Alarmierung bei Eintritt von Vorfällen, Unfällen und Notfällen (Alarmpläne)
- Geregelte Verfahren zur Verhinderung oder Begrenzung von Umweltauswirkungen beim Eintritt von Vorfällen, Unfällen und Notfällen (Notfallpläne)
- Überprüfung der Eignung und Wirksamkeit sowie kontinuierliche Verbesserung der jeweiligen Verfahren

5. Kontroll- und Korrekturmaßnahmen

5.1 Überwachung und Messung

- Überwachung aller umweltrelevanten Bereiche, Arbeitsabläufe und Tätigkeiten durch regelmäßige Ermittlung der zur Kontrolle erforderlichen Informationen durch Messung oder andere Überwachungsmethoden
- Spezifizierte Verfahren zur Ermittlung der Informationen (einschließlich Kalibrierung und Wartung der Überwachungsgeräte)
- Aufzeichnung bzw. Dokumentation der Informationen und deren Aufbewahrung
- Auswertung der Informationen anhand festgelegter Akzeptanzkriterien

5.2 Abweichungen, Korrektur- und Vorsorgemaßnahmen

- Methodische Behandlung und Untersuchung festgestellter Abweichungen
- Begrenzung der Umweltauswirkungen etwaiger Abweichungen

- Veranlassung angemessener Korrekturmaßnahmen einschließlich Beseitigung der Ursachen
- Kontrolle und Anpassung bzw. Verbesserung des Überwachungssystems und der Verfahren zur Korrektur von Abweichungen (Steuermechanismen) in Bezug auf ihre Wirksamkeit
- Dokumentation von Abweichungen, ergriffenen Maßnahmen sowie Änderungen an Überwachungssystem und Steuermechanismen

5.3 Aufzeichnungen

- Systematische Führung von umweltbezogenen Aufzeichnungen einschließlich
  - gesetzliche und andere Forderungen und Vorgaben (Register der Rechtsvorschriften)
  - bedeutende Umweltauswirkungen / -einwirkungen und Umweltaspekte
  - Überwachung, Zwischenfälle und Abweichungen sowie ergriffene Korrekturmaßnahmen
  - Änderungen von Verfahren und Systemelementen
  - Kommunikation, insbesondere Beanstandungen und Anregungen
  - Schulungen sowie Maßnahmen zur Information und Bewußtseinsbildung
  - Ergebnisse von Prüfungen, Audits und Bewertungen durch die oberste Leitung (Reviews)
  - Umweltziele und -programme sowie deren Erfolgskontrolle
  - Informationen über Produkte, Einsatzstoffe und Verbräuche, Tätigkeiten (Produktion, Dienstleistung, Inspektionen, Wartung und Instandhaltung), Lieferanten, Auftragnehmer, Planungs- und Entscheidungsverfahren etc.
- Aufbewahrung und Pflege der Aufzeichnungen

5.4 Umweltmanagementsystem-Audit

- Regelmäßige Auditierung des Umweltmanagementsystems
- Planung, Durchführung und Auswertung der Audits (Methode)
- Berichterstattung an die oberste Leitung

6. Bewertung durch die oberste Leitung

- Regelmäßige Bewertung des Umweltmanagementsystems in Bezug auf die anhaltende Eignung, Angemessenheit und Wirksamkeit (Umsetzung der Umweltpolitik, Zielerreichung)
- Anpassung, Änderung und kontinuierliche Verbesserung des Systems
- Dokumentation der Bewertung

- Projektplanung
- Projektauftrag
- Projektmanagement

Projektstart 1

- Umweltschutzrelevante Unterlagen
- Zentrale Umweltschutzdokumentation

Umweltschutzdokumente 2
(Umweltprüfung)

- Rechtlicher Rahmen
- Einhaltung einschlägiger Umweltvorschriften
- Register der Rechtsvorschriften

Umweltschutzvorschriften 3
(Umweltprüfung)

- Stand des betrieblichen Umweltschutzes
- Stärken und Schwächen
- Mängelbeseitigung

Umweltschutzpraxis 4
(Umweltprüfung)

- Erfassung und Beurteilung
- Verzeichnis der Umweltauswirkungen

Umweltauswirkungen 5
(Umweltprüfung)

- Strategische Ausrichtung
- Gesamtziele im Umweltschutz
- Umweltleitlinien

Umweltpolitik 6

- Konkrete Umweltziele
- Maßnahmenplanung

Umweltprogramm 7

- Verfahren
- Tätigkeiten
- Handlungsweisen

Regelung der Abläufe 8

- Organisationsstrukturen
- Verantwortlichkeiten und Zuständigkeiten
- Umweltmanagement-Dokumentation

Anpassung der Aufbauorganisation 9

- Erstellung
- Verbreitung

Umwelterklärung 10

Umwelterklärung

Arbeitsprogramm

Arbeitsmaterialien

10.1 Sich erklären oder etwas erklären ?

Jeder hat in seinem Leben schon eine Vielzahl von Erklärungen abgegeben, z.B. die jährliche Steuererklärung, eine Einverständniserklärung, eine Verzichtserklärung oder auch eine Liebeserklärung. *Sich erklären* bedeutet, daß man seine Absichten klar herausstellt und Stellung zu einem bestimmten Thema bezieht. Hierdurch soll erreicht werden, daß das eigene Verhalten von anderen besser eingeschätzt werden und auf diese Weise ein Vertrauensverhältnis entstehen kann.

Anders verhält es sich, wenn ein bestimmter, z.B. technischer Sachverhalt *erklärt* werden soll. Hier zielt die Erklärung (im Sinne einer Erläuterung) auf die Vermittlung von Sachkenntnis und eines Verständnisses für Zusammenhänge ab. In einer Umwelterklärung verbinden sich im Grunde genommen diese beiden Arten der Erklärung.

Stellung nehmen

In der Umwelterklärung erläutern Unternehmen gegenüber der Öffentlichkeit einerseits ihre Tätigkeiten sowie deren Auswirkungen auf die Umwelt. Andererseits stellen sie ihre Ziele und ihre konkreten Aktivitäten dar, mit denen sie den Umweltauswirkungen begegnen. Wegen ihres offiziellen Charakters kommt dabei der Wahrhaftigkeit der Umwelterklärung eine besondere Bedeutung zu. Die Umwelterklärung prägt, zusammen mit anderen Instrumenten der Außendarstellung und Öffentlichkeitsarbeit, das Bild des Unternehmens in der Öffentlichkeit. Die Erstellung und Verbreitung der Umwelterklärung fällt daher in den Aufgabenbereich der Geschäftsführung und sollte unter ihrer Federführung erfolgen. Eine Arbeitsgruppe kann hierzu Vorarbeit leisten und die Geschäftsführung unterstützen.

Funktion und Ziele der Umwelterklärung

Bilden Sie eine Arbeitsgruppe „Umwelterklärung", oder arbeiten Sie im Projektteam. Der Gruppe sollten Personen angehören,

- die gut mit dem Umweltmanagementsystem vertraut sind,
- aber auch solche, die Erfahrungen mit Öffentlichkeitsarbeit und Gestaltungsfragen haben (falls vorhanden PR-Abteilung, Abteilung Öffentlichkeitsarbeit etc.).
- Ferner sollten die Geschäftsführung und ggf. der Betriebsrat vertreten sein.

Bestimmen Sie in der Arbeitsgruppe zunächst die Ziele, welche mit der Umwelterklärung verfolgt werden sollen. Welche Vorteile kann es für das Unternehmen beispielsweise haben, in der Umwelterklärung mehr als nur die unbedingt notwendigen Basisinformationen *(siehe Arbeitsmaterial 10 - g)* zu präsentieren ?

Arbeitmaterial 10 - c

10.2 Gegenseitiges Interesse

Normalerweise haben Außenstehende wenig Einblick in das „Innenleben" von Unternehmen. Selten ist selbst den Anwohnern mehr bekannt als die Produktpalette des benachbarten Unternehmens. Man hat vielleicht den einen oder anderen Bekannten, der von Zeit zu Zeit ein wenig aus dem Betrieb erzählt. Gerade aber darüber, welche Absichten das Unternehmen hinsichtlich des Umweltschutzes verfolgt, wie es zum Umweltschutz steht und welche Anstrengungen es diesbezüglich unternimmt, ist in der Öffentlichkeit häufig wenig bekannt.

Informationspolitik

Der harte Wettbewerb und die Sorge um Betriebsgeheimnisse können Unternehmen veranlassen, so wenig Information wie möglich (also gerade so viel, wie unbedingt erforderlich) nach außen dringen zu lassen. Oft sind Unternehmen daher mit den Informationen, die sie an die Öffentlichkeit weitergeben, sehr zurückhaltend. Diese Zurückhaltung kann zu Mißtrauen, Vorurteilen und Verunsicherung führen. Dabei kann man sich leicht vorstellen, daß es die Mutter, deren Kinder in den an einen Betrieb grenzenden Kindergarten gehen, interessiert, ob die Gesundheit ihrer Kinder unter Umständen beeinträchtigt werden könnte. Oder der Anwohner, der sich durch den Produktionslärm gestört fühlt und wissen möchte, ob wirklich alles getan wurde, um die Lärmemission zu reduzieren. Aber auch Banken und Versicherungen möchten wissen, auf welche Risiken sie sich bei der Finanzierung oder bei Versicherungsabschlüssen mit dem Unternehmen einlassen. Und schließlich prägen Umweltverhalten und Informationspolitik eines Unternehmens zunehmend das Erscheinungsbild bei Kunden und Geschäftspartnern mit. Es besteht also von mehreren Seiten ein nachvollziehbares Bedürfnis nach Informationen und Aufklärung, dem Unternehmen - auch im eigenen Interesse - gerecht werden sollten, um Verunsicherung infolge von Informationsdefiziten abzubauen.

Berechtigtes Interesse

Zielgruppen

Für das Verhältnis zu der lokalen Umweltinitiative kann es für das Unternehmen wichtig sein, den Austausch von Informationen zu forcieren, um eine sachliche Diskussion und einen konstruktiven Dialog zu ermöglichen. Ebenso mag das Unternehmen ein Interesse daran haben, den Erwartungen seiner Kunden zu entsprechen und das Vertrauensverhältnis zu stärken. Versicherer können aufgrund fundierter Informationen über die Gefahrenpotentiale, die ergriffenen Vorbeugemaßnahmen und die bestehenden Schutzeinrichtungen das zu versichernde Risiko besser abschätzen. Für das Unternehmen kann sich dies wiederum vorteilhaft auf die Höhe der Prämien auswirken. Eine dialogorientierte Informationspolitik zeichnet sich allerdings auch dadurch aus, daß man sich fragt: Wer hat ein berechtigtes Interesse am Unternehmen und seinen Umweltschutzaktivitäten? Wenn man sich dafür entschieden hat, die Umwelterklärung als Instrument für den Dialog mit der Öffentlichkeit zu nutzen, ist zu klären, welche Informationsbedürfnisse die verschiedenen Gruppen haben.

Interessengruppen

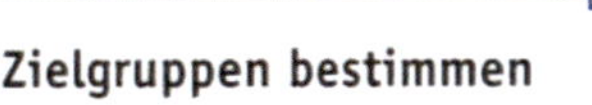

Zielgruppen bestimmen

Klären Sie gemeinsam mit der Arbeitsgruppe „Umwelterklärung" die folgenden Fragen:

- Welche Gruppen (Zielgruppen) wollen wir über unsere Aktivitäten im Umweltschutz informieren?
- Warum wollen wir diese Zielgruppen informieren? Was soll mit der Information erreicht werden?
- Welche Informationen wollen wir weitergeben?

Listen Sie die für das Unternehmen bedeutsamen Zielgruppen auf. Legen Sie für jede Zielgruppe fest, welche Informationen diese erhalten soll. Notieren Sie außerdem, zu welchem Zweck die jeweiligen Zielgruppen bestimmte Informationen erhalten sollen.

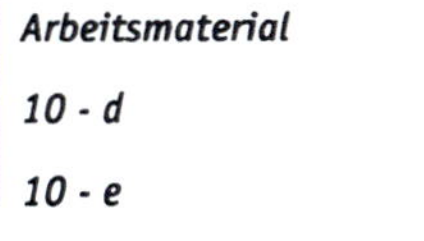

Arbeitsmaterial
10 - d
10 - e

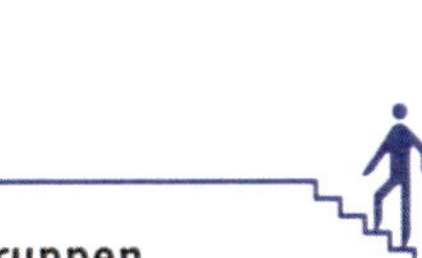

Interessengruppen identifizieren

Prüfen Sie gemeinsam mit der Arbeitsgruppe, welche Gruppen an den Umweltschutzaktivitäten des Unternehmens ein berechtigtes Interesse haben könnten und aus welchen Gründen. Listen Sie die Interessengruppen und die jeweiligen Gründe auf. Klären Sie, an welchen Informationen die einzelnen Gruppen interessiert sind bzw. sein könnten. Notieren Sie außerdem, welche Gründe ggf. dagegen sprechen, diese Informationen weiterzugeben.

Arbeitsmaterial
10 - f

10.3 Anforderungen an die Umwelterklärung

Einerseits muß eine Umwelterklärung auf die spezifische Situation und die Besonderheiten des Unternehmens abgestimmt sowie auf die jeweiligen Ziel- und Interessengruppen ausgerichtet sein. Andererseits muß sie aber auch allgemeingültige Vorgaben und Regeln berücksichtigen. Um - unter anderem - eine grundsätzliche Vergleichbarkeit und ein Mindestmaß an Information der Öffentlichkeit sicherzustellen, müssen Umwelterklärungen bestimmten Anforderungen genügen. Die EG-Öko-Audit-Verordnung legt daher im Art. 5 solche Anforderungen fest, die sich auf den Inhalt, den Umfang und die Art der enthaltenen Informationen der Umwelterklärung beziehen.

Entwurf der Umwelterklärung

Stellen Sie, anknüpfend an die Ergebnisse der ersten Aufgaben, gemeinsam die Informationen und Daten zusammen, die in der Umwelterklärung enthalten sein sollen. Sie können sich dabei an der Struktur sowie den geforderten Informationen und Daten orientieren, die in dem Arbeitsmaterial 10 - g zusammengestellt sind. Überprüfen Sie die Zahlen, Daten, Informationen, Diagramme etc., die in der Umwelterklärung enthalten sein sollen kritisch, und beantworten Sie in der Arbeitsgruppe die folgenden Fragen:

- Sind die Angaben wirklich informativ, d. h., entsprechen sie dem Informationsbedürfnis der jeweiligen Gruppen?
- Sind die Angaben so aufbereitet, daß sie von den unterschiedlichen Ziel- und Interessengruppen auch verstanden werden können?
- Sind die Angaben vollständig und umfassend?
- Sind die Angaben ehrlich und wahrhaftig?

Arbeitsmaterial 10 - g

10.4 Der letzte Schliff

Obwohl die personellen und finanziellen Ressourcen kleiner und mittelständischer Unternehmen fast immer knapp bemessen sind, werden bei der Gestaltung der Umwelterklärung nicht selten noch einmal große Energien freigesetzt, um die Anstrengungen beim Aufbau des Umweltmanagementsystems auch adäquat und möglichst wirkungsvoll darzustellen.

Gestaltung

Die Gestaltungsfreiräume für die Umwelterklärung sind groß und das Spektrum der im Umlauf befindlichen Umwelterklärungen reicht von Hochglanzprospekten im Vierfarbdruck mit Herstellungskosten von 50 DM das Stück bis zur Schwarz-Weiß-Version im DIN-A5-Format, die zum Preis von 50 Pfennigen hergestellt werden kann. Obwohl eine ansprechende Gestaltung der Umwelterklärung wünschenswert ist, sollte man sich nicht dazu hinreißen lassen, der schönen Gestaltung gegenüber dem verständlichen und aussagekräftigen Inhalt den Vorzug zu geben. Beispielsweise ergibt ein Diagramm, das vielfarbig den dramatischen Rückgang verschiedener Emissionen darstellt, ohne eine Beschriftung und Skalierung der Achsen keinen Sinn.

Corporate Identity

Im Sinne der Corporate Identity empfiehlt es sich, die Umwelterklärung an die Konzeption und den Stil anderer Informationsunterlagen des Unternehmens anzupassen. Die Erstellung der Umwelterklärung erfordert die gleiche Sorgfalt und sollte auf eine ähnliche Weise erfolgen, wie die Erstellung von Produkt- oder Unternehmensbroschüren. Wenn Unternehmensbroschüren mit professioneller Hilfe z.B. von Graphikern gestaltet werden, sollte eine solche Unterstützung auch bei der Gestaltung der Umwelterklärung in Anspruch genommen werden. Anregungen für die Gestaltung können auch aus bereits vorhandenen Umwelterklärungen bezogen werden. Dabei kann man sich z.B. auch an Bewertungen von Umwelterklärungen - den sogenannten „rankings" - orientieren, die von verschiedenen Institutionen durchgeführt wurden.

In der Endphase der Gestaltung können auch Mitarbeiter einbezogen werden, die am Aufbau des Umweltmanagementsystems bis dahin nur in geringem Umfang beteiligt waren. Ihre Eindrücke hinsichtlich Verständlichkeit, Aufmachung und Attraktivität der Umwelterklärung können Hinweise auf die zu erwartende Außenwirkung geben.

Umweltklärung gestalten

Arbeitsmaterial

10 - h

Gestalten Sie - ggf. mit professioneller Hilfe - Ihre Umwelterklärung, indem Sie z.B. Daten und Zahlen in Diagrammen veranschaulichen, ansprechende und aussagekräftige Abbildungen und Grafiken aufnehmen und Texte, Erläuterungen und zusätzliche Informationen einfügen.

10.5 Verbreitung der Umwelterklärung

Die ersten durch Umweltgutachter validierten Umweltwelterklärungen fanden reißenden Absatz. Oft kamen die Unternehmen mit der Beantwortung von Anfragen gar nicht mehr nach, und für besonders aufwendig gestaltete Umwelterklärungen wurde zum Teil sogar eine Schutzgebühr erhoben. Andere Unternehmen versuchten die entstehenden Kosten dadurch zu senken, daß sie Interessenten anboten, die Umwelterklärung vor Ort einzusehen. Da die Umwelterklärung aber für die Öffentlichkeit geschrieben wird, muß sie dieser auch in angemessener Weise zur Verfügung gestellt werden. Die Erhebung von Schutzgebühren oder Druckkostenanteilen sollte lediglich in Betracht gezogen werden, wenn es sich um Anforderungen einer größeren Zahl von Exemplaren (z.B. zu Lehrzwecken) handelt und auch das reine Angebot zur Einsichtnahme reicht im Sinne einer angemessenen Verbreitung nicht aus. Für die Verbreitung der Umwelterklärung bietet sich eine Vielzahl von Möglichkeiten an, unter denen jedes Unternehmen die jeweils am besten geeigneten ermitteln muß.

Umwelterklärung verbreiten

Arbeitsmaterial

10 - i

5 - g

Führen Sie in der Arbeitsgruppe ein Brainstorming durch: „Wie können wir unsere Umwelterklärung verbreiten?"
Die Geschäftsleitung legt, unter Einbeziehung der Arbeitsgruppenergebnisse, die am besten geeigneten Verbreitungsformen fest und veranlaßt die Verbreitung der Umwelterklärung.

Validierung?

Der Aufbau eines Umweltmanagementsystems und die Erstellung einer Umwelterklärung müssen nicht notwendigerweise auf deren Validierung durch einen Umweltgutachter - also die Beteiligung an dem europäischen Gemeinschaftssystem - hinauslaufen. Tatsächlich fällen viele Unternehmen die Entscheidung hierüber erst zu einem späteren Zeitpunkt.

Für ein dialogorientiertes Unternehmen dürfte es aber in jedem Fall von Interesse sein, zu erfahren, wie die Ziel- und Interessengruppen reagieren und welche Wirkung die Umwelterklärung erzielt. Entsprechende Rückmeldungen können z. B. mittels eines kleinen, der Umwelterklärung beigefügten Fragebogen gezielt eingeholt und ausgewertet werden.

Rückmeldung

Die Umwelterklärung wird zwar zur Information der Öffentlichkeit verfaßt, kann aber auch für andere Zwecke eingesetzt werden, z.B. zur Information zukünftiger Mitarbeiter oder neuer Kunden oder als Schulungsmaterial für Auszubildende und Umweltbildungsmaßnahmen.

Nicht nur für die Öffentlichkeit

Arbeitsmaterial

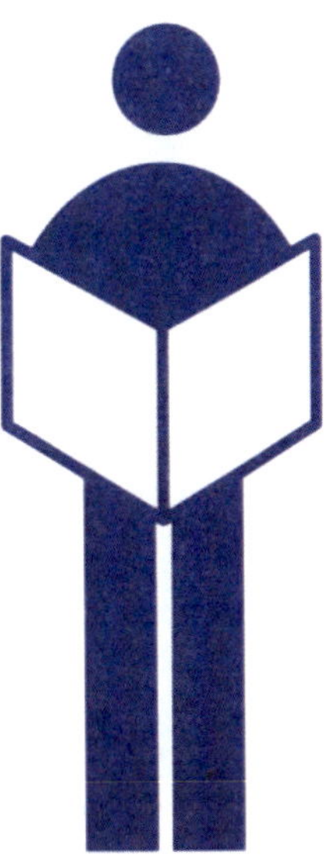

Angestrebte Ergebnisse dieses Abschnittes:

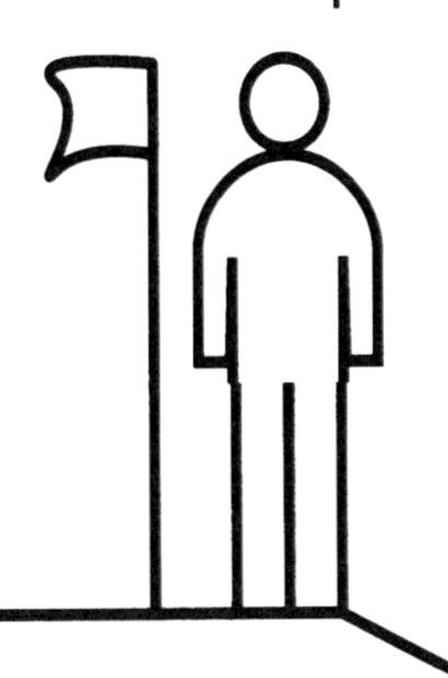

- ❑ Die Umwelterklärung ist abgefaßt.

Aktionsplan

1. Funktion und Ziele der Umwelterklärung

2. Zielgruppen bestimmen

3. Interessengruppen identifizieren

4. Entwurf der Umwelterklärung

5. Umwelterklärung gestalten

6. Umwelterklärung verbreiten

Warum wollen wir berichten?

Ziel- und Interessengruppen

Mitarbeiter und Mitarbeiterinnen

Zulieferer

Verbraucherschutz-organisation

Anwohner

Mitbewerber

Anteilseigner

Behörden

Forschung

Unternehmensverbände

Nachbarn

Umweltverbände

Presse

Banken

Konsumenten

befreundete Unternehmen

Bürgerinitiativen

Versicherungen

Schulen

Kunden

Gewerkschaften

Gläubiger

Ganz & *Aehnlich*

Unsere Zielgruppen für die Umwelterklärung (Auszug)

Zielgruppe	Informationen	Zweck
lokale Umweltgruppe	Erfolge im Umweltschutz und neue Ziele und Maßnahmen	Grundlage für gemeinsame Gespräche
Kunde Fa. Kranich AG	Darstellung der Verfahren für den Einkauf und die Produktplanung	Nachweis der Erfüllung der "Anforderung für Zulieferer", Vorbereitung für das Zulieferer-Audit
zuständige Behörde Gewerbeaufsichtsamt	Sicherstellung der Einhaltung der Rechtsvorschriften (Methode zur Erfassung, Registrierung, Umsetzung) besprechen, was darüber hinaus getan wird	unseren Willen zur kontinuierlichen Verbesserung darstellen
Versicherungen	Methode zur Bewertung der Umweltauswirkungen, speziell Risikoabschätzung	Grundlage für Risikobewertung
...		

Ganz & *Aehnlich*

Interessengruppen (Auszug)

Interessengruppe	Grund für das Interesse ?	An welchen Informationen interessiert ?	Was spricht gegen die Weitergabe der Information ?
Elterninitiative des Kindergartens „BiBaButze"	Eltern befürchten wegen Emissionen Gefahr für die Gesundheit ihrer Kinder, (siehe Schreiben vom 27.3. an die Geschäftsführung)	Meßergebnisse	nichts, da die Meßergebnisse die behördlich geforderten Werte unterschreiten
Anwohner	vereinzelte Beschwerden wegen Geräuschbelästigungen in den frühen Morgenstunden (Zulieferverkehr)	geplante Maßnahmen	Lärmbekämpfung hat nicht oberste Priorität bei Umweltschutzmaßnahmen, dies könnte zu Unverständnis führen
lokale und regionale Presse	professionell	allg. Informationen zur lokalen Umweltbelastung und zu Umwelschutz-aktivitäten	„Sensationsjournalismus"
…			

Informationen,
die eine Umwelterklärung enthalten muß:
(gemäß den Anforderungen der EG-Verordnung)

1. Beschreibung der **Tätigkeiten** am Standort
2. **Beurteilung** der wichtigsten Umweltfragen in Zusammenhang mit den Tätigkeiten
3. **Zusammenfassung** der Zahlenangaben über Schadstoffemissionen, Abfallaufkommen, Rohstoff-, Energie- und Wasserverbrauch und ggf. über Lärm sowie andere bedeutsame umweltrelevante Aspekte
4. Darstellung der **Umweltpolitik**
5. Darstellung des **Umweltprogramms**
6. Darstellung des **Umweltmanagementsystems**
7. Die bedeutsamen **Veränderungen** seit der Abgabe der letzten Umwelterklärung
8. Sonstige **Faktoren** des betrieblichen Umweltschutzes
9. **Termin** für die Vorlage der nächsten Umwelterklärung
10. **Namen** des Umweltgutachters

Elemente,
die eine Umwelterklärung zusätzlich enthalten kann:

- Vorwort der Geschäftsleitung
- Ein kurzer geschichtlicher Abriß
- An wen wir uns mit dieser Umwelterklärung wenden...
- Die wichtigsten Umweltfragen hinsichtlich unserer Produkte und Dienstleistung
- Wie wir die wichtigsten Auswirkungen auf die Umwelt erfassen und beurteilen (Methoden und Grenzen der Datenerfassung)
- Was wir bereits erreicht haben
- Wir hatten auch Mißerfolge
- Kosten und Nutzen unserer Umweltschutzmaßnahmen
- Unsere Mitarbeiter
- Unser Umweltausschuß
- So führen wir unsere Umweltbetriebsprüfung durch
- So können Sie Kontakt zu uns aufnehmen
- Ansprechpartner und Adresse für Mitteilungen
- Glossar der Fachbegriffe
- Abkürzungsverzeichnis

Ergebnisse des Brainstormings
„Wie können wir die Umwelterklärung verbreiten"

Ganz & *Aehnlich*

an die Mitarbeiter:

- beim Pförtner auslegen
- in den Sozialräumen auslegen
- dem Betriebsrat überreichen und verteilen lassen
- mit der nächsten Gehaltsabrechnung verschicken
- auf der nächsten Betriebsversammlung vorstellen und verteilen
- Abteilungsleiter informieren und mit Verteilung beauftragen
- durch das Projektteam verteilen lassen

an andere Zielgruppen:

- auf Anfrage verschicken
- Geschäftspartnern zuschicken (Banken, Versicherungen, Kunden, Zulieferern etc.)
- zuständigen Behörden zuschicken
- bei Betriebsbesichtigungen verteilen
- dem Informationsmaterial über das Unternehmen und Produkte beifügen
- beim Pförtner auslegen
- Vertretern der identifizierten Interessengruppen zuschicken
- Vertretern besonders wichtiger Zielgruppen persönlich durch die Geschäftsführung überreichen
- Außendienstmitarbeitern zur Verteilung an Kunden mitgeben
- am Tag der offenen Tür verteilen
- Pressekonferenz einberufen
- Presseerklärung abgeben oder Pressemitteilung machen
- mit anderer Korrespondenz mitschicken
- ins Internet einspeisen

Die Geschichte

Validierung

Bereits einige Zeit vor Abschluß der Projektarbeit hatte ein Gespräch zwischen Kurt Wagner, der Geschäftsleitung und einem Umweltgutachter stattgefunden, das schließlich den Ausschlag für die endgültige Entscheidung zur Beteiligung von Ganz & Aehnlich an dem europäischen Öko-Audit-Gemeinschaftssystem gegeben hatte. Zuvor hatte Wagner Informationen und Erkundigungen über verschiedene Umweltgutachter eingeholt. Eine Zeitlang hatte man in der Geschäftsleitung und im Projektteam daran gedacht, dieselbe Gutachterorganisation zu beauftragen, die auch schon das Qualitätsmanagement von G&A zertifiziert hatte: So bliebe erstens alles in einer Hand und zweitens wäre dieses Unternehmen bereits mit der Organisation, den Örtlichkeiten und den Produktionsabläufen bei G&A vertraut. Der zweite Aspekt erwies sich jedoch bei näherer Betrachtung als nur bedingt zutreffend, da die Umweltgutachter dieser Organisation einer separaten Abteilung angehörten. Letztlich fiel die Wahl auf einen anderen Gutachter, der in dem Rufe stand, einerseits sehr erfahren und sorgfältig zu sein, andererseits jedes Unternehmen individuell zu betrachten und besonderen Wert auf eigenständige, aus den Unternehmen heraus entwickelte Umweltmanagementsysteme zu legen. Bei dem Vorgespräch hatte er zunächst um einen Betriebsrundgang gebeten und sich gezielt einige Unterlagen zeigen lassen. Dann hatte er kurz den Ablauf der Validierung umrissen und die Anforderungen erläutert, die an das Umweltmanagementsystem und an die Umwelterklärung zu stellen seien. Besonders der letzte Punkt hatte Wagners Interesse gefunden, da dieser Arbeitsschritt bisher noch nicht in Angriff genommen worden war, nun aber unmittelbar bevorstand. Wenige Wochen nach der Auftragserteilung hatte eine Vorprüfung bei G&A stattgefunden. Der Umweltgutachter hatte dazu erklärt, daß er zwar keine Beratung durchführen dürfe, es aber wohl zu seinen Aufgaben gehöre, das Unternehmen im Vorfeld der Validierung über die zu erfüllenden Anforderungen aufzuklären und hierzu Hinweise zu geben. So waren bei dieser Vorprüfung noch eine Reihe von Aufgaben festgelegt worden, die vor der eigentlichen Begutachtung zu erledigen wären. Doch insgesamt äußerte er sich bereits zu diesem Zeitpunkt sehr positiv über die bisher bei G&A geleistete Arbeit.

Die lokale und regionale Presse hatte - zum Teil sogar recht umfangreich - über die erfolgreiche Validierung bei G&A berichtet, und eine Zeitung hatte dieses Ereignis darüber hinaus zum Anlaß genommen, ein ausführliches Unternehmensportrait zu veröffentlichen - sehr zur Freude von Johannes Ganz, der bereitwillig Informationen und aktuelle wie historische Fotografien zur Verfügung stellte. Wahrscheinlich waren die Presseberichte der Auslöser dafür gewesen, daß Kurt Wagner einige Tage darauf einen Anruf von Rudolf Kreutzer, dem Umweltbeauftragten eines befreundeten Unternehmens, erhielt. Dieser war von seiner Geschäftsleitung aufgefordert worden, Informationen über das Umweltmanagement zu beschaffen und gegebenenfalls sollte er ein entsprechendes System im Unternehmen aufbauen. Da Wagner gerade im Begriffe stand, sein Büro zu verlassen, um einen wichtigen Termin wahrzunehmen, vereinbarten die beiden ein Treffen für die übernächste Woche.

Erfahrungen

Das Unternehmen Kirschreuther & Söhne lag etwa 30 Kilometer von G&A entfernt. Jetzt am späten Vormittag herrschte nur mäßiger Verkehr auf der Bundesstraße, und Wagner kam gut durch. Am Morgen hatte bereits der Umweltausschuß getagt. Das Projektteam war mit Abschluß des Projektes aufgelöst worden, und mithin hatte auch Wagner seine Aufgabe als Projektleiter erfüllt. Er hatte jetzt die neu geschaffene Funktion des Umweltmanagement-Beauftragten übernommen. Dafür sollte er bei Aufgaben im Abfallbereich in zunehmendem Maße von der Gewässerschutzbeauftragten, Frau Fritsche, entlastet werden, bis diese die Funktion der Abfallbeauftragten vollständig ausfüllen könnte. Außerdem war der Umweltausschuß eingerichtet worden. Ihm gehörte die Mehrzahl der ehemaligen Mitglieder des Projektteams an, und andere Mitarbeiter - unter ihnen zwei Betriebsräte - waren hinzugekommen. Die Schaffung weiterer Funktionen hatte man nicht für sinnvoll erachtet, jedoch war die Qualifizierung einiger Mitarbeiter zu Umwelt-Auditoren für die bevorstehenden Umweltbetriebsprüfungen geplant worden. Und, was Wagner besonders wichtig gewesen war, die Verantwortlichkeiten und Zuständigkeiten im Umweltschutz und an den Schnittstellen zu anderen Bereichen waren nun endlich klar geregelt.

Da die Schranke offenstand und das Pförtnerhaus anscheinend nicht besetzt war, steuerte Wagner seinen Wagen auf das Betriebsgelände von Kirschreuther & Söhne. Im Rückspiegel konnte er sehen, wie der LKW einer Spedition zunächst zögerte und dann seinem Beispiel folgte. Auf einigen der Besucherparkplätze waren

Abfallcontainer abgestellt, aber Wagner hatte dennoch keine Probleme, einen freien Platz zu finden.

Rudolf Kreutzer, der Umweltbeauftragte von Kirschreuther & Söhne, war mit Kurt Wagner zwar erst zwei- oder dreimal zusammengetroffen, aber bei der letzten Begegnung waren sie dazu übergegangen einander zu duzen.

„Nochmals: meinen herzlichen Glückwunsch, Kurt. Das muß ein ordentliches Stück Arbeit für Dich gewesen sein."

„Danke! - Ja, das Projekt hat uns das letzte Jahr ziemlich auf Trab gehalten. Ich sag Dir ganz ehrlich: Anfangs hätte ich nicht geglaubt, daß wir's überhaupt hinkriegen. Und zwischendurch war ich manchmal nahe davor, den Kram hinzuschmeißen. Aber jetzt denke ich, wenn wir es schaffen dranzubleiben, hat sich die Sache auf alle Fälle gelohnt."

Kreutzer zog die Augenbrauen leicht zusammen. „Das klingt ja fast so, als wärst Du noch mittendrin. Ich meine, Du hast die Sache doch jetzt hinter Dir."

Wagner zögerte einen kurzen Moment, bevor er antwortete. „Na ja, klar, das Projekt ist abgeschlossen und das war sicher der dickste Brocken, aber das heißt noch lange nicht, daß nun nichts mehr zu tun wäre. Das meiste ist jetzt besser organisiert, und ich glaube, daß viele Dinge zukünftig einfacher sein werden. Aber weißt Du, das System muß ja in Gang gehalten werden, manches fehlt noch und bei dem, was vorhanden ist, ist auch noch längst nicht alles optimal. Es ist kaum möglich, das alles gleich beim ersten Anlauf vollständig hinzukriegen. Oder denk an die regelmäßigen Überprüfungen, die Audits; und wenn wir unsere Registrierung behalten wollen, müssen wir in Abständen neue Umwelterklärungen abgeben und validieren lassen. Heute morgen beispielsweise haben wir im Umweltausschuß schon einmal grob über unsere erste Umweltbetriebsprüfung gesprochen. Wir haben uns überlegt, daß wir punktuelle Spitzenbelastungen, wie wir sie bei den Qualitätsaudits immer wieder erleben, vielleicht dadurch vermeiden können, daß wir die Umweltaudits zyklisch über einen längeren Zeitraum verteilt durchführen. Ich habe erfahren, daß einige Unternehmen das bereits so handhaben. Dann ersparen wir uns den Streß, innerhalb weniger Wochen vor der Validierung alles durchzuchecken und möglicherweise in kürzester Zeit noch eine lange Aufgabenliste abarbeiten zu müssen. Du weißt ja selber, was so etwas bedeutet. Du siehst also, so richtig hinter uns haben wir die Sache nicht."

Kreutzer seufzte leise. „Trotzdem wünschte ich, wir wären erst einmal so weit wie ihr."

„Apropos, wie sieht es denn bei Euch nun überhaupt aus?", fragte Wagner.

Rudolf Kreutzer zuckte leicht mit den Schultern und sein Körper schien ein wenig zu schrumpfen. „Tja, ich habe erst einmal den Auftrag erhalten, Informationen zu beschaffen. Die Geschäftsleitung will wissen, worauf sie sich gegebenenfalls einläßt und was es bringen könnte. So ganz klar ist das alles noch nicht, aber ich schätze schon, daß es darauf hinausläuft, daß wir die Sache demnächst angehen werden - oder besser gesagt, daß ich sie aufs Auge gedrückt bekomme. Im Moment habe ich allerdings noch keine Vorstellung davon, wie ich es anpacken soll."

Wagner konnte sich ein feines Lächeln nicht verkneifen. „Kann ich gut verstehen, Rudi. Am besten Du erzählst mir zunächst mal, wie es bei Euch so steht und was Du Dir vorstellst. Wenn es dann bei Euch wirklich losgehen soll, kann ich Dir vielleicht ein bißchen helfen. Auch wenn jedes Unternehmen seinen eigenen Weg finden muß, ist das Prinzip doch eigentlich jedesmal ganz ähnlich. Beispielsweise kannst Du Dir gerne einmal anschauen, wie wir einzelne Dinge bei uns gelöst haben. Möglicherweise können Dir manche unserer Unterlagen gewissermaßen als Arbeitsmaterialien dienen. Und die eine oder andere Erfahrung habe ich schließlich auch gemacht ..."

Veränderung

Im Eingangsbereich des Verwaltungsgebäudes von Ganz & Aehnlich, dem Empfang direkt gegenüber, befand sich ein freundlich gestalteter Bereich mit Sesseln, flachen Tischen und einer Glasvitrine, in der einige Beispiele aus der Produktpalette von G&A ausgestellt waren. Hier konnten Besucher warten und gelegentlich wurden dort auch kurze Besprechungen durchgeführt. Jeder, der das Gebäude durch den Haupteingang betrat oder verließ, mußte zwangsläufig diese Besucherecke passieren. Seit vierzehn Tagen hing hier die Validierungsurkunde neben dem Qualitätsmanagement-Zertifikat und einigen anderen Urkunden und Auszeichnungen. Als Kurt Wagner vom Parkplatz hereinkam und auf die Treppe zu den oberen Stockwerken zusteuerte, ließ er seinen Blick kurz auf der Urkunde ruhen - wie schon des öfteren in den vergangenen zwei Wochen, wenn er hier vorbeigekommen war: Dieses Stück Papier hatte ihn eine Menge Schweiß und Nerven gekostet. Doch eigentlich waren es weder das Zertifikat selbst, noch die geleisteten Anstrengungen auf dem Weg dahin, die ihn bei dem Anblick berührten. Vielmehr war es sein Eindruck, daß eine Veränderung bei Ganz & Aehnlich stattgefunden hatte. In bezug auf ihn selbst war es offenkundig, aber auch die Mehrzahl der Teammitglieder und letztlich sogar das Unternehmen als Ganzes schienen sich in gewisser Weise verändert zu haben - und wie Wagner fand, durchaus zum Guten. Nun war es keineswegs so, daß für ihn Veränderung etwas grundsätzlich Positives darstellte. Als ein Mensch, der Wert auf Beständigkeit, Stabilität und Sicherheit legte, stand er Veränderungen eher skeptisch gegenüber. Er hatte deshalb versucht, sich darüber klar zu werden, worin diese Veränderung eigentlich bestanden hatte. Die Antwort, die er schließlich fand, erschien ihm zunächst so simpel, daß es eine Weile dauerte, bis er überzeugt war, daß sie dennoch den Kern traf: Er, alle Beteiligten, ja, das gesamte Unternehmen hatten gelernt! Natürlich hatten sie während des Projektes zusätzliches Wissen erworben und in diesem Sinne gelernt, aber das war nicht das Wesentliche gewesen. Wichtiger war, daß sie ihre Fähigkeiten entwickelt hatten: Sie hatten gelernt, systematischer an Probleme heranzugehen und eigene Ideen und Lösungen zu entwickeln; sie hatten neue, effektive Formen der Zusammenarbeit kennengelernt und selbst mit Erfolg angewendet; und schließlich hatten sie gelernt, gemeinsame Ziele und Regeln zu erarbeiten. Genaugenommen waren diese Fähigkeiten im Grundsatz bereits vorhanden gewesen, aber nun waren sie in der Lage, diese besser zu nutzen und weiter auszubauen. So betrachtet, dachte Wagner, ist mit dem Abschluß des Projektes eigentlich erst ein Anfang gemacht. Und zu seiner eigenen Überraschung stellte er fest, daß ihm dieser Gedanke keineswegs mißfiel. Auf der Treppe zum ersten Stock nahm er leichtfüßig jeweils zwei Stufen gleichzeitig, schwenkte oben in einem perfekten Bogen in den Gang ein und steuerte auf sein Büro zu.

Literatur

ABAG-Abfallberatungsagentur (Hrsg.), 1996: Öko-Audit, Umweltmanagement und Stoffstrommanagement. Frankfurt a. M..

Alijah, Renate/Heuvels, Klaus (Hrsg.), 1995: Praxishandbuch betriebliches Umweltmanagement: Systematische Umsetzung der EG-Öko-Audit-Verordnung (Loseblatt-Ausgabe). Augsburg.

Allinger, Walter, 1993: Umweltmanagement erfordert Organisationsentwicklung. In: Unternehmen & Umwelt, H. 2, S. 4f.

Antes, Ralf/Clausen, Jens/Fichter, Klaus, 1995: Die guten Managementpraktiken in der EU-Audit-Verordnung. In: Der Betrieb, 48 Jg. H. 14, S. 685 - 693.

Arbeitsgemeinschaft für wirtschaftliche Verwaltung, 1996: Leitfaden Betriebliches Umweltmanagement. Eschborn.

Bayerisches Staatsministerium für Landesentwicklung und Umweltfragen (Hrsg.), 1995: Das EG-Öko-Audit in der Praxis. Ein Leitfaden. München.

Birke, Martin/Burschel, Carlo/Schwarz, Michael (Hrsg.), 1997: Handbuch Umweltschutz und Organisation. Ökologisierung - Organisationswandel - Mikropolitik. München.

Birke, Martin/Schwarz, Michael, 1994: Umweltschutz im Betriebsalltag. Praxis und Perspektiven ökologischer Arbeitspolitik. Opladen.

Birke, Martin/Schwarz, Michael, 1996: Umweltschutz im deutschen Betriebsalltag. Eine Bestandsaufnahme in mikropolitischer Perspektive. In: Aus Politik und Zeitgeschichte, B. 7/96, S. 23 - 29.

Bleicher, Knut, 1992: Das Konzept Integriertes Management. Frankfurt a.M.

Bornemann, Siegmar, 1994: Vom Betriebsbeauftragten zum Umweltmanager. In: UmweltMagazin, Juni 1994, S. 116-117.

Brennecke, Volker M., 1996: Umweltmanagement zwischen Kontrolle und Innovation. In: Werner Fricke/Volker Oetzel (Hrsg.): Zukunft der Industriegesellschaft. Dokumentation des 4. Internationalen Ingenieurkongresses der Friedrich-Ebert-Stiftung gemeinsam mit dem VDI. Bonn, S. 137 - 144.

Bundesministerium für Umwelt, Naturschutz und Reaktorsicherheit (BMU), 1996: Rechtsvorschriften für die Ausführung der EG-Umweltauditverordnung. Bonn.

Bundesumweltministerium/Umweltbundesamt (Hrsg.), 1996: Handbuch Umweltkostenrechnung. München.

Bundesumweltministerium/Umweltbundesamt, (Hrsg.), 1995: Handbuch Umweltcontrolling. München.

Burschel, Carlo J., 1995a: Umweltschutz als sozialer Prozeß. Die Organisation des Umweltschutzes und die Implementierung von Umwelttechnik im Betrieb. Opladen.

Burschel, Carlo J., 1995b: Zum Einfluß des Umweltschutzbeauftragten und der Mitarbeiter im Rahmen der Öko-Audit-Implementierung. In: uwf - UmweltWirtschaftsForum, H. 3, S. 40 - 45.

Clausen, Jens/Fichter, Klaus, 1996: Umweltbericht - Umwelterklärung. Praxis glaubwürdiger Kommunikation von Unternehmen. München.

Dierkes, Meinolf, 1994: Ständige Anpassung und Weiterentwicklung. Organisationslernen - eine zentrale Herausforderung der 90er Jahre. In: Blick durch die Wirtschaft, 12.1.1994.

Dyllick, Thomas, 1990: Ökologische Lernprozesse in Unternehmungen. Bern.

Ebinger, Frank (Hrsg.), 1997: Geprüftes Umweltmanagement. Eschborn.

Enquete-Kommission „Schutz des Menschen und der Umwelt" des Deutschen Bundestages (Hrsg.), 1993: Verantwortung für die Zukunft. Wege zum nachhaltigen Umgang mit Stoff- und Materialströmen. Bonn.

Feldhaus, Gerhard, 1994: Umweltschutz durch Betriebsorganisation und Auditing. In: Gesellschaft für Umweltrecht. Dokumentation zur 17. Wissenschaftlichen Fachtagung 6.11.1993, S. 35 - 71.

Feldhaus, Gerhard, 1995: Die Rolle der Betriebsbeauftragten im Umwelt-Audit-System, Zeitschrift für Recht und Wirtschaft, Betriebs-Berater Heft 31, S. 1545 - 1549.

Fichter, Klaus (Hrsg.), 1995: Die EG-Öko-Audit-Verordnung - mit Öko-Controlling zum zertifizierten Umweltmanagementsystem. München/ Wien.

Finger, Matthias/Bürgin, Silvia/Haldimann, Ueli, 1996: Der umweltbezogene organisationale Lernprozeß. Lernschritte von Unternehmen in Richtung Nachhaltigkeit. In: uwf - UmweltWirtschaftsForum, H. 3, S. 21 - 28.

Föste, Wolfgang, 1995: Umweltschutzbeauftragte und präventiver Umweltschutz in der Industrie. Eine mikropolitische Untersuchung. München und Mering.

Foth, Martin/Gerds, Peter/Nitschke, Christoph/Schmitz, Anna, 1994: Umweltschutz ist wirtschaftlich! Eine Handlungshilfe für Mitarbeiter und Führungskräfte. Handordner des RKW. Eschborn.

Freimann, Jürgen, 1996: Betriebliche Umweltpolitik. Bern.

Freimann, Jürgen/Hildebrandt, Eckart (Hrsg.), 1995: Praxis der betrieblichen Umweltpolitik. Forschungsergebnisse und Perspektiven. Wiesbaden.

Freimann, Jürgen/Schwaderlapp, Rolf, 1995: Öko-Audit: "Grüner Punkt" für Unternehmen? - Umweltpolitische Aspekte einer ersten empirischen Studie. In: Zeitschrift für angewandte Umweltforschung, Heft 4, S. 485 - 496.

Gaiser, Hans, 1992: Erfolgreiche Strategieplanung und moderne Führungstechniken. Sonderpublikation der VDI-Nachrichten. Düsseldorf.

Gallert, Heike/Clausen, Jens, 1996: Leitfaden Öko-Controlling. Erfolgsorientierter Einstieg in die EG-Öko-Audit-Verordnung für kleine und mittlere Unternehmen. Düsseldorf.

Geißler, Harald, 1996: Vom Lernen in der Organisation zum Lernen der Organisation. In: Sattelberger (Hrsg.), 1996, S. 79 - 96.

Goldratt, Eliyahu/Cox, Jeff, 1995: Das Ziel. Höchstleistung in der Fertigung. London.

Grothe-Senf, Anja, 1994: Kriterien für die Umwelt-Lernfähigkeit von Unternehmen. In: IÖW/VÖW-Informationsdienst, Jg. 9, Nr. 3 - 4, S. 12 - 13.

Grund, Silvia/Gebhard, Dietmar/Johann, Hubert Peter/ Kaus, Rüdiger/Sanfleber, Helmut/ Siebert, Harald, 1995: Umweltschutz - die Herausforderung meistern! Anleitung zur umweltorientierten Unternehmensführung in kleinen und mittleren Betrieben. Düsseldorf.

Günther, Klaus, 1992: Praktische Umsetzung des Umweltmanagements. Die umweltorientierte Organisationsentwicklung. In: Glauber, H./Pfriem, R. (Hrsg.): Ökologisch wirtschaften. Frankfurt a. M.

Hessische Landesanstalt für Umwelt (Hrsg.), 1996: Umsetzung der EG-Öko-Audit-Verordnung. Branchenleitfaden Chemie. Wiesbaden.

Hessisches Ministerium für Wirtschaft, Verkehr und Landesentwicklung (Hrsg.), 1995: Pilot-Öko-Audits in Hessen. Erfahrungen und Ergebnisse. Ein Forschungsbericht. Wiesbaden.

Hopfenbeck, Waldemar/Willig, Matthias, 1995: Umweltorientiertes Personalmanagement. Umweltbildung, Motivation, Mitarbeiterkommunikation. Landsberg/Lech.

Huber, Birgit/Niese, Sara, 1995: Change Management - vom Prozeß des Lernens und des Wandels. Diskussionspapier der Abteilung Forschung Technik und Gesellschaft der Daimler Benz AG. Berlin.

Hummel, Johannes/ Pichel, Kerstin, 1997: Erfolgreiches Umweltmanagement: Ohne "Verhalten" wird es nichts! In: uwf - UmweltWirtschaftsForum, H.1, S. 19 - 24.

IHK Oldenburg u.a. (Hrsg.), 1996: Mitarbeiterorientierte Umsetzung der EG-Umwelt-Audit-Verordnung. Ein Wegweiser für kleine und mittlere Unternehmen. Oldenburg.

Jakubczick, Dirk/Ferus, Martin,1996: Neue Unternehmenskultur mit QUMS. In: Unternehmen & Umwelt 2-3/96, S. 42-43.

Karczmazyk, André, 1995: Die Einführung eines Umweltmanagementsystems nach der EU-Öko-Audit-Verordnung. Voraussetzung und Probleme eines mitarbeiterorientierten Vorgehens. Diplom-Arbeit an der Universität Oldenburg.

Kellner, Hedwig, 1994: Die Kunst, DV-Projekte zum Erfolg zu führen, Budget, Termine, Qualität. München.

Kellner, Hedwig, 1995: Konferenzen, Sitzungen, Workshops effizient gestalten, nicht nur zusammensitzen. München.

Kirsch, Werner/Esser, Werner-Michael/Gabele, Eduard, 1979: Das Management des geplanten Wandels von Organisationen. Stuttgart.

Kirsten, Rainer/Müller-Schwarz, Joachim, 1996: Gruppen-Training. Ein Übungsbuch mit 59 Psycho-Spielen, Trainingsaufgaben und Tests. Hamburg.

Klemisch, Herbert (Hrsg.), 1997: Öko-Audit und Partizipation. Die betriebliche Umsetzung von Umweltinformationssystemen in kleinen und mittelständischen Unternehmen. Köln.

Knieß, Michael, 1995: Kreatives Arbeiten, Methoden und Übungen zur Kreativitätssteigerung. München.

Krinn, Helmut/Meinholz, Heinz, 1997: Einführung eines Umweltmanagementsystems in kleinen und mittleren Unternehmen. Ein Arbeitsbuch. Berlin.

Krüssel, Peter, 1996: Ökologieorientierte Entscheidungsfindung in Unternehmen als politischer Prozeß. Interessensgegensätze und ihre Bedeutung für den Ablauf von Entscheidungsprozessen. München und Mering.

Landesanstalt für Umweltschutz Baden-Württemberg, 1994: Umweltmanagement in der metallverarbeitenden Industrie. Leitfaden zur EG-Umwelt-Audit-Verordnung. Karlsruhe.

Landesanstalt für Umweltschutz Baden-Württemberg, 1994: Umweltorientierte Unternehmensführung in kleinen und mittleren Unternehmen und in Handwerksbetrieben. Ein Praxisleitfaden. Karlsruhe.

Lutz, U./Döttinger, K./Roth, K. (Hrsg.), 1995: Betriebliches Umweltmanagement. Grundlagen - Methoden - Praxisbeispiele (Loseblatt-Sammlung). Berlin/Heidelberg/New York.

Meffert, Heribert/Kirchgeorg, Manfred, 1993: Marktorientiertes Umweltmanagement. Stuttgart.

Nobel, Uwe/Pinter, Jürgen/Vögele, Peter, 1993: Verantwortung im Unternehmen, Verantwortung organisieren, Risiken berechnen, Schaden begrenzen. Neuwied.

Öko-Institut (Hrsg.), 1996: Öko-Audit: Leitfaden und Arbeitsmaterialien zur Zertifizierung. Erarb. v. Brigitte Peter/ Gudrun Both/ Betty Gebers. Bonn.

Pawlowsky, Peter, 1992: Betriebliche Qualifikationsstrategien und organisationales Lernen. In: Conrad, Peter/Staehle, Wolfgang H. (Hrsg.), Mangementforschung 2. Berlin/New York S. 177 - 237.

Pfriem, Reinhard, 1995: Unternehmenspolitik in sozialökologischen Perspektiven. Marburg.

Pfriem, Reinhard/Schwarzer, Christoph, 1996: Ökologiebezogenes organisationales Lernen. In: uwf - UmweltWirtschaftsForum, H. 3, S. 10 - 16.

Sattelberger, Thomas (Hrsg.), 1996: Die lernende Organisation. Konzepte für eine neue Qualität der Unternehmensentwicklung. 3. Aufl. Wiesbaden.

Schulz, Erika/Schulz, Werner, 1994: Ökomanagement. So nutzen Sie den Umweltschutz im Betrieb. München.

Senge, Peter M., 1996: Die fünfte Disziplin. Kunst und Praxis der lernenden Organisation. Stuttgart.

Senge, Peter M., u.a. 1996: Das Fieldbook zur Fünften Disziplin. Stuttgart.

Sonntag, Karlheinz, 1996: Lernen im Unternehmen, Effiziente Organisation durch Lernkultur. München.

Steger, Ulrich, 1992: Future Management. Frankfurt a. M.

Steger, Ulrich, 1993: Umweltmanagement. Erfahrungen und Instrumente einer umweltorientierten Unternehmensstrategie. 2. Auflage. Wiesbaden.

Steger, Ulrich, 1997: Mikropolitik - strategisches Management - Organisationslernen. Welcher Weg aus dem Dilemma? In: Birke/Burschel/Schwarz (Hrsg.), S. 255 - 273.

Steger, Ulrich (Hrsg.), 1992: Handbuch des Umweltmanagements. Anforderungs- und Leistungsprofile von Unternehmen und Gesellschaft. München.

Strobel, Markus, 1994: Konzeption eines betrieblichen Umweltinformationssystems. Diplom-Arbeit, Universität Augsburg.

Vollmer, Simone, 1995: EG-Öko-Audit-Verordnung. Umwelterklärung. Anforderungen, Hintergründe, Gestaltungsoptionen. Berlin.

Wagner, Karl, 1996: Das neue Regelwerk zum KrW-/AwfG, Gesetzestexte, Verordnungen und Richtlinien, Abfallverzeichnisse, Erläuterungen. Düsseldorf.

Waskow, Siegfried, 1997: Betriebliches Umweltmanagement. Anforderungen nach der Audit-Verordnung der EG und dem Umweltauditgesetz (2. Auflage). Heidelberg.

Wiedemann, Peter M., 1995: Kommunikation, Öffentlichkeitsbeteiligung und Konsensfindung bei entsorgungswirtschaftlichen Vorhaben. Handbuch. Umweltministerium Baden-Württemberg (Hg.), Luft, Boden, Abfall, H. 32. Stuttgart.

Winter, Georg (Hrsg.), 1997: Ökologische Unternehmensentwicklung. Management im dynamischen Umfeld. Berlin.

Danksagung der Autoren

Zu der Entstehung des vorliegenden Ordners haben ganz unterschiedliche Personen und Organisationen beigetragen. Ihnen allen sei an dieser Stelle für ihre Unterstützung vor und während der Laufzeit des Projektes VDI-OIKOS gedankt.

Unser besonderer Dank gilt:

- den Mitgliedern des VDI-Ausschusses "Umweltmanagement für technische Führungskräfte" für die fachliche Beratung und die kritischen Diskussionen
- der Deutschen Bundesstiftung Umwelt für die finanzielle Förderung
- den folgenden Unternehmen für ihre Teilnahme am Projekt
    - Halberstädter Würstchen- und Konservenfabrik GmbH, Halberstadt
    - Herkommer & Bangerter GmbH & Co., Chemikalien, Umweltservice, Anlagenbau, Neuenburg
    - Carl Leipold Metallwarenfabrik GmbH, Präzisionsdrehteile, Wolfach
    - Muckenhaupt & Nusselt GmbH & Co. KG, Kabelwerk, Wuppertal
    - Sodawerk Staßfurt GmbH & Co. KG, Staßfurt
- Herrn Dr. Hermann Hüwels, DIHT, Bonn, Herrn Michael Brunk (Umweltgutachter), Braunschweig, und Herrn Matthias Willig (Umweltgutachter), Kerpen, für ihre fachliche Beratung
- Herrn Frank Ebinger (Öko-Institut Freiburg) für seine konzeptionelle und praktische Mitarbeit
- Herrn André Karczmarzyk und Herrn Dieter Hake (Oldenburg) für die Unterstützung bei der Erstellung von Arbeitsmaterialien
- Herrn Dirk Jakubczick (Günther GmbH), Lengerich, für seine instruktiven Hinweise
- Herrn Frank Plümacher (Akzo Nobel Faser AG), Wuppertal, für seine konstruktive Kritik
- Frau Ursel Maxisch für ihre Geduld bei der grafischen Gestaltung des Ordners
- Herrn Witschel und Herrn Pauli sowie vielen weiteren Mitarbeitern des Springer-Verlages für ihre vielfältige Unterstützung in der Endphase

Für die Formulierungen im einzelnen und möglicherweise verbleibende Fehler tragen selbstverständlich die Autoren die letzte Verantwortung.

Düsseldorf, im August 1997

Volker M. Brennecke
Sebastian Krug
Claudia M. Winkler

Die Autoren

Dr. Volker M. Brennecke, Jahrgang 1959, ist Diplom-Politologe. Nach einer technischen Berufsausbildung studierte er Politikwissenschaft, Geschichte und Öffentliches Recht an den Universitäten Hannover und Hamburg. Seit 1989 ist er wissenschaftlicher Referent für Technikbewertung beim VDI in Düsseldorf, 1995 promovierte er über Entscheidungsprozesse in der umwelttechnischen Normung. 1995 bis 1997 war Dr. Volker M. Brennecke Leiter des Umweltmanagementprojektes VDI-OIKOS.

Sebastian Krug, Jahrgang 1961, ist Diplom-Ingenieur. Vor seinem Studium der Umwelttechnik war er bereits mehrere Jahre in der Medien- und Öffentlichkeitsarbeit tätig. Seit 1993 arbeitet er im Bereich Umweltmanagement und umweltorientierte Unternehmensführung in der Industrie, in der Unternehmensberatung und zuletzt als wissenschaftlicher Mitarbeiter des VDI. 1995 wurde Sebastian Krug mit dem 1. Hamburger Ingenieur Preis des VDI ausgezeichnet.

Claudia M. Winkler, Jahrgang 1966, ist Diplom-Biologin. An den Universitäten Bayreuth und York (Großbritannien) absolvierte sie ihr Studium mit den Schwerpunkten Ökologie und Limnologie. Seit 1992 arbeitete sie im Bereich Umweltschutz / Umweltmanagement in einem Ingenieurbüro, der Großindustrie und zuletzt als wissenschaftliche Mitarbeiterin des VDI. Claudia M. Winkler absolvierte an den Universitäten Athen (Griechenland) und Tilburg (Niederlande) ein Aufbaustudium zum European Master of Environmental Management und ist Mitglied der European Environmental Management Association (EEMA).

GPSR Compliance

The European Union's (EU) General Product Safety Regulation (GPSR) is a set of rules that requires consumer products to be safe and our obligations to ensure this.

If you have any concerns about our products, you can contact us on ProductSafety@springernature.com

In case Publisher is established outside the EU, the EU authorized representative is:

Springer Nature Customer Service Center GmbH
Europaplatz 3
69115 Heidelberg, Germany

Zeitfracht Medien GmbH
Ferdinand-Jühlke-Straße 7
99095 Erfurt, Deutschland
produktsicherheit@kolibri360.de